HANDBUCH DER EXPERIMENTELLEN PHARMAKOLOGIE

BEGRÜNDET VON A. HEFFTER

ERGÄNZUNGSWERK

HERAUSGEGEBEN VON

W. HEUBNER UND J. SCHÜLLER
PROFESSOR DER PHARMAKOLOGIE PROFESSOR DER PHARMAKOLOGIE
AN DER UNIVERSITÄT BERLIN AN DER UNIVERSITÄT KÖLN

SIEBENTER BAND

ENTHALTEND BEITRÄGE VON

R. RIGLER - FRANKFURT A. M. - HÖCHST

K. ROHOLM - KOPENHAGEN

MIT 5 ABBILDUNGEN

SPRINGER-VERLAG BERLIN HEIDELBERG GMBH 1938

ISBN 978-3-662-32093-8 ISBN 978-3-662-32920-7 (eBook)
DOI 10.1007/978-3-662-32920-7

ALLE RECHTE, INSBESONDERE DAS DER ÜBERSETZUNG
IN FREMDE SPRACHEN, VORBEHALTEN.
COPYRIGHT 1938 BY SPRINGER-VERLAG BERLIN HEIDELBERG
URSPRÜNGLICH ERSCHIENEN BEI JULIUS SPRINGER IN BERLIN 1938

Inhaltsverzeichnis.

Seite

Fluor und Fluorverbindungen. Von Privatdozent Dr. KAJ ROHOLM-Kopenhagen . 1
  1. Einleitung 1
  2. Chemie der Fluorverbindungen 3
  3. Wirkung auf Enzyme 5
  4. Wirkung auf isoliertes tierisches Gewebe, Pflanzen und Insekten 9
  5. Vorkommen von Fluor in der lebenden Substanz 12
  6. Die Möglichkeit einer physiologischen Rolle des Fluors 15
  7. Örtliche Wirkung an Wirbeltieren 18
  8. Resorption, Ablagerung und Ausscheidung 20
  9. Akute Vergiftung 24
  10. Akute Wirkung von Fluor auf einzelne Gewebe und Funktionen 28
  11. Chronische experimentelle Vergiftung 34
  12. Spontane chronische Vergiftung 48
  13. Organische Fluorverbindungen 52
  14. Mechanismus der Fluorwirkung 54
  15. Therapeutische Anwendung von Fluorverbindungen 61

Kreislaufwirksame Gewebsprodukte. Von Dr. R. RIGLER-Frankfurt a. M.-Höchst.
  Mit 5 Abbildungen 63
  Einleitung 63
  Die Adenosingruppe 64
  Pharmakologische Wirkungen 66
  Kreislaufwirksame Stoffe im Blut 72
  Kreislaufwirksame Stoffe im Liquor cerebrospinalis 77
  Kreislaufwirksame Stoffe im Speichel 77
  Kreislaufwirksame Stoffe in Sperma, Prostata- und Samenblasensekret (Prostaglandin und Vesiglandin) 78
  Kreislaufwirksame Stoffe im Harn 79
    A. Kallikrein 79
    B. Depressan 84
    C. Urohypertensin 86
  Renin 87
  COLLIPs unspezifische blutdrucksteigernde Substanzen 89
  EULER-GADDUMS Substanz P, der atropinfeste, gefäßerweiternde und darmerregende Wirkstoff aus Hirn und Darm 90
  WEBER-NANNINGA-MAJORs krystallisierbare blutdrucksenkende Substanz aus Hirn 91
  FELIX-LANGES „vierter" blutdrucksenkender Stoff 92
  SANTENOISEs Vagotonin 92
  GLEY-KISTHINIOS' Angioxyl 93
  MARFORI-DE NITOs Lymphoganglin 93
  Kreislaufwirksame Stoffwechselprodukte des Muskels 94

Namenverzeichnis 95

Sachverzeichnis 101

Fluor und Fluorverbindungen[1].

Von
KAJ ROHOLM-Kopenhagen.

1. Einleitung.

Vorkommen. Fluor ist ein in der leblosen wie in der lebenden Natur ziemlich verbreitetes Element. Nach GOLDSCHMIDT[2], der eine schätzungsweise Berechnung der elementären Zusammensetzung der Erdrinde vorgenommen hat, reiht sich Fluor an 17. Stelle unter den Elementen ein:

		Gramm pro Tonne			Gramm pro Tonne
1.	O	494000	10.	Mn	930
2.	Si	276000	11.	P	786
3.	Al	88200	12.	S	500
4.	Fe	51000	13.	Cl	480
5.	Ca	36300	14.	Sr	420
6.	Na	28300	15.	Ba	390
7.	K	25900	16.	Rb	310
8.	Mg	21000	17.	F	270
9.	Ti	6300			

Fluor ist ein konstanter Bestandteil der eruptiven Bergformationen, durch deren Verwitterung Fluor dem Erdboden sowie auch dem Süß- und Meerwasser zugeführt wird. Bei vulkanischen Ausbrüchen können gasförmige Fluorverbindungen (HF, SiF_4, Fluoride) abgegeben werden. Eine große Anzahl von Vulkanen führt Fluor (Vesuv, Ätna, Kilauea, mehrere isländische Vulkane u. a. m.).

Ziemlich stark verbreitet sind verschiedene fluorhaltige Minerale, die zum Teil in Form von größeren Ablagerungen gefunden werden. Am wichtigsten ist der *Flußspat* oder *Fluorit* (CaF_2); die größten und bekanntesten Lager findet man in den Vereinigten Staaten, England und Deutschland. Ein seltenes Mineral ist *Kryolith* (Na_3AlF_6), den man in größeren Mengen nur in Ivigtut, Grönland, findet. *Apatit* ($3Ca_3(PO_4)_2 \cdot CaF_2$) kommt in fast allen eruptiven Bergformationen vor. *Phosphorit* ist Calciumphosphat in amorpher Form und enthält beinahe immer Fluor, am häufigsten 2—5%. Phosphorit wird als ein Verwitterungsprodukt des Apatit angesehen, es ist jedoch gewöhnlich auch ein Gehalt organischen Ursprungs vorhanden. Es gibt Ablagerungen in den Vereinigten Staaten (Florida, Süd-Carolina), Nordafrika (Tunis, Marokko, Algier), Westindien, verschiedenen europäischen Ländern usw.[3].

Meerwasser enthält ungefähr 1 mg Fluor pro Liter[4]. Unter den Süßwassern sind Mineralquellen, vor allem warme, relativ reichhaltig an Fluor, da sie einige Milligramm pro Liter enthalten können. Oberflächenwasser ist arm an Fluor. Von der in der Natur am häufigsten vorkommenden, überaus schwer löslichen

---

[1] Literatur bis Ende 1937 berücksichtigt.
[2] GOLDSCHMIDT, V. M.: J. chem. Soc. (Lond.) **1937**, 655.
[3] STUTZER, O.: Die wichtigsten Lagerstätten der „Nicht-Erze". Bd. IV. Berlin 1932.
[4] THOMPSON, T. G., u. H. J. TAYLOR: Ind. a. Eng. Chem., Analyt. Ed. **5**, 87 (1933).

Verbindung, dem Calciumfluorid, werden von 1 l Wasser 16 mg oder etwa 8 mg Fluor aufgelöst. Verschiedene Umstände wie Wärme, Kohlendioxydgehalt, können immerhin die Löslichkeit begünstigen.

Pflanzen und Tiere nehmen normalerweise kleine Mengen von Fluor, von lokalen Faktoren abhängig, auf. Aller Wahrscheinlichkeit nach finden sich in jedem organischen Gewebe Spuren von Fluor. In Pflanzen und tierischen Organen bewegt sich die Fluormenge vermutlich zwischen Zehnteln Milligramm und einigen wenigen Milligrammen in je 100 g Trockensubstanz. Knochen und Zähne sind relativ reich an Fluor; zwischen Fluor und Calciumphosphat besteht eine gewisse Affinität. Neuzeitliche Forscher finden in der Knochen- und Zahnasche meistens $0,1—1^0/_{00}$ Fluor. Knochen und Zähne von im Meerwasser lebenden Tieren enthalten etwa zehnmal soviel Fluor wie die nämlichen Gewebe bei Landtieren. Die bedeutende Anreicherung des Fluors in den Meeresorganismen spielt eine wesentliche Rolle in der Geochemie des Elements; ein Teil der fluorhaltigen Phosphoritablagerungen ist organischen Ursprungs.

Verwendung von Fluorverbindungen. In der Industrie und Technik spielen Fluorverbindungen eine bedeutende Rolle. Die Eigenschaft fluorhaltiger Minerale, als *Flux* zu dienen, d. h. das Schmelzen anderer Minerale zu fördern, wird bei der Herstellung von Aluminium, Glas und Emaille, sowie beim Reingewinn von Metallen ausgenützt. Eine Reihe von Fluorverbindungen findet in der Technik Verwendung, wie z. B. zum Ätzen von Glas, Desinfektion, Konservierung von Nahrungsmitteln, oder als Beiz- und Bleichmittel. Auch bestehen Insektenpulver und Rattengifte oft aus Fluorverbindungen. In den letzten Jahren werden Fluorverbindungen, insbesondere Kryolith, vielfach in Staub- oder Pulverform gegen Pflanzenschädlinge angewandt. Die Weltproduktion an Flußspat beträgt jährlich 2—300000 t, jene an Kryolith ungefähr 25000 t. Phosphorit wird jährlich in Mengen von 8—9 Mill. t gewonnen und dient zur Herstellung von Superphosphat; dieses enthält ungefähr 1,2% Fluor. Da die jährliche Weltproduktion an Superphosphat ungefähr 11 Mill. t beträgt, werden demnach dem angebauten Boden jährlich etwa 130000 t Fluor zugeführt.

Geschichtliches. Fluorhaltige Minerale sind schon seit dem Mittelalter bekannt. SCHEELE stellte im Jahre 1771 erstmalig eine wässerige Lösung von Fluorwasserstoff her. Die ätzende Wirkung des Fluors auf die Haut wurde schon von GAY-LUSSAC und THÉNARD (1809) beschrieben. DAVY erkannte 1813, daß Flußsäure ein dem Chlor nahestehendes Element enthielt, das er Fluor zu nennen vorschlug. Der Reingewinn des Grundstoffes gelang erst MOISSAN[1] 1886. Im Jahre 1803 wurde Fluor zum ersten Male in organischem Material (fossiler Elefantenzahn) von MORICHINI[2] nachgewiesen. Um 1845 zeigte WILSON[3], daß Fluor in der Natur verbreitet ist, nämlich in Quellen und Meerwasser, in Pflanzenasche, in Blut und der Milch von Tieren.

Die giftigen Eigenschaften der Fluorverbindungen wurden erstmalig im Jahre 1867 von RABUTEAU[4] experimentell behandelt. TAPPEINER[5] und SCHULZ[6] veröffentlichten 1889 ausführlichere Untersuchungen über die akute experimentelle Vergiftung. BRANDL und TAPPEINER[7] versuchten an einem Hund chronische Vergiftung hervorzurufen (1891).

---

[1] MOISSAN, H.: Le fluor et ses composés. Paris 1900.
[2] MORICHINI: Mem. Mat. Fis. Soc. Ital. Sci. Modena **10**, 1, 166 (1803).
[3] WILSON, G.: Trans. roy. Soc. Edinburgh **16**, 145 (1849).
[4] RABUTEAU, A. P. A.: Etude expérimentale sur les effets physiologiques des fluorures etc. Thèse Paris 1872.
[5] TAPPEINER, H.: Arch. f. exper. Path. **25**, 203 (1889); **27**, 108 (1890).
[6] SCHULZ, H.: Arch. f. exper. Path. **25**, 326 (1889).
[7] BRANDL, J., u. H. TAPPEINER: Z. Biol. **28**, 518 (1891).

Das Interesse für die Toxikologie des Fluors war in den Jahren von 1890 bis 1920 nur gering und wurde bloß durch vereinzelte akute Vergiftungsfälle aufrechterhalten, wie auch durch die gelegentliche Verwendung von Fluorverbindungen zur Konservierung von Nahrungsmitteln und in der Therapie. So machte Rost[1] im Jahre 1907 auf den Einfluß der Fluoride auf das Knochen- und Zahngewebe bei chronischer experimenteller Vergiftung aufmerksam.

Im Laufe der letzten 10—15 Jahre wurde die chronische Fluorvergiftung an Menschen und Tieren erkannt und das Interesse für die Toxikologie des Fluors stieg damit beträchtlich. Black und McKay[2] beschrieben 1916 das Zahnleiden *mottled enamel* (gesprenkelter Schmelz) an Einwohnern von Colorado in den Vereinigten Staaten. Seither hat es sich gezeigt, daß dieses Leiden nicht wenig verbreitet ist; voneinander unabhängig zeigten Smith, Lantz und Smith[3] und Velu[4] 1931, daß die Krankheit durch einen relativ hohen Fluorgehalt des Trinkwassers hervorgerufen wird. Ein osteomalacieähnliches, durch Fluor verursachtes Leiden bei den Rindern wurde 1912 von Bartolucci[5], später von Cristiani[6] und Roholm[7] beschrieben. Die bei chronischer Fluorvergiftung bei Menschen auftretende Osteosklerose wurde erstmalig von Flemming Møller und Gudjonsson[8] beobachtet und später von Roholm[9] eingehend studiert. In den letzten 5—6 Jahren wurden zahlreiche experimentelle Arbeiten veröffentlicht.

2. Chemie der Fluorverbindungen.

Im periodischen System steht Fluor an der Spitze der Halogengruppe, nimmt aber im Vergleich zu den übrigen Halogenen in vieler Hinsicht eine Sonderstellung ein. Der Grundstoff Fluor ist eine gelblichgrüne Gasart, die sich bei $-187°$ zu Flüssigkeit verdichtet und zu einer blaßgelben Masse krystallisiert, die bei $-223°$ schmilzt. Fluor ist das am meisten elektronegative Element und sehr aktiv. Es verbindet sich unter Explosion mit Wasserstoff sogar bei $-253°$ und geht mit fast sämtlichen Metallen eine direkte Verbindung ein. Der freie Grundstoff spielt in pharmakologischer Beziehung keine Rolle, da er das Wasser sofort, bei Bildung von Fluorwasserstoff (HF) und unter Freimachung von Sauerstoff zu Ozon, spaltet.

Bei der Behandlung einer nicht Si-haltigen Fluorverbindung mit einer starken, nicht flüchtigen Säure erhält man durch Erwärmen und Destillieren *Fluorwasserstoff* (HF), eine farblose Flüssigkeit (Siedepunkt $19{,}4°$), die in Wasser unter Bildung von *Flußsäure* leicht löslich ist. Fluorwasserstoff ist eine ziemlich schwache Säure, deren Dissoziationsgrad im Vergleich zu den starken Mineralsäuren gering ist. In seinen verschiedenen Formen weist der Fluorwasserstoff eine beträchtliche chemische Affinität auf, ganz besonders gegenüber Kieselsäureverbindungen. Wenn Fluorwasserstoff Quarz angreift, entsteht *Siliciumtetrafluorid* (SiF_4), eine farblose Gasart:

$$SiO_2 + 4\,HF \rightarrow SiF_4 + 2\,H_2O.$$

---

[1] Rost, E.: Ber. 14. internat. Kongr., Hygiene u. Demographie Berlin 1907, **4**, 166 (1908); siehe auch Arch. Gewerbepath. **8**, 256 (1937).
[2] Black, G. V., u. F. S. McKay, Dent. Cosmos **58**, 129, 781 u. 894 (1916).
[3] Smith, M. C., E. M. Lantz u. H. V. Smith, Arizona Agric. Exp. Sta. Tech. Bull. **1931**, Nr 32, 253 — Science **74**, 245 (1931).
[4] Velu, H.: Arch. Inst. Pasteur Algérie **10**, 41 (1932).
[5] Bartolucci, A.: Mod. Zooiat. **23**, Parte scient. 194 (1912).
[6] Cristiani, H.: 6. Congr. Chim. industr., Chim. et Ind. **17**, No. spécial, S. 158 (1927).
[7] Roholm, K.: Arch. Tierheilk. **67**, 420 (1934).
[8] Møller, P. Flemming u. Sk. V. Gudjonsson: Acta radiol. (Stockh.) **15**, 587 (1932).
[9] Roholm, K.: Fluorine Intoxication. Copenhagen-London 1937 (Literatur bis 1937). Auch Fluorschädigungen, Leipzig 1937, und Klin. Wschr. **15**, 1425 (1936) (Übersichtsartikel).

Siliciumtetrafluorid wird von Wasser zu *Kieselflußsäure* hydrolisiert:

$$3\,SiF_4 + 4\,H_2O \rightarrow 2\,H_2SiF_6 + Si(OH)_4.$$

Fluoride sind Salze des Fluorwasserstoffs, ausgedrückt durch die allgemeinen Formeln MF, MF_2, MF_3..., wobei M die mono-, bzw. di- und trivalenten Metalle bezeichnet. Bei niedriger Temperatur tritt Fluorwasserstoff unter der Formel H_2F_2 auf und bildet saure Salze, z. B. MHF_2, das durch Erhitzung in das entsprechende normale Salz und (wasserfreien) Fluorwasserstoff gespalten wird. Die Eigenschaften der Fluoride weichen oft in entscheidender Weise von denen der entsprechenden anderen Halogensalze ab. So ist z. B. Silberfluorid wasserlöslich, Chlorid, Bromid und Jodid dagegen nicht. Calciumfluorid ist im Gegensatz zu Chlorid, Bromid und Jodid beinahe unlöslich, ein Umstand, der für die pharmakologische Wirkungsart des Fluors von größter Bedeutung ist. Von Wichtigkeit ist auch die ausgeprägte Fähigkeit der Fluoride, komplexe Verbindungen einzugehen. Die Löslichkeit der gewöhnlichsten Fluoride ist auf Tabelle 1 verzeichnet; die Lösungen reagieren in der Regel neutral.

Tabelle 1. Löslichkeit einiger Fluorverbindungen in Wasser[1].

Verbindung	Fluorgehalt in %	Löslichkeit bei 25° C und je 100 g in g
NaF	45,46	4,210
CaF_2	48,63	0,0017
Na_2SiF_6	60,57	0,759
K_2SiF_6	51,70	0,176
$BaSiF_6$	40,68	0,024
Na_3AlF_6 (Kryolith)	54,26	0,039

Silicofluoride oder Fluorsilicate sind Salze des Fluorsiliciumwasserstoffes der Formel M_2SiF_3, $MSiF_6$, $M_2(SiF_6)_3$... Sie sind im allgemeinen leichter löslich als die entsprechenden Fluoride (Tabelle 1); ihre Lösungen reagieren sauer, da Hydrolyse nach der Formel

$$3\,M_2SiF_6 + 4\,H_2O \rightarrow 6\,MF + 2\,H_2SiF_6 + Si(OH)_4$$

eintritt.

Toxikologisches Interesse haben ferner die *Fluoraluminate*, Salze der hypothetischen Säure H_3AlF_6; sie sind stabil, schwer löslich und lassen sich in wäßriger Lösung nicht hydrolysieren. Die *organischen Fluorverbindungen* haben in pharmakologischer Hinsicht weniger Bedeutung; die Einfuhr von Fluor in eine organische Verbindung kann seine Toxizität erhöhen[2].

Der *qualitative* Nachweis von kleinen Mengen Fluor geschieht am einfachsten durch die Überleitung von Fluor in Kieselfluorwasserstoffsäure und darauffolgendem Nachweis dieser Verbindung durch Krystall- oder Färbereaktionen. 1. Krystallbildung aus $BaSiF_6$ oder Na_2SiF_6 (Behrens[3]); Empfindlichkeitsgrenze 1—5 γ. 2. Zirkonlackprobe nach de Boer[4]; Empfindlichkeitsgrenze 2—5 γ. 3. Benzidin-Molybdänsäureprobe nach Feigl und Krumholz[5]; Empfindlichkeitsgrenze 1 γ. 4. Schwefelsäureprobe nach Kühnel Hagen[6]; Empfindlichkeitsgrenze 0,5 γ. 5. Die klassischen Proben des Glasätzens und der direkten Beobachtung von ausgefällter Kieselsäure sind weniger empfindlich (Grenze 50—100 γ). Geilmann[7] hat eine vergleichende Untersuchung über die Empfindlichkeit der verschiedenen Reaktionen durchgeführt.

---

[1] Unveröffentlichte Untersuchungen von Buchwald.
[2] Lehmann, F.: Arch. f. exper. Path. **130**, 250 (1928).
[3] Behrens, H.: Anleitung zur mikrochemischen Analyse. 2. Aufl. S. 134. Leipzig 1899.
[4] de Boer, J. H.: Chem. Weekbl. **21**, 404 (1924).
[5] Feigl, F., u. P. Krumholz: Ber. dtsch. chem. Ges. **62**, 1138 (1929).
[6] Hagen, S. Kühnel: Mikrochem. **15**, 313 (1934).
[7] Geilmann, W.: Glastechn. Ber. **9**, 274 (1931).

Die *quantitative* Bestimmung von kleinen Mengen Fluor in organischem Material ist ziemlich schwierig. Ältere Methoden sind im großen und ganzen unanwendbar, die Ergebnisse solcher Analysen dürfen nur kritisch beurteilt werden. In den letzten Jahren wurden mancherlei Methoden veröffentlicht, die sich zum Großteil auf die Beobachtung stützen, daß Zirkoniumverbindungen mit alizarinsulphonsaurem Natrium einen roten Lack ergeben, der durch die Einwirkung von Fluor im Verhältnis zur vorhandenen Fluormenge gebleicht wird (DE BOER und BASART[1]). Eine verwendbare Methode wurde von WILLARD und WINTER[2] angegeben. Das Prinzip beruht auf dem Umstand, daß Fluor mit Hilfe von Perchlorsäure bei Gegenwart von Kieselsäure als Fluorsiliciumwasserstoff (H_2SiF_6) frei gemacht und in dieser Form abdestilliert werden kann. Fluor wird volumetrisch bestimmt, indem man es durch Titrierung mit einer Normallösung von Thoriumnitrat und mit Zirkoniumalizarin als Indicator aus der Lösung entfernt. Es gibt verschiedene Fehlerquellen; auch wurden mancherlei Modifikationen angegeben (ARMSTRONG[3], BORUFF und ABBOTT[4], CHURCHILL und Mitarbeiter[5]). Es scheint möglich, auf diese Weise 0,010—0,025 mg Fluor mit ungefähr 5proz. Genauigkeit zu bestimmen.

3. Wirkung auf Enzyme*.

Fluoride wirken hemmend auf eine Reihe von enzymatischen Prozessen. Diese Tatsache wurde zum erstenmal von ARTHUS und HUBER[6] nachgewiesen, welche meinten, die Enzyme nach ihrer Beeinflußbarkeit durch 1proz. NaF-Lösungen in 2 Gruppen teilen zu können. Diese Lösung sollte jedwede auf vitalen Prozessen beruhende Fermentation (*ferments figurés*) hintanhalten, jedoch nicht aufgelöste Enzyme (*ferments solubles*) beeinflussen können; diese Einteilung ist jetzt nicht mehr von Interesse. Die Empfindlichkeit der verschiedenen Enzyme für Fluorid ist sehr wechselnd. Manche hydrolytisch spaltende Enzyme sind ziemlich unbeeinflußbar, andere, wie z. B. Lipasen und Phosphatasen sind Fluorid gegenüber sehr empfindlich.

Esterasen. KASTLE und LOEVENHART[7] zeigten, daß die Wirkung der Leberlipase durch NaF in der Konzentration 1 : 5000 aufgehoben wurde. Die Spaltung von Ätylacetat durch Leberlipase wurde selbst von einer Konzentration 1 : 5 Mill. NaF zu 50% gehemmt. Die hemmende Wirkung konnte durch Entfernung der Fluorionen mittels Dialyse aufgehoben werden (LOEVENHART und PEIRCE[8]). Die Hemmung war nur eine vorübergehende im Leberbrei von Kaninchen, die durch intravenöse Injektion von NaF getötet wurden (LEAKE und Mitarbeiter[9]). Unter der durch Schweineleberlipasen verursachten Hydrolyse von Ätylbutyrat bildet 1 Mol NaF mit 1 Mol Enzym eine inaktive Verbindung, die reversibel ist (PEIRCE[10]). Nach TERROINE[11] kann die fettspaltende Wirkung der Pankreas-

---

* Ich danke Herrn Dr. phil. F. LIPMANN für freundliche Ratschläge und wertvolle Mithilfe bei der Ausarbeitung dieses Abschnittes.

[1] DE BOER, J. H., u. J. BASART: Z. anorg. u. allg. Chem. **152**, 213 (1926).
[2] WILLARD, H. H., u. O. B. WINTER: Ind. a. Eng. Chem., Analyt. Ed. **5**, 7 (1933).
[3] ARMSTRONG, W. D.: J. amer. chem. Soc. **55**, 1741 (1933) — Ind. a. Eng. Chem., Analyt. Ed. **8**, 384 (1936).
[4] BORUFF, C. S., u. G. B. ABBOTT: Ind. a. Eng. Chem., Analyt. Ed. **5**, 236 (1933).
[5] CHURCHILL, H. V., R. W. BRIDGES u. R. J. ROWLEY: Ind. a. Eng. Chem., Analyt. Ed. **9**, 222 (1937).
[6] ARTHUS, M., u. A. HUBER: Arch. Physiol. norm. Path. (5) **4**, 651 (1892).
[7] KASTLE, J. H., u. A. S. LOEVENHART: J. amer. chem. Soc. **24**, 491 (1900).
[8] LOEVENHART, A. S., u. G. PEIRCE: J. of biol. Chem. **2**, 397 (1906/07).
[9] LEAKE, C. D., A. H. DULMES, D. N. TREWEEK u. A. S. LOEVENHART: Amer. J. Physiol. **90**, 426 (1929).
[10] PEIRCE, G.: J. of biol. Chem. **16**, 5 (1913/14).
[11] TERROINE, E. F.: Biochem. Z. **23**, 429 (1910).

lipasen durch Fluorid angeregt werden, in höheren Konzentrationen jedoch trat eine Hemmung ein. MURRAY[1] gewahrte eine Hemmung der Pankreaslipase. ROTHSCHILD[2] fand, daß die hemmende Wirkung bei saurer Reaktion am stärksten war; das Fluorid reagiert nicht mit dem freien Ferment, wahrscheinlich aber mit dem Enzymsubstratkomplex.

Cholinesterase, wodurch Acetylcholin gespalten wird, wird durch NaF gehemmt (MATTHES[3], PLATTNER und HINTER[4]). Die Hemmung war noch bei einer Konzentration von 1:10000 bis 1:15000 NaF deutlich wahrnehmbar. Gleichzeitig aber steigern die Fluoride am Froschrectus hochgradig die Empfindlichkeit für Acetylcholin. Erhöhte Empfindlichkeit trat bei Konzentrationen ein, die in vitro nicht fermenthemmend wirkten (KAHLSON und UVNÄS[5]).

Daß Fluorid die Wirkung von Phosphatase hemmt, wurde zuerst von LIPMANN[6] beobachtet, der fand, daß NaF die Phosphatabspaltung von bestimmten Phosphorsäureestern unter der alkoholischen Gärung und unter der Glykolyse im Muskel hemmt. KAY[7] wies so ziemlich gleichzeitig nach, daß NaF sowohl die synthetisierende als auch die hydrolysierende Tätigkeit der Gewebsphosphatase durch die Herabsetzung der Geschwindigkeit des Prozesses hemmt, ohne dabei die Gleichgewichtsstellung zu beeinflussen. Nach ihrem p_H-Optimum können eine Reihe von Phosphatasen getrennt werden und sich in groben Zügen in „alkalische" und „saure" gruppieren lassen. Ziemlich zahlreiche neuere Untersuchungen[8] beweisen, daß Fluoride in vitro die Tätigkeit der „sauren" Phosphatasen, nicht aber die der „alkalischen" hemmen. Die Wirkung der „sauren" Phosphatase ist sehr gering in Knochengewebe und Serum; es wird angenommen, daß die alkalische Phosphatase die wesentlichste Rolle bei der Verkalkung spielt. ROSENHEIM und ROBISON[9] haben gezeigt, daß Fluorid die Wirkung der alkalischen Knochenphosphatase nicht beeinflußt. Nach den Untersuchungen von ROBISON und dessen Mitarbeitern über die Verkalkung der Knorpel in vitro können in der normalen Verkalkung von Knorpel und Knochen zwei Mechanismen unterschieden werden: 1. eine Spaltung von Phosphorsäureester durch (alkalische) Phosphatase, wodurch die Gewebsflüssigkeit mit Knochensalzen gesättigt wird, und 2. eine Ausfällung und Ablagerung der Calciumsalze in der Grundsubstanz des Gewebes. Während der erstere Prozeß durch NaF nicht beeinflußt wird, ist der zweite überaus empfindlich, indem 0,00001 m NaF eine deutliche hemmende Wirkung haben. Die saure Knochenphosphatase spielt möglicherweise bei der Verkalkung eine Rolle, aber ihr Verhältnis zur alkalischen Phosphatase ist noch nicht endgültig geklärt. BELFANTI und Mitarbeiter[10] fanden, daß alkalische Phosphatase durch Fluorid inaktiviert werden kann, wenn dieses eine bestimmte Zeit in saurem Medium wirken gelassen wird. Die alkalische Knochenphosphatase ist überaus empfindlich für die saure Reaktion des Mediums. Die Bildung des inaktiven Enzym-Fluorid-Komplexes ist im übrigen von weitgehenden Veränderungen des Enzyms begleitet. Die Verbindung ist nur bis zu einem gewissen Grad reversibel, indem die Inaktivierung bei genügend langer Einwirkung permanent wird.

---

[1] MURRAY, D. R. P.: Biochem. J. **23**, 292 (1929).
[2] ROTHSCHILD, P.: Biochem. Z. **206**, 186 (1929).
[3] MATTHES, K.: J. of Physiol. **70**, 338 (1930).
[4] PLATTNER, F., u. H. HINTER: Pflügers Arch. **225**, 19 (1930).
[5] KAHLSON, G., u. B. UVNÄS: Skand. Arch. Physiol. (Berl. u. Lpz.) **72**, 215 (1935).
[6] LIPMANN, F.: Biochem. Z. **196**, 3 (1928).
[7] KAY, H. D.: Biochem. J. **22**, 855 (1928).
[8] FOLLEY, S. J., u. H. D. KAY: Erg. Enzymforsch. **5**, 159 (1936) (Literatur).
[9] ROSENHEIM, A. H., u. R. ROBISON: Biochem. J. **28**, 684 (1934).
[10] BELFANTI, S., A. CONTARTI u. A. ERCOLI: Biochem. J. **29**, 842 (1935).

Kohlenhydrathydrolysierende Enzyme. Die diastatischen Enzyme sind in der Regel wenig beeinflußbar durch Fluorid. Die Diastase des Malzes wird von Fluorid in der Konzentration 0,1% so gut wie nicht abgeschwächt (EFFRONT[1]). Eine hemmende und von den übrigen Halogenen abweichende Wirkung wurde auf Ptyalin oder Pankreasdiastase von PAVY[2], WOHLGEMUTH[3] und ROCKWOOD[4] beobachtet; eine Stimulation, selbst in gesättigter NaF-Lösung, wurde von WACHSMANN und GRÜTZNER[5] wahrgenommen. Nach CLIFFORD[6] hemmen einige Fluorsalze die Stärkeverdauung des Speichels, während andere untätig sind. Die Wirkung der Kartoffelamylase wurde durch NaF stark angeregt; in einer $2^1/_2$proz. Lösung war die Wirkung auf das Dreifache gesteigert (DOBY[7]). Takadiastase verhält sich je nach der Konzentration des Fluorids verschieden (WOHLGEMUTH[8]). LANG und LANG[9] zeigten, daß die Wirkung auf Pankreasdiastase kompliziert ist. Das Fluorion wirkt hemmend auf die Maltosenbildung, gleichzeitig aber anregend auf die Spaltung der Maltose in Glykose. Die Gesamtwirkung ist eine Hemmung des diastatischen Prozesses.

Proteolytische Enzyme. Nach TREYER[10] übt 1% NaF einen hemmenden Einfluß auf Trypsin und Pepsin aus. VANDEVELDE und POPPE[11] bemerkten keine Wirkung von NaF in verschiedenen Konzentrationen (maximal 0,12%) auf den Abbau verschiedener Proteine durch Trypsin und Pepsin. Die vom *Bac. prodigiosus* gebildete Gelatinase wird in ihrer Wirkung durch 1% NaF gehemmt (v. GRÖER[12]).

Urease. Untersuchungen von JACOBY[13] zeigten, daß die bakterielle Spaltung des Harnstoffs durch NaF gehemmt wurde. Die Wirkung entfaltete sich zuerst in neutralem oder saurem Milieu und nahm mit steigendem Säuregrad zu. Oxalsäure und Citronensäure hatten nicht diese Wirkung. Es konnte kein stöchiometrisches Verhältnis zwischen Fluorid und Enzym nachgewiesen werden.

Labfermentkoagulation der Milch. Zusatz von Fluorid hebt die Labfermentkoagulation der Milch auf, dagegen tritt sie bei Zusatz von Kalksalzen ein. Die Labfermentspaltung findet trotz Vorhandensein von Fluor statt, aber die Fällung von Paracasein wird gehemmt (MORACZEWSKI[14]). Die hemmende Wirkung von NaF ist kräftiger, wenn die Milch eine Zeitlang abgestanden hat, bevor das Labferment zugesetzt wird; die Calciumbindung nimmt offenbar eine gewisse Zeit in Anspruch (WEITZEL[15]). CLIFFORD[16] hat durch Untersuchung der milchkoagulierenden Wirkung des Pepsins nachgewiesen, daß die Konzentration eine bedeutende Rolle spielt. Wenn die NaF-Konzentration 0,0144 m überstieg, wurde der Prozeß gehemmt; bei genügend schwacher Konzentration fand sogar eine Stimulation statt.

Glykolyse des Muskels. Die Milchsäurebildung im zerschnittenen Froschmuskel oder Muskelextrakt wird durch Zusatz von Fluorid in der Konzentration

---

[1] EFFRONT, J.: Bull. Soc. Chim. Paris [3] **5**, 149 (1891).
[2] PAVY, F. W.: J. of Physiol. **22**, 391 (1897/98).
[3] WOHLGEMUTH, J.: Biochem. Z. **9**, 10 (1908).
[4] ROCKWOOD, E. W.: J. amer. chem. Soc. **41**, 228 (1919).
[5] WACHSMANN, M., u. P. GRÜTZNER: Pflügers Arch. **91**, 195 (1902).
[6] CLIFFORD, W. M.: Biochem. J. **19**, 218 (1925).
[7] DOBY, G.: Biochem. Z. **67**, 166 (1914).
[8] WOHLGEMUTH, J.: Biochem. Z. **39**, 324 (1912).
[9] LANG, S., u. H. LANG: Biochem. Z. **114**, 165 (1921).
[10] TREYER, A.: Arch. Physiol. norm. Path. [5] **10**, 672 (1898).
[11] VANDEVELDE, A. J., u. E. POPPE: Biochem. Z. **28**, 134 (1910).
[12] v. GRÖER, F.: Biochem. Z. **38**, 252 (1912).
[13] JACOBY, M.: Biochem. Z. **74**, 107 (1916); **198**, 163 (1928); **214**, 368 (1929).
[14] MORACZEWSKI: Pflügers Arch. **69**, 32 (1898).
[15] WEITZEL, A.: Arb. Reichsgesdh.amt **19**, 126 (1902).
[16] CLIFFORD, W. M.: Biochem. J. **21**, 544 (1927); **22**, 1128 (1928).

m/300 zu m/200 gehemmt. Dieses Phänomen wurde zuerst von EMBDEN und Mitarbeitern bemerkt. Unter der Einwirkung von Fluor verestert sich das im Muskel vorhandene Glykogen mit anorganischem Phosphor und es sammelt sich Hexosediphosphorsäure an, weshalb EMBDEN meinte, daß Fluorid die Hexosediphosphatbildung anrege. Dies ist jedoch nicht der Fall. In den letzten Jahren haben MEYERHOF und Mitarbeiter[1] eine sehr genaue Lokalisation des Angriffspunktes des Fluors in der komplizierten Reihe der Intermediärspaltungen angegeben. Fluorid blockiert die Verwandlung von Phosphorglycerinsäure in Phosphorbrenztraubensäure (Enolase-Reaktion). Es entsteht eine Ansammlung von Phosphorsäureester, weil diese Blockierung indirekt den weiteren Verbrauch eines intermediär gebildeten, phosphorylierten Produkts aufhebt (LIPMANN[2], LOHMANN[3]). Die Prozesse bei der alkoholischen Gärung weisen eine weitgehende Übereinstimmung mit der Milchsäurebildung auf, sowohl in bezug auf wirksame Enzymsysteme als auch in bezug auf Zwischenprodukte. Die Gärung wird ebenfalls durch Fluorid in schwachen Konzentrationen gehemmt, ein Umstand, der anscheinend zum erstenmal von TAPPEINER[4] nachgewiesen wurde und seither Gegenstand zahlreicher Untersuchungen war. Die Wirkung von Fluorid auf die Kohlenhydratspaltung hat eine bedeutende Rolle bei der Klärung der intermediären Prozesse gespielt. Die Respiration des Muskels wird nur wenig durch Fluorid beeinflußt. Erst bei Konzentrationen von mehr als m/100 tritt eine direkte Hemmung ein; bei weniger als m/100 sieht man eine Herabsetzung der Respiration, die bei Zusatz von Milchsäure verschwindet und daher als eine indirekte Beeinflussung der Hemmung der Milchsäurebildung aufgefaßt werden muß (LIPMANN[2]).

Glykolyse und Respiration in anderen Geweben. Der anaerobe Abbau von Glykogen in anderen Geweben wird durch Fluorid gehemmt, wie es beim Muskel der Fall ist. Die Respiration ist im allgemeinen weniger beeinflußbar. Tumorgewebe kann unter dem Einfluß von Fluorid interessante Veränderungen im cellulären Stoffwechsel aufweisen. ARTHUS[5] beobachtete, daß der Zusatz von 0,15% Alkalifluorid zu Blut in vitro die Glykolyse und die Sauerstoffaufnahme aufhob. LOEBEL[6] hat an Haut und Nervengewebe von Ratten und Fröschen gezeigt, daß der Zusatz von 0,01% NaF eine merkbar hemmende Wirkung auf die anaerobe Bildung von Milchsäure aus Glykose hatte; die Hemmung der Respiration war viel weniger ausgesprochen. DICKENS und ŠIMER[7] fanden ebenfalls, daß Fluor die anaerobe Glykolyse an einer Reihe von Geweben hemmte. Fluorid geht eine inaktive Verbindung mit irgendeiner für die Glykolyse notwendigen Substanz ein; diese Reaktion folgt den Gesetzen der Massenwirkung. Nach EWIG[8] hemmt m/100 NaF sowohl die anaerobe als auch die aerobe Glykolyse in verschiedenem, isoliertem Gewebe. Die Fluorwirkung ist an F^- gebunden und reversibel. Unter dem Fluoreinfluß wird die Glykolyse der Carcinomzelle reduziert (vor allem die aerobe, aber auch die anaerobe), so daß sie sich der Glykolyse in normalem Gewebe nähert. VERNON[9] fand, daß Perfusion der isolierten Kaninchenniere mit 0,1—1,0% NaF eine zeitweilige Herabsetzung der Respiration, gemessen an der CO_2-Produktion und O_2-Aufnahme, hervorrief. Dauernde

---

[1] MEYERHOF, E.: Erg. Enzymforsch. **4**, 208 (1935) (Literatur).
[2] LIPMANN, F.: Zit. S. 6.
[3] LOHMANN, K.: Biochem. Z. **222**, 324 (1930).
[4] TAPPEINER, H.: Arch. f. exper. Path. **25**, 203 (1889).
[5] ARTHUS, M.: Arch. Physiol. norm. Path. **3**, 425 (1891).
[6] LOEBEL, R. O.: Biochem. Z. **161**, 219 (1925).
[7] DICKENS, F., u. F. ŠIMER: Biochem. J. **23**, 936 (1929).
[8] EWIG, W.: Klin. Wschr. **8**, 839 (1929).
[9] VERNON, H. M.: J. of Physiol. **39**, 149 (1909/10).

Herabsetzung erfolgte erst bei 1,5% NaF. Die Wirkung war unabhängig vom Vorhandensein von Ca-Salzen, weshalb VERNON den Schluß zog, daß die Fluoridwirkung spezifischer Art sei. KISCH[1] ist der Meinung, daß die Wirkung von NaF auf die Gewebsrespiration teils eine spezifische F-Wirkung sei, teils auf der Beschlagnahme von Calcium beruhe. Die Wirkung ist reversibel. In schwacher Konzentration (m/700 — m/500) regte NaF die Respiration der Rattenniere an.

Weiteres über die Wirkung von Fluor auf enzymatische Prozesse ist auf S. 28 (Blut in vitro) und auf S. 54 (Mechanismus der Fluorwirkung) zu finden.

4. Wirkung auf isoliertes tierisches Gewebe, Pflanzen und Insekten.

Isoliertes Gewebe. Isolierte Zellen und Gewebe, die in eine NaF-Lösung gebracht werden, verlieren ihre Funktionsfähigkeit und werden im Vergleich zu äquimolekularen Lösungen von Natriumsalzen der übrigen Halogene rasch zerstört. Fluor fällt in dieser Beziehung aus der Reihe. NASSE[2] untersuchte die zur Bewahrung der direkten Muskelreizbarkeit günstigste Konzentration von Natriumsalzen der Halogene. In einer 0,6proz. NaCl-Lösung ließ sich die Reizbarkeit des ruhenden Froschmuskels am längsten bewahren; in bezug auf NaBr und NaJ wurden etwas höhere Ziffern gefunden als die erwartete, den äquimolekularen Verhältnissen entsprechende Konzentration (NaBr 1,2%, NaJ 1,75%). Die entsprechende molekulare Konzentration von NaF ist 0,43%, die günstigste Wirkung hatte aber eine Lösung von 0,15%. WEINLAND[3] stellte fest, wie lange das Flimmerepithel der Rachen- und Speiseröhrenschleimhaut des Frosches seine Funktion in halbmolekularen Lösungen von Natriumsalzen der Halogene bewahren konnte. Das Aufhören der Bewegung trat mit sehr verschiedener Geschwindigkeit ein, in NaJ nach 10 Minuten, in NaBr nach 45 Minuten, in NaCl noch nicht nach 45 Minuten, in NaF schon nach Verlauf von 2 Minuten. GRÜTZNER[4] untersuchte die Reizbarkeit motorischer Froschnerven durch Eintauchen in äquimolekulare Lösungen von Natriumsalzen der Halogene. Die Reizbarkeit nahm in bezug auf Cl, Br und J dem steigenden Molekulargewicht entsprechend zu, F aber steigerte die Reizbarkeit am raschesten und stärksten. Bei längerer Einwirkung nahm die Reizbarkeit ab, am raschesten in der NaF-Lösung. Durch Versuche mit isoliertem Hundedünndarm zeigte HEIDENHAIN[5], daß ein Zusatz von 0,04—0,05% NaF zu einer NaCl-Lösung die Wasser- und Salzresorption hemmte, ohne daß Veränderungen der Zellen wahrgenommen werden konnten. Eine 1proz. NaF-Lösung rief übermäßige Hyperämie und Zerstörung der Schleimhaut hervor.

Bakterien. Bakterien gegenüber sind Fluorverbindungen ziemlich giftig. Die antiseptische Wirkung von NaF wurde erstmalig im Jahre 1886 von KOLIPINSKI[6] nachgewiesen. Jedes Bakteriengewächs wurde von 0,5—1% NaF unterdrückt; 2% wirkten nach 1—6 Tagen tötend (TAPPEINER[7]). Selbst eine geringe Konzentration wie 0,03—0,04% NaF verhinderte das Wachstum an einer Reihe von Bakterien (MARPMANN[8]). Sporen hingegen sind von Fluoriden ziemlich unbeeinflußbar. Sporenbildende Bakterien, die mehrere Wochen hindurch in 2,5% NaF gelegen hatten, wuchsen weiter, wenn sie in einen entspre-

---

[1] KISCH, B.: Biochem. Z. **273**, 345 (1934).
[2] NASSE, O.: Pflügers Arch. **2**, 97 (1869).
[3] WEINLAND, G.: Pflügers Arch. **58**, 105 (1894).
[4] GRÜTZNER, P.: Pflügers Arch. **53**, 83 (1893).
[5] HEIDENHAIN, R.: Pflügers Arch. **56**, 579 (1894).
[6] KOLIPINSKI, L.: Med. News **49**, 202 (1886).
[7] TAPPEINER, H.: Zit. S. 8.
[8] MARPMANN: Zbl. Bakter. I Orig. **25**, 309 (1899).

chenden Nährboden kamen. Dysenterie- und Colibacillen konnten gradweise an NaF in der Konzentration 1,2% gewöhnt werden (D'HERELLE[1]).

Hefe. EFFRONT[2] hat gezeigt, daß Hefezellen gegen Fluorverbindungen empfindlich sind. Bei niedrigen Konzentrationen (2—5 mg/1000 ccm) regen Alkalifluoride die Gärung von Rohzucker an; bei höheren Konzentrationen wird der Gärungsprozeß rasch gehemmt und zum Aufhören gebracht. Die Empfindlichkeit für Fluorid hängt vom Milieu ab (Säuregrad, Salzmenge u. a.). Zusatz von 1 bis 2 mg NH_4F pro Liter regt die Zellteilung an und verändert das Aussehen der Zellen. Das Wachstum wird durch eine Konzentration beeinträchtigt, die auf die Alkoholbildung noch fördernd einwirkt. Hefe kann an außerordentlich große Mengen Fluorid (bis zu 3 g pro Liter) gewöhnt werden, während die gleichen Mengen jede Tätigkeit bei nicht angepaßten Stämmen hindert. Während der Gewöhnung verändert sich die Hefe stark; die Morphologie der Zellen ändert sich und die Vermehrung nimmt ab, aber die Gärungsfähigkeit kann größer als normal sein. Welche Phänomene bei diesem biochemisch außerordentlich interessanten Anpassungsprozeß vor sich gehen, ist nicht bekannt (EULER und CRAMÉR[3]). In der Industrie hat die Erscheinung eine große Rolle gespielt, indem man durch den Zusatz von Fluoriden die schädlichen, vornehmlich durch Bakterien entstandenen Gärungen unterdrücken konnte, wobei gleichzeitig die Alkoholproduktion ungehemmt oder sogar in erhöhtem Maße vor sich ging.

Pflanzen. Verschiedene Algengattungen (Oscillaria, Cladophora, Oldogonium, Diatomeen) wurden nach 24stündigem Aufenthalt in 0,2proz. NaF-Lösung getötet; die Blätter von Wasserpflanzen (Trapa, Elodea, Vallisneria) wurden in der gleichen Zeit schlaff, welk und mißfarbig. Bei den Spirogyren riefen 0,5% NaF sehr rasch Verquellungserscheinungen im Zellkern und Chlorophyllkörper hervor. Oxalsaure Salze verursachten ähnliche Veränderungen, die aber viel langsamer eintrafen (LOEW[4]). Die Giftwirkung der Fluoride auf Schimmel und Holzschwamm findet in der Technik Anwendung (WEHMER[5]).

Verschiedene gasförmige Fluorverbindungen (HF, SiF_4, H_2SiF_6) besitzen eine starke lokale Ätzwirkung auf Pflanzen, eine Frage, die für die Umgebung von Fabriken, deren Abgase diese Verbindungen enthalten, von Interesse ist. Es liegen diesbezüglich verschiedene experimentelle Untersuchungen vor. SCHMITZ-DUMONT[6] stellte Versuche über die Wirkung von HF auf Kiefer, Eiche und Ahorn im geschlossenen Raum an. Bei einer Konzentration von 0,01% zeigte sich schon nach Einwirkung von einem oder nur wenigen Tagen eine Verfärbung, die an den Blättern als gelblicher Rand anfing und allmählich in einen dunkleren, bräunlichen Ton überging; nach einer 3—4wöchigen Einwirkung hatte die Konzentration 0,00033% die gleiche Wirkung. Zu ähnlichen Ergebnissen gelangte später SERTZ[7]. Bei Kiefern und Fichten stellte sich schon nach einstündiger Einwirkung von HF oder SiF_4 in der Konzentration 0,01% Braunfärbung der Nadeln ein. Bei täglichem Einfluß bis zu 3 Stunden riefen beide Verbindungen in der Konzentration 0,0004% wahrnehmbare Schäden in einem Zeitraum auf, der sich zwischen 1 Woche und 1 Monat bewegte. Durch Bestaubung von Fichten und Kiefern fand WISLICENUS[8], daß Fluorverbindungen viel giftiger sind als alle übrigen Verbindungen, die in der industriellen Rauchfrage eine Rolle spielen.

---

[1] D'HERELLE, F.: C. r. Soc. Biol. Paris **88**, 407 (1923).
[2] EFFRONT, J.: Bull. Soc. Chim. biol. Paris [3] **5**, 476, 731 (1891).
[3] EULER, H., u. H. CRAMÉR: Biochem. Z. **60**, 25 (1914).
[4] LOEW, O.: Münch. med. Wschr. **39**, 587 (1892).
[5] WEHMER, C.: Chemik.-Ztg **38**, 114, 122 (1914).
[6] SCHMITZ-DUMONT, W.: Tharandt. forst. Jahrb. **46**, 50 (1896).
[7] SERTZ, H.: Tharandt. forst. Jahrb. **72**, 1 (1921).
[8] WISLICENUS, H.: Z. angew. Chem. **14**, 689 (1901).

Eine n/200 Lösung von Kieselflußsäure verursachte nach 17 mal wiederholter Bestaubung eine sichtliche Schädigung, chlor- und schwefelhaltige Säuren erst nach 200—350 Malen. Die steigende Wirkung hat folgende Reihenfolge: HCl, SO_2, H_2SO_4, Cl, HF, SiF_4 und H_2SiF_6. Die durch die Fluorverbindungen hervorgerufenen lokalen Schädigungen von Pflanzen sind makroskopisch und mikroskopisch uncharakteristisch. Fluor ist mittels mikrochemischer Reaktionen nachweisbar (BREDEMANN und RADELOFF[1]).

Keimung und Wachstum werden beeinflußt, wenn dem Nährboden Fluorverbindungen zugesetzt werden. In Wasserkulturen von Erbsen, Bohnen und Getreidesorten rief 0,001% NaF sehr wenig Hemmung hervor, 0,01% hatte eine deutliche schädigende Wirkung (WÖBER[2]). In sehr niedrigen Konzentrationen haben Fluorverbindungen zuweilen einen anregenden Einfluß (S. 17). In Erdkulturen ist die Giftwirkung der Fluoride nur wenig ausgesprochen. CaF_2 war völlig unschädlich; bei 0,1% NaF konnten Schädigungen auftreten, bei 0,5% NaF war die Giftwirkung im allgemeinen deutlich erkennbar (WÖBER[2]). In Erde mit saurer Reaktion wirkten Fluoride schädlicher als in neutralem Milieu (SCHARRER und SCHROPP[3]). Die Toleranz gegenüber NaF ist bedeutend erhöht, wenn der Boden reich an Ca ist (LOEW[4]), oder wenn Ca und P der Nährflüssigkeit zugesetzt werden (PRICE[5]). Der Zusatz von Alkalicarbonat erhöht die Toxizität der Fluoride (MARCOVITCH, SHUEY und STANLEY[6]). Im Erdboden wird Fluor wahrscheinlich als schwer lösliches Calciumfluorphosphat, das von Pflanzen nicht aufgenommen werden kann, ausgefällt. BREDEMANN und RADELOFF[1] konnten das Vorhandensein von Fluor in Pflanzen aus einer Erde, welcher Fluor teils als unlösliche Verbindungen (Phosphorit, Superphosphat), teils als Alkalifluoridlösungen zugesetzt war, nicht nachweisen. In Sandkulturen waren die Pflanzen imstande, lösliche Fluorverbindungen zu resorbieren. BARTHOLOMEW[7] wies eine nicht unbedeutende Fluorresorption bei Pflanzen nach, die in mit NaF oder Na_2SiF_6 versetzten Nährflüssigkeiten wuchsen; das Element fand sich vornehmlich in den Wurzeln vor.

Insekten. Seit Ende des vorigen Jahrhunderts sind Fluoride, vor allem NaF und Na_2SiF_6, gegen schädliche Insekten wie Schaben und Ungeziefer an Geflügel verwendet worden. Seit 1924 haben Fluorverbindungen in stets wachsendem Ausmaß Verwendung gegen Pflanzenschädlinge gefunden (RIPLEY[8], MARCOVITCH[9]). Über dieses Thema gibt es eine umfassende Literatur; eine lange Reihe von Insekten wurde mit Erfolg behandelt (GWIN[10], JANCKE[11]). Man verwendet vorzugsweise schwer lösliche Fluorverbindungen ($BaSiF_6$, Na_3AlF_6), die ebenso giftig wie NaF wirken (SHEPARD und CARTER[12]). Insekten scheinen, im Vergleich zu höherstehenden Tieren, besonders empfindlich gegen Fluorverbindungen zu sein; dies beruht möglicherweise auf dem Umstand, daß der Ca- und P-Gehalt der Insekten viel geringer ist als jener der Säugetiere (MARCOVITCH[13, 6]). Die

---

[1] BREDEMANN, G., u. H. RADELOFF: Phytopath. Z. **5**, 195 (1932).
[2] WÖBER, A.: Z. angew. Bot. **2**, 161 (1920).
[3] SCHARRER, K., u. W. SCHROPP: Landw. Versuchsstat. **114**, 203 (1932).
[4] LOEW, O.: Flora (Jena) **94**, 330 (1905).
[5] PRICE, W. A.: J. dent. Res. **12**, 545 (1932).
[6] MARCOVITCH, S., G. A. SHUEY u. W. W. STANLEY: Tennessee Agric. Exp. Sta. Bull. **1937**, Nr 162.
[7] BARTHOLOMEW, R. P.: Soil Sci. **40**, 203 (1935).
[8] RIPLEY, L. B.: Bull. entomol. Res. **15**, 29 (1924/25).
[9] MARCOVITCH, S.: Tennessee Agric. Exp. Sta. Bull. **1924**, Nr 131, 19.
[10] GWIN, C. M.: J. econ. Entomol. **26**, 996 (1933).
[11] JANCKE, O.: Anz. Schädlingskde **10**, 55, 68 (1934).
[12] SHEPARD, H. H., u. R. H. CARTER: J. econ. Entomol. **26**, 913 (1933).
[13] MARCOVITCH, S.: J. econ. Entomol. **21**, 108 (1928).

Insekten verzehren die mit dem Giftmittel bestreuten Blätter, oder sie reinigen Füße und Antennen im Munde, wenn sie mit dem fluorhaltigen Staub in Berührung gekommen waren; auch percutane Resorption scheint stattfinden zu können, vor allem an den Juncturen (HOCKENYOS[1]).

5. Vorkommen von Fluor in der lebenden Substanz.

Infolge des ausgebreiteten Vorkommens von Fluor in der lebenden Natur nehmen sowohl Pflanzen als Tiere normalerweise kleine Mengen dieses Elements auf, je nach dem Fluorgehalt des Erdbodens und des Wassers. Aller Wahrscheinlichkeit nach finden sich in jedem organischen Gewebe Spuren von Fluor. Abgesehen von Knochen und Zähnen gibt es jedoch nur spärliche und wenig übereinstimmende Analysen, zum Teil vermutlich wegen analytischer Schwierigkeiten, zum Teil auch wegen tatsächlicher Verschiedenheiten.

Pflanzen. In Pflanzengewebe (Gerste) wurde Fluor zum ersten Male, und zwar durch MÜLLER und BLAKE[2] nachgewiesen. WILSON[3] fand das Element im Pflanzenreich verbreitet, besonders in den kieselreichen Stengeln der Gramineen und Equisetaceen. WOELCKER[4] wies Fluor in der Asche von *Armeria maritima* nach, SALM-HORSTMAR[5] in *Lykopodium clavatum*.

GAUTIER und CLAUSMANN[6] analysierten 64 Pflanzengewebsproben, hauptsächlich von Nährpflanzen. Überall fanden sie Fluor, jedoch in sehr verschiedenen Mengen; keine der Pflanzengruppen zeigte sich besonders reich an diesem Element. Der größte Fluorgehalt war in den Blättern zu finden (3—14 mg in 100 g Trockensubstanz), der geringste in Stengeln, Holz und Rinde (0,36—1,7 mg). In Samen und Fruchtfleisch war die Menge mittelgroß und überall ziemlich gleich; die Schale der Früchte war stets bedeutend reichhaltiger an Fluor. In Bananenmark wurde 0,38, in der Schale 5,10 mg in 100 g Trockensubstanz gefunden. MAYRHOFER, SCHNEIDER und WASITZKY[7] wiesen in den meisten Kulturpflanzen Fluor nach, nicht aber in Tomaten, Kartoffeln und Tabak. Die Menge bewegte sich zwischen 0,006 und 0,048 mg in je 100 g frischer Pflanze. Auf die gleiche Weise ausgedrückt schwanken die Zahlen GAUTIERS und CLAUSMANNS zwischen 0,01 und 5,90 mg. Mittels neuzeitlicher analytischer Technik fanden MARCOVITCH, SHUEY und STANLEY[8] 0,20—4,0 mg Fluor im Kilogramm Nährpflanzen (Apfelfleisch, Kohl, Spinat, Getreide). Tee war besonders fluorhaltig (41—66 mg pro Kilogramm). REID[9] wies in chinesischem Tee bis zu 175,78 mg Fluor im Kilogramm Trockensubstanz nach; verschiedene chinesische vegetabilische Nahrungsmittel (Getreidesorten, Gemüse, Kaffee) enthielten 0,02—0,85 mg Fluor in 100 g Trockensubstanz.

GAUD, CHARNOT und LANGLAIS[10] haben gezeigt, daß der Fluorgehalt der Pflanzen von der Fluorkonzentration der Erde abhängig ist. Erdproben aus zwei verschiedenen Orten zeigten 0,016 und 0,060% Fluor auf, das Stroh von Weizen, der in den betreffenden Gegenden geerntet wurde, enthielt 7,42 bzw. 20,9 mg Fluor in je 100 g Trockensubstanz. In der zuletzt erwähnten Gegend bemerkte man an den Herbivoren Anzeichen von chronischer Fluorvergiftung, in der ersteren dagegen nicht.

---

[1] HOCKENYOS, G. L.: J. econ. Entomol. **26**, 1162 (1933).
[2] Zit. in WILL, H., u. R. FRESENIUS: Mem. Proc. Chem. Soc. Lond. **2**, 179 (1845).
[3] WILSON, G.: Edinburgh new phil. J. **53**, 356 (1852).
[4] WOELCKER, A.: Chem. Gaz. **7**, 409 (1849).
[5] SALM-HORSTMAR: Poggendorffs Ann. Physik **111**, 339 (1860).
[6] GAUTIER, A., u. P. CLAUSMANN: C. r. Acad. Sci. Paris **162**, 105 (1916).
[7] MAYRHOFER, A., C. SCHNEIDER u. A. WASITZKY: Biochem. Z. **251**, 70 (1932).
[8] MARCOVITCH, S., G. A. SHUEY u. W. W. STANLEY: Zit. S. 11.
[9] REID, E.: Chin. J. of Physiol. **10**, 259 (1936).
[10] GAUD, M., A. CHARNOT u. M. LANGLAIS: Bull. Inst. Hyg. Maroc. **1934**, Nr I—II.

Knochen und Zähne. Zwischen Calciumphosphat und Fluor besteht eine gewisse Affinität; darauf deutet u. a. schon der häufige Fluorgehalt bei den in der Natur vorkommenden Phosphaten (Phosphorit). CARNOT[1] konnte 1893 experimentell nachweisen, daß auch der Knochen eine starke Fähigkeit besitzt, Fluoride in aufgelöster Form zu absorbieren und zu fixieren.

Über die Fluormenge in Knochen und Zähnen waren die Meinungen im Laufe der Zeit sehr geteilt. Das Vorhandensein des Grundstoffes im Zahngewebe (fossilem Elefantenzahn) wurde zum erstenmal von MORICHINI[2] nachgewiesen. Die erste quantitative Analyse rührt von BERZELIUS[3] her.

Nach neuzeitlichen Untersuchern (BETHKE und Mitarbeiter[4], KLEMENT[5], CHANG und Mitarbeiter[6], ROHOLM[7]) ist der Fluorgehalt in den Knochen und Zähnen bei Mensch und Tier ziemlich derselbe, meistens 0,1—1,5 mg pro Gramm Asche (Tabelle 2). Das Zahnbein enthält mehr Fluor als der Schmelz, doch

Tabelle 2. Fluorgehalt in Knochen und Zähnen von normalen Individuen.

Untersucher	Jahr	mg Fluor pro g Trockensubstanz (T) oder Asche (A)		Material	
BETHKE u. Mitarbeiter[4]	1929	T	0,231—0,409	Schwein:	Femur
KLEMENT[5]	1933	A	0,59	Mensch:	Schädelknochen
			0,70		Röhrenknochen
			0,30		Zahn
			0,38—0,65	Verschiedene Tiere:	Knochen
			8,00—16,20	Seetiere:	Knochen
			6,90— 7,40		Zähne
CHANG u. Mitarbeiter[6]	1934	T	0,5376	Kuh:	Mahlzahn
			0,6225		Zahnbein
			0,2666		Schmelz
			0,5840		Knochen
ROHOLM[7]	1937	A	0,48 —2,10	Mensch:	Rippen
			0,19 —0,30		Zähne
			0,044—0,057		Schmelz
			0,30 —0,31		Zahnbein
			0,12 —0,38	Versch. Tiere:	Knochen (junge Tiere)
			0,18 —0,81		„ (ältere Tiere)
			0,32 —0,34	Wassersäuger:	Knochen (junge Tiere)
			4,40 —6,50		„ (ältere Tiere)

liegen nur vereinzelte Analysen vor. BOISSEVAIN und DREA[8] konnten mittels spektrographischer Untersuchung überhaupt kein Fluor im Schmelz normaler menschlicher Zähne nachweisen. BOWES und MURRAY[9] fanden 0,2 $^0/_{00}$, ARMSTRONG[10] 0,15 $^0/_{00}$ und ROHOLM[7] 0,044—0,057 $^0/_{00}$ Fluor im menschlichen Zahnschmelz. Die Bedeutung des Milieus für den Fluorgehalt ist daraus ersichtlich, daß Knochen und Zähne von im Meer lebenden Tieren ungefähr den zehnfachen Fluorgehalt aufweisen von demjenigen der entsprechenden Gewebe von Landsäugetieren

---

[1] CARNOT, A.: Ann. Min. [9] **3**, 130 (1893).
[2] MORICHINI: Zit. S. 2.
[3] BERZELIUS, J. J.: Ann. Chim. **61**, 256 (1807).
[4] BETHKE, R. M., C. H. KICK, B. H. EDGINGTON u. O. H. WILDER: Proc. amer. Soc. Animal Product. Ann. Meeting **1929**, 29 (1930).
[5] KLEMENT, R.: Ber. dtsch. chem. Ges. **68**, 2012 (1935).
[6] CHANG, C. Y., P. H. PHILLIPS, E. B. HART u. G. BOHSTEDT: J. Dairy Sci. **17**, 695 (1934).
[7] ROHOLM, K.: Zit. S. 3.
[8] BOISSEVAIN, C. H., u. W. F. DREA: J. dent. Res. **13**, 495 (1933).
[9] BOWES, J. H., u. M. M. MURRAY: Biochem. J. **29**, 102 (1935).
[10] ARMSTRONG, W. D.: Proc. Soc. exper. Biol. a. Med. **34**, 731 (1936).

(KLEMENT[1]). Der Fluorgehalt der Knochen und Zähne kann beim Menschen eine gewisse Beziehung zum Fluorgehalt des Trinkwassers aufweisen (BOISSEVAIN und DREA[2]). Mit dem Alter nimmt in der Regel auch der Fluorgehalt der Knochen zu (ROHOLM[3]).

Nach KLEMENT und TRÖMEL[4] bildet Hydroxylapatit, $Ca_{10}(PO_4)_6 \cdot (OH)_2$ den Hauptbestandteil der organischen Substanz der Knochen. Theoretisch ist die Möglichkeit vorhanden, daß Fluor im Knochen als Fluorapatit, $Ca_{10}(PO_4)_6 \cdot F_2$ oder $3\,(Ca_3(PO_4)_2) \cdot CaF_2$ vorhanden ist. Reiner Fluorapatit enthält 3,77% Fluor, und da der Fluorgehalt der Knochenasche sich um 1$^0/_{00}$ bewegt, kann höchstens von Mischkrystallen aus Hydroxyl- und Fluorapatit die Rede sein. Zahnasche, die bei 800° geglüht wurde, ergab dasselbe Röntgendiagramm wie Hydroxylapatit, d. h. Fluor- und Hydroxylapatit haben den gleichen Krystallbau und F^- und OH^- können sich gegenseitig isomorph ersetzen.

Fossile Knochen sind oft überaus reich an Fluor. Der Fluorgehalt nimmt mit dem Alter zu; das Verhältnis Fluor : Phosphorsäure ist in bezug auf Knochen aus den ältesten geologischen Perioden wie bei Apatit. MIDDLETON[5] und CARNOT[6] benutzten den Fluorgehalt eines fossilen Knochens zur ungefähren Berechnung von dessen geologischem Alter.

Andere tierische Gewebe. Um 1850—60 fand WILSON[7] das Element in Ochsenblut, Kuhmilch, Käse und Molke, NICKLÈS[8] konstatierte es im Blut von Menschen, Säugetieren und Vögeln, sowie im Harn, Galle, Speichel und Haaren. HORSFORD[9] wies 1869 Fluor im menschlichen Gehirn nach, TAMMAN[10] im Hühnerei, und zwar sowohl in der Schale als auch im Eiweiß und dem Dotter, am reichlichsten in letzterem.

Quantitative Analysen sind nur wenige vorhanden. Nach ZDAREK[11], GAUTIER und CLAUSMANN[12], CHANG und Mitarbeiter[13] und ROHOLM[3] (Tabelle 3) scheint

Tabelle 3. Fluorgehalt normaler Organe, ausgedrückt in Milligramm pro 100 g Trockensubstanz.

Untersucher	ZDAREK[11] (1910)	GAUTIER u. CLAUSMANN[12] (1913)	CHANG u. Mitarbeiter[13] (1934)	ROHOLM[3] (1937)	
Material	Mensch (2 erwachsene Männer)	Mensch	Milchkühe (6 Individuen)	Mensch (Mann 50 J.)	Schwein (7 Monate)
Hirn	0,23—0,27	3,07	—	0,81	0,85
Herz	0,45—0,46	—	0,23	0,73	1,30
Lunge	0,22—0,70	2,44	—	0,50	0,61
Leber	0,68—0,80	2,13	0,52—0,56	0,50	0,61
Milz	0,82—2,35	—	—	1,80	0,47
Niere	1,34—1,54	0,95	0,69—1,01	1,10	1,20
Muskulatur	—	0,57	—	—	0,82
Blut*	0,35	0,46	—	—	0,28

* Ausgedrückt pro 100 g oder 100 ccm Blut.

[1] KLEMENT, R.: Zit. S. 13.
[2] BOISSEVAIN, C. H., u. W. F. DREA: Zit. S. 13.
[3] ROHOLM, K.: Zit. S. 3.
[4] KLEMENT, R., u. G. TRÖMEL: Hoppe-Seylers Z. **213**, 263 (1932).
[5] MIDDLETON, J.: Quart. J. Geol. Soc. Lond. **1**, 214 (1845).
[6] CARNOT, A.: C. r. Acad. Sci. Paris **115**, 243 (1892).
[7] WILSON, G.: Proc. roy. Soc. Edinburgh **2**, 91 (1851).
[8] NICKLÈS, J.: C. r. Acad. Sci. Paris **43**, 885 (1856).
[9] HORSFORD, E. N.: Liebigs Ann. **73**, 202 (1869).
[10] TAMMAN, G.: Hoppe-Seylers Z. **12**, 322 (1888).
[11] ZDAREK, E.: Hoppe-Seylers Z. **69**, 127 (1910).
[12] GAUTIER, A., u. P. CLAUSMANN: C. r. Acad. Sci. Paris **157**, 94 (1913).
[13] CHANG, C. Y., P. H. PHILLIPS, E. B. HART u. G. BOHSTEDT: Zit. S. 13.

sich der normale Fluorgehalt in menschlichen und tierischen Organen zwischen Zehnteln Milligramm und einigen wenigen Milligramm in je 100 g Trockensubstanz zu bewegen. Es gibt keinen genügenden Anhaltspunkt dafür, daß einzelne Organe (ausgenommen Knochen und Zähne) besonders reichhaltig an Fluor oder das Gegenteil sein sollten. GAUTIER und CLAUSMANN[1,2], deren Untersuchungen ziemlich umfassend sind, fanden, daß die Fluormenge am geringsten in den lebenswichtigen Organen war, größer in den Binde- und Stützgeweben, am reichlichsten aber in der Epidermis und ihren Derivaten. Epidermis enthielt 16,4, Haare bis zu 17,2, Schmelz bis zu 181 mg Fluor in 100 g Trockensubstanz. CHANG und Mitarbeiter[3] konnten bei Rindern in Sehnen, Haaren und Hufen keine größere Menge Fluor als in parenchymatösen Organen wahrnehmen. BOISSEVAIN und DREA[4] waren nicht imstande, durch spektrographische Untersuchung das Vorhandensein von Fluor in den Organen von Individuen aus Colorado, USA., wo das Wasser besonders fluorhaltig ist, nachzuweisen.

Der Fluorgehalt des Blutes ist nach der Theorie von STUBER und LANG[5] wichtig für die Koagulation und wurde deshalb zum Gegenstand einer Reihe von Untersuchungen gemacht. In verschiedenen deutschen Städten fanden STUBER und LANG zwischen 0 und 0,85 mg schwankendes Blutfluor pro 100 ccm; die Schwankungen wurden dem ungleichen Fluorgehalt des Trinkwassers zugeschrieben. Blut von Blutern enthielt 3—4 mg Fluor pro 100 ccm, in Tierblut variierte das Blutfluor gemäß der Blutungszeit zwischen 0 (Hund, Katze) und 1,5 mg pro 100 ccm (Gans). Im Gegensatz hierzu konnten HOFF und MAY[6], sowie FEISSLY, FRIED und OEHRLI[7] bei Normalen und bei Blutern nur Spuren von Fluor gewahren, die sich quantitativ nicht bestimmen ließen oder doch weniger als 0,5—1 mg pro 100 ccm betrugen. GOLDEMBERG und SCHRAIBER[8] geben an, daß Menschenserum 0,05—0,08 mg Fluor pro 100 ccm enthält; die roten Blutkörperchen enthalten kein Fluor, oder zum mindesten nur ganz unbedeutende Mengen. KRAFT und MAY[9] fanden im Blutkuchen 0,045, im Serum 0,10—0,12 mg Fluor pro 100 ccm.

Bei einer Reihe von niederen Tieren hat MIDDLETON[10] das Vorhandensein von Fluor nachgewiesen. SILLIMAN JR.[11] fand in zahlreichen Korallen Fluor. Nach den Untersuchungen von CARLES[12] enthalten die Schalen der Weichtiere des Meeres ungefähr zehnmal so viel Fluor als die entsprechenden Organe bei den Weichtieren des Landes. Austernschalen enthalten 0,01—0,02% Fluor.

6. Die Möglichkeit einer physiologischen Rolle des Fluors.

Das konstante Vorhandensein von kleinen Mengen Fluor in organischem Material könnte darauf schließen lassen, daß dieses Element in der Physiologie des Organismus eine Rolle spielt. Das bloße Vorhandensein des Grundstoffes ist kein Beweis für diese Auffassung, sondern eine zwangsläufige Folge des ausgebreiteten Vorkommens von Fluor in der leblosen Natur. In dieser Verbindung

---

[1] GAUTIER, A., u. P. CLAUSMANN: Zit. S. 14.
[2] GAUTIER, A., u. P. CLAUSMANN: C. r. Acad. Sci. Paris 156, 1347, 1425 (1913).
[3] CHANG, C. Y., P. H. PHILLIPS, E. B. HART u. G. BOHSTEDT: Zit. S. 13.
[4] BOISSEVAIN, C. H., u. W. F. DREA: Zit. S. 13.
[5] STUBER, B., u. K. LANG: Z. klin. Med. 108, 423 (1908) — Biochem. Z. 212, 96 (1929).
[6] HOFF, F., u. F. MAY: Z. klin. Med. 112, 558 (1930).
[7] FEISSLY, R., FRIED u. H. A. OEHRLI: Klin. Wschr. 10, 829 (1931).
[8] GOLDEMBERG, L., u. J. SCHRAIBER: Rev. Soc. argent. Biol. 11, 43 (1935).
[9] KRAFT, K., u. F. MAY: Hoppe-Seylers Z. 246, 233 (1937).
[10] MIDDLETON, J.: Mem. Proc. Chem. Soc. Lond. 2, 134 (1845).
[11] SILLIMAN JR., B.: Amer. J. Sci. [2] 1, 189 (1846).
[12] CARLES, P.: C. r. Acad. Sci. Paris 144, 437, 1240 (1907).

treten nun 3 Fragen hervor. 1. Ist Fluor für das normale Wachstum und die normale Funktion des Organismus notwendig? 2. Hat Fluor eine erkennbare Wirkung auf den Organismus in Mengen, die sich zwischen dem hypothetisch erforderlichen Minimum und der niedrigsten toxischen Dosis bewegen? 3. Wie wirkt Fluor im Organismus in diesen kleinen Mengen?

Die Notwendigkeit des Fluors. Im Jahre 1861 zeigte SALM-HORSTMAR[1] an Wachstumsversuchen mit Roggen in synthetischem Nährsubstrat, daß eine kleine Menge Fluor notwendig ist, um normale Fruchtbildung zu ermöglichen. Auf ähnliche Weise hat MAZÉ[2, 3] später als wahrscheinlich hingestellt, daß die normale Entwicklung der Maispflanze das Vorhandensein von Fluor erfordert. DANIELS und HUTTON[4] machten im Jahre 1925 die Beobachtung, daß Mäuse sich bei einseitiger Milchdiät nur schlecht vermehren. Durch eine Beobachtung von RUHRAH veranlaßt, setzten sie der Milch Sojabohnenasche zu, die relativ große Mengen Fluor, Mangan, Aluminium und Silicium enthalten soll, und erzielten durch 4 Generationen eine gute Fortpflanzung. Zu ähnlichen Ergebnissen gelangten MITCHELL und SCHMIDT[5]. Ratten, die durch einseitige Milchdiät anämisch geworden waren, vermehrten sich besser, ohne jedoch daß die Anämie beseitigt wurde, wenn man der Milch Spuren von Fluor, Mangan, Silicium, Aluminium und Jod zusetzte. OSBORNE und MENDEL[6] entdeckten 1913, daß der Zusatz derselben Elemente das Wachstum von Ratten förderte, die mit einem synthetischen, milchartigen Produkt ernährt wurden. In einer später angegebenen Normalkost wurden kleine Mengen Natriumfluorid mit einbezogen[7].

SHARPLESS und MCCOLLUM[8] fütterten junge Ratten mit einer Kost, die möglichst fluorfrei war. Wachstum und Fortpflanzung bis in die 3. Generation blieben nicht zurück im Vergleich zu Ratten, deren Kost 0,001% Fluor enthielt. Die Knochen der Ratten, die fluorfreie Kost bekamen, enthielten äußerst geringe Mengen Fluor, in ihren Zähnen konnte das Element überhaupt nicht nachgewiesen werden. Im übrigen gab es keinen sicheren Anhaltspunkt für die Annahme, daß der Fluormangel gerade auf diese Gewebe schädlichen Einfluß gehabt hätte.

Beobachtungen, die auf die Notwendigkeit von Fluor für das normale Wachstum deuten können, sind der Nachweis des Vorhandenseins des Elementes in Eiern, vor allem dem Dotter, in der Milch und im neugeborenen Individuum. Nach älteren Analysen (GAUTIER und CLAUSMANN[9], JODLBAUER[10]) finden sich ziemlich bedeutende Mengen von Fluor sowohl in Organen wie auch in Knochen und Zähnen von neugeborenen Kindern und Tieren. Im Gegensatz hierzu konnten SHARPLESS und MCCOLLUM[8] in 16—18 Tage alten Ratten nicht mit Sicherheit Fluor nachweisen. Der Umstand, daß die Fluormenge der Knochen vom Fluorgehalt des Milieus abhängt und mit dem Alter zunimmt, könnte darauf hindeuten, daß Fluor ein indifferentes Element sei, das abgelagert wird, sobald es im Organismus aufgenommen ist.

---

[1] SALM-HORSTMAR: Poggendorffs Ann. Physik **114**, 510 (1861) — J. prakt. Chem. **84**, 140 (1861).
[2] MAZÉ, P.: C. r. Acad. Sci. Paris **160**, 211 (1915).
[3] MAZÉ, P.: Ann. Inst. Pasteur **33**, 139 (1919).
[4] DANIELS, A. L., u. M. K. HUTTON: J. of biol. Chem. **63**, 143 (1925).
[5] MITCHELL, H. S., u. L. SCHMIDT: J. of biol. Chem. **70**, 471 (1936).
[6] OSBORNE, T. B., u. L. B. MENDEL: J. of biol. Chem. **15**, 311 (1913).
[7] OSBORNE, T. B., u. L. B. MENDEL: J. of biol. Chem. **34**, 131 (1918).
[8] SHARPLESS, G. R., u. E. V. MCCOLLUM: J. Nutrit. **6**, 163 (1933).
[9] GAUTIER, A., u. P. CLAUSMANN: Zit. S. 15.
[10] JODLBAUER: Z. Biol. **44**, 259 (1903).

Die Frage von der Notwendigkeit des Fluors für den Organismus kann noch nicht als endgültig erledigt betrachtet werden. Etliche Untersuchungen, besonders ältere, lassen darauf schließen, daß Fluor für die Fortpflanzung notwendig ist, möglicherweise auch für das normale Wachstum. Die älteren analytischen Ergebnisse müssen jedoch mit einiger Skepsis aufgenommen werden. Bei einer Beurteilung der Versuche von SHARPLESS und McCOLLUM[1] darf nicht vergessen werden, daß eine Kost, die vollständig fluorfrei sein soll, schwer herzustellen ist; die Knochen der Ratten enthielten selbst bei fluorfreier Kost kleine Mengen von Fluor. Man kann Fluor mit anderen Elementen vergleichen, die sich normalerweise in kleinen Mengen im Organismus vorfinden (Mn, Zn, Cu, Ni, B, As u. a.) und denen früher besonders von BERTRAND[2, 3] Bedeutung beigemessen wurde, während ihr Vorkommen am häufigsten als Zufall, als eine Art Verunreinigung angesehen wurde. Die Untersuchungen späterer Jahre haben ergeben, daß mehrere dieser Grundstoffe (Cu, B, Mn) eine wichtige biologische Funktion ausüben. Man kann die Möglichkeit nicht von der Hand weisen, daß künftige Forschungen etwas Ähnliches auch in bezug auf Fluor zutage bringen werden.

Stimulierende Wirkung von kleinen Mengen Fluor. Bei Wachstumsversuchen hat der Zusatz von etwa 0,001% Fluor als Natriumfluorid oder Flußsäure einen günstigen Einfluß sowohl auf niedere Pflanzen wie Algen und Schwämme (ONO[4]), als auch auf Getreidesorten und Gartenpflanzen (ASO[5], BOKORNY[6], PRICE[7]). Die Pflanzen verhalten sich verschiedenartig; manche Arten sind empfindlich, andere nicht (UCHIYAMA[8], GAUTIER[9], GAUTIER und CLAUSMANN[10]). Bei Versuchen im freien Felde machte sich bei Zusatz von 0,1—1 kg Natriumfluorid pro Hektar in der Regel eine günstige Wirkung geltend; Roggen scheint in besonderem Maße beeinflußt zu werden, da der Ertrag bei Zusatz von 5 kg Natriumfluorid pro Hektar bedeutend über jenem der Kontrollstrecken lag (UCHIYAMA[8]). AMPOLA[11] gewahrte gleichfalls die gute Wirkung von Flußspat bei Feldversuchen.

Durch Tierversuche hat man bisher nur wenig Erfahrung gewonnen. SCHULZ und LAMB[12] führen an, daß Ratten bei einer Kost, die 0,05% Natriumfluorid enthielt, im Verlaufe eines 9 Monate dauernden Versuches besser wuchsen als die Kontrolltiere (obwohl ihre Fortpflanzung beeinträchtigt war). Eine ähnliche Beobachtung verdanken wir KRASNOW und SERLE[13]: Rattenweibchen, deren Kost 0,0025% Natriumfluorid enthielt, wuchsen besser als die Kontrollratten, denen nur Spuren von Fluor in der Kost verabreicht wurden.

Die augenscheinlich tatsächlich stimulierende Wirkung von kleinen Mengen Fluor, zumindest auf das Wachstum und die Fruchtbildung einiger Pflanzengattungen, darf kaum als spezifische Fluorwirkung angesehen werden, da man ähnliche Verhältnisse auch bei anderen Grundstoffen beobachten kann.

Wirkungsart des Fluors in physiologischen Dosen. Im Jahre 1888 bemerkte TAMMAN[14], daß der Fluorgehalt im Dotter des Hühnereis merklich größer war

---

[1] SHARPLESS, G. R., u. E. V. McCOLLUM: Zit. S. 16.
[2] BERTRAND, G.: Ber. V. internat. Kongr. angew. Chem. Berlin 1903 **2**, 839.
[3] BERTRAND, G.: Bull. Soc. sci. Hyg. aliment. Paris **8**, 49 (1920).
[4] ONO, N.: J. Coll. sci. Imp. Univ. Tokio **13**, 141 (1900/01).
[5] ASO, K.: Bull. Coll. agric. Tokyo **5**, 187, 473 (1902/03); **6**, 159 (1904/05); **7**, 83 (1906—08).
[6] BOKORNY, T.: Biochem. Z. **50**, 47 (1913).
[7] PRICE, W. A.: Zit. S. 11.
[8] UCHIYAMA, S.: Bull. Imp. Centr. Agric. Exp. Sta. Japan **1**, 37 (1907).
[9] GAUTIER, A.: C. r. Acad. Sci. Paris **160**, 194 (1915).
[10] GAUTIER, A., u. P. CLAUSMANN: C. r. Acad. Sci. Paris **168**, 976 (1919).
[11] AMPOLA, G.: Gazz. chim. ital. **34**, 2, 156 (1904).
[12] SCHULZ, J. A. u. A. R. LAMB: Science (N. Y.) **61**, 93 (1925).
[13] KRASNOW, F., u. A. SERLE: J. dent. Res. **13**, 239 (1933).
[14] TAMMAN, G.: Zit. S. 14.

als in Eiweiß und Schale. Auf Grund dieser Beobachtung hob TAMMAN den Gedanken hervor, daß die phosphorreichen Organe besonders fluorhaltig seien und daß dem Fluor wahrscheinlich eine wichtige physiologische Rolle zukomme. GAUTIER[1] hat an einer Reihe von Organen den Gehalt an Fluor und Phosphor bestimmt und teilt die Gewebe des Organismus auf Grund des Verhältnisses zwischen Phosphor und Fluor in 3 Gruppen ein:

1. *Organe und Gewebe mit besonders lebhaftem Stoffwechsel.* Die Fluormenge ist gering, von 0,5 mg (Muskulatur) bis 8 mg (Medulla) in je 100 g Trockensubstanz. Ratio P/F schwankt zwischen 321 und 776.

2. *Stütz- und Bindegewebe* haben einen mittleren Fluorgehalt, von 4,5 mg (Knorpel) bis 88 mg (Knochen). Ratio P/F ist 52—189, durchschnittlich 125.

3. *Gewebe mit sehr niedrigem oder gar keinem Stoffwechsel*, Haut, Haare, Nägel usw. sind reich an Fluor und enthalten bis zu 180 mg (Schmelz). Ratio P/F ist 3,48—7,5, durchschnittlich 5,7.

In der letzten Gruppe nähert sich die Ratio P/F dem Verhältnis zwischen Phosphor und Fluor im Apatit (4,89), weshalb GAUTIER meint, daß Fluor im Organismus möglicherweise in dieser Verbindung, in mehr oder weniger vollständiger Form vorkommt. GAUTIER stellt übrigens die Hypothese auf, daß Fluor irgendeine Bedeutung für die Bindung des Phosphors in der Zelle haben müsse, und daß Fluor bei gewissen Geweben zur Härte und Widerstandskraft gegen chemischen Einfluß beitrage. Wie auf S. 14 erwähnt, ist Fluor möglicherweise im Knochen als Fluorapatit vorhanden, der in diesem Fall in Form von Mischkrystallen von Hydroxyl- und Fluorapatit auftreten müßte. Eine ähnliche Möglichkeit gibt es in bezug auf andere Gewebe. Die Grundlage für GAUTIERS Hypothese ist übrigens sehr schwach und hauptsächlich spekulativer Art; es liegt keine Bekräftigung der erwähnten Analysen vor. Man kennt derzeit keine Beobachtung, die eine begründete Auffassung von der Wirkungsart des Fluors unter physiologischen Verhältnissen zuließe. Die bisher allgemein vertretene Ansicht, daß Fluor für die Qualität des Zahnschmelzes notwendig sei, beruht auf keiner ausreichenden Grundlage. Unsere heutigen Erfahrungen lehren uns in hohem Grade, daß Fluor in keinem besonderen Ausmaße im Zahnschmelz abgelagert wird und für die Qualität dieses Gewebes nicht vonnöten ist, sondern daß im Gegenteil das Schmelzorgan der schädlichen Wirkung des Fluors gegenüber elektiv empfindlich ist.

7. Örtliche Wirkung an Wirbeltieren.

Eine Reihe von Fluorverbindungen haben starken Ätzerfolg auf Haut und Schleimhaut. Es handelt sich dabei nicht um eine Säurewirkung, sondern das Agens scheint das nicht dissoziierte HF-Molekül zu sein, das imstande ist, die intakte Epidermis zu durchdringen und auf unbekannte Weise das darunterliegende Gewebe zu schädigen (GÖRLITZER[2]). Lokalwirkung haben daher nicht nur Flußsäure und Kieselflußsäure, sondern sämtliche sauer reagierenden Lösungen von Fluoriden, vor allem Bifluoride und Silicofluoride. Auch Fluoride in Substanz können ätzend auf die Schleimhaut wirken.

Die Lokalwirkung der wäßrigen Flußsäure ist im Laboratorium und in der Technik wohlbekannt. Leichte Einwirkung ergibt Rötung und anhaltendes Brennen; stärkere Einwirkung hat gelbliche, lederartige Veränderung der Epidermis und Entwicklung von schmerzhaften, nur langsam heilenden Wunden zur Folge. Allgemein ist Blasen- und Pustelbildung, ebenso schmerzhafte Eiterung unter den Fingernägeln, die sich ablösen lassen. Derartige Fälle kommen nicht

---

[1] GAUTIER, A.: C. r. Acad. Sci. Paris **158**, 159 (1914).
[2] GÖRLITZER, V.: Med. Klin. **28**, 717 (1932).

selten in den Berichten über Berufskrankheiten vor (BREZINA[1]). Schwache Flußsäurelösungen (2—5%) haben gar keine oder nur eine geringe Wirkung auf die menschliche Haut (DEUSSEN[2]).

Subcutane Einspritzung einer 1—4 proz. NaF-Lösung zerstört das Gewebe um die Injektionsstelle; es bildet sich eine nekrotische Kruste, die abfällt und eine langsam heilende Ulceration hinterläßt. Die gewebszerstörende Wirkung einer 1 proz. NaF-Lösung wurde bei Untersuchungen über die Nierenfunktion in Anwendung gebracht: Injektion von einigen wenigen Kubikzentimetern in den Harnleiter zerstört elektiv das Epithel der Tubuli und ermöglicht so das Studium der isolierten Funktion der Glomeruli (BOTAZZI und ONORATO[3], DE BONIS[4]). Perorale Verabreichung von relativ leicht löslichen Fluoriden und Silicofluoriden ruft hämorrhagische Gastroenteritis mit Neigung zu Nekrosenbildung hervor.

Gasförmige Fluorverbindungen besitzen in der Regel stark lokalreizende Eigenschaften. Die Wirkung des *Fluorwasserstoffes* ist uns durch die experimentellen Untersuchungen von RONZANI[5] und MACHLE und Mitarbeitern[6-8] bekannt. Gleichwie andere Gasarten mit Lokalreiz, verursacht auch Fluorwasserstoff Niesen, Tränenfluß, Heiserkeit und Husten. Der Tod tritt unter Unruhe und zunehmender Dyspnoe ein. Blutiges Erbrechen wurde ebenfalls beobachtet. Bei rasch verlaufenden Vergiftungen werden universelle Krämpfe beobachtet, die bei protrahiertem Verlauf fehlen können. Die pathologisch-anatomischen Veränderungen hängen von der Konzentration der Gasart sowie von der Dauer der Einwirkung ab. Die leicht zugänglichen Schleimhäute (Conjunctiva, Cornea, Nasen- und Mundschleimhäute) weisen Hyperämie auf, zuweilen oberflächliche Erosionen oder langsam heilende Ulcerationen. In den Lungen beobachtet man Hyperämie, Blutungen und Ödem, sowie mehr oder weniger ausgesprochene Anzeichen von Bronchopneumonie.

Die in Tierversuchen festgestellten schädlichen Konzentrationen sind auf Tabelle 4 verzeichnet, zum Teil nach FLURY und ZERNIK[9]. Meerschweinchen

Tabelle 4. Toxische und letale Konzentrationen von Fluorwasserstoff.

Untersucher	mg HF je Liter	Dauer der Einwirkung	Wirkung auf	
			Meerschweinchen	Kaninchen
RONZANI[5]	0,50	—	Tod binnen $1/2$ Std.	Tod nach $1^1/_2$ Std.
	0,20	—	„ „ 1 „	„ „ 3 „
	0,04	—	„ „ 2 „	Nach 3 Std. krank
	0,025	täglich 6 Stunden	„ „ 1 Tag	3 Tage schwerkrank
			Meerschweinchen und Kaninchen	
MACHLE u. Mitarbeiter[6-8]	1,5	5 Minuten	Tod	
	0,1	5 Stunden	überlebt } schwerkrank	
	0,025	41 Stunden	überlebt	

sterben nach sechsstündigem Einatmen von 0,025 mg HF pro Liter, eine Konzentration, die bei Kaninchen nach 18—41 stündiger Einwirkung ernstliche Schädigungen hervorruft. Fluorwasserstoff wirkt teils als Lokalreiz, teils als

---

[1] BREZINA, E.: Internationale Übersicht über Gewerbekrankheiten 1927—1929. S. 46 usf. Berlin 1931.
[2] DEUSSEN, E.: Z. angew. Chem. **18**, 813 (1905).
[3] BOTAZZI, F., u. R. ONORATO: Arch. f. Physiol. **1906**, 205.
[4] DE BONIS, V.: Arch. f. Physiol. **1906**, 271.
[5] RONZANI, E.: Arch. f. Hyg. **70**, 217 (1909).
[6] MACHLE, W., F. THAMANN, K. KITZMILLER u. J. CHOLAK: J. ind. Hyg. **16**, 129 (1934).
[7] MACHLE, W., u. K. KITZMILLER: J. ind. Hyg. **17**, 223 (1935).
[8] MACHLE, W., u. E. W. SCOTT: J. ind. Hyg. **17**, 230 (1935).
[9] FLURY, F., u. F. ZERNIK: Schädliche Gase usw. S. 128, 139, 158 v. 228. Berlin 1931.

Gift mit spezifisch resorptiver Wirkung. Daß letzteres wirklich der Fall ist, geht aus der Übereinstimmung der Symptome mit denen der akuten, peroralen Vergiftung (Schwäche, Krämpfe) hervor, sowie aus den beobachteten Degenerationserscheinungen an den parenchymatösen Organen. MACHLE und Mitarbeiter[1, 2] fanden eine Ablagerung von Fluor im Organismus bei Kaninchen, die längere Zeit hindurch dem Einfluß von subletalen Fluorwasserstoffkonzentrationen (0,0152—0,053 mg pro Liter) ausgesetzt waren. Der Fluorgehalt der Knochen und Zähne war bis auf das 10fache des normalen gesteigert; gleichzeitig waren degenerative Veränderungen an Lungen, Leber und Niere bemerkbar.

Das gasförmige *Siliciumtetrafluorid* (SiF_4) wird durch die Feuchtigkeit der Luft und der Schleimhäute zu Fluorwasserstoff (HF) und Kieselfluorwasserstoff (H_2SiF_6) hydrolysiert. Es liegen nur wenige experimentelle Untersuchungen über die Wirkung von Siliciumtetrafluorid vor. Mäuse und Katzen vertragen ohne Schaden zu nehmen 15 Minuten lang das Einatmen von 0,1 mg SiF_4 pro Liter (FLURY und ZERNIK[3]). Durch die obenerwähnte Spaltung wird in den Schleimhäuten der Luftwege Kieselsäure ausgefällt (CAMERON[4]).

Gasförmige organische Fluorverbindungen sind in der Regel bedeutend weniger toxisch als Fluorwasserstoff, doch verläuft die Vergiftung im allgemeinen unter ähnlichen Symptomen. Dies gilt u. a. von Äthyl- und Methylfluorid (C_2H_5F, CH_3F), von MOISSAN[5] untersucht, sowie von Dichlordifluoräthan (CCl_2F_2) und Dichlortetrafluoräthan ($C_2Cl_2F_4$), die von YANT[6] studiert wurden (S. 52).

Es ist eine Reihe von Fällen bekannt, wo Arbeiter nach Beeinflussung durch fluorhaltigen Staub oder gasförmige Fluorverbindungen akute Lungensymptome aufwiesen (gesammelt bei ROHOLM[7]).

8. Resorption, Ablagerung und Ausscheidung.

Resorption. Es ist noch nicht mit Sicherheit festgestellt, an welcher Stelle und in welcher Form Fluor resorbiert wird, wenn man eine Fluorverbindung per os einführt. WIELAND und KURTZAHN[8] haben die wahrscheinliche Vermutung geäußert, daß Fluoride und Silicofluoride unter der Einwirkung der Salzsäure des Magens Fluorwasserstoff bilden, der in nicht dissoziiertem Zustand die Magenschleimhaut unter Hervorrufung von Ätzerscheinungen durchdringt. Für die Resorption von Fluor aus schwerlöslichen Verbindungen wie Calciumfluorid, Fluorapatit und Kryolith spielt die Magensalzsäure eine entscheidende Rolle. Auf meine Veranlassung hin untersuchte BUCHWALD[9] die Löslichkeit der wichtigsten Fluorverbindungen in einer Lösung von 0,5% Salzsäure bei 25°. Im Vergleich zur Löslichkeit in Wasser bei der nämlichen Temperatur ergab sich folgendes Resultat, ausgedrückt in Gramm pro 100 ccm:

	0,5% Salzsäure	Wasser
NaF	4,190	4,210
CaF_2, Flußspat	0,032	0,0017
Na_2SiF_6	0,942	0,759
Na_3AlF_6, Kryolith	0,270	0,039

---

[1] MACHLE, W., u. K. KITZMILLER: Zit. S. 19.
[2] MACHLE, W., u. E. W. SCOTT: Zit. S. 19.
[3] FLURY, F., u. F. ZERNIK: Zit. S. 19.
[4] CAMERON, C. A.: Dublin J. med. Sci. **83**, 20 (1887).
[5] MOISSAN, H.: Bull. Acad. Méd. Paris [3] **23**, 296 (1890).
[6] YANT, W. P.: Amer. J. publ. Health **23**, 936 (1933).
[7] ROHOLM, K.: Fluorschädigungen (Arbeitsmedizin Heft 7). Leipzig 1937.
[8] WIELAND, H., u. G. KURTZAHN: Arch. f. exper. Path. **97**, 488 (1923).
[9] BUCHWALD, H.: Nichtveröffentlichte Untersuchungen.

CHARNOT[1] hat gezeigt, daß die Verdauungssäfte (vor allem Magensaft und Galle) wegen ihres Gehaltes an anorganischen Salzen, namentlich Phosphaten, nicht unbedeutende Mengen von Calciumfluorid auflösen können.

Bestimmte Fluor-Aluminiumverbindungen werden nicht aus dem Darmkanal resorbiert. Aluminiumfluorid ist bei peroraler Verabreichung ungiftig; der Zusatz einer genügenden Menge von Aluminiumchlorid oder Aluminiumsulfat zu einer NaF-haltigen Kost verringert die toxische Wirkung oder hebt sie gänzlich auf (SHARPLESS[2], KEMPF, GREENWOOD und NELSON[3]). Nur ein Teil, wahrscheinlich ein Drittel der in Kryolith (Na_3AlF_6) enthaltenen Fluormenge ist giftig, da Kryolith in salzsaurer Lösung auf folgende Weise gespalten wird (ROHOLM[4]):

$$Na_3AlF_6 \rightarrow 3\,Na^+ + AlF_4^- + 2\,F^-.$$

Einfach zusammengesetzte Fluorverbindungen wie die Alkalifluoride können voraussichtlich aus dem Darm resorbiert werden. Bei akuter spontaner Vergiftung wurde Fluor in den meisten Organen nachgewiesen, am häufigsten und leichtesten jedoch in den Magen-Darmgeweben.

Es ist wahrscheinlich, daß das nicht dissoziierte HF-Molekül fähig ist, die intakte Epidermis zu durchdringen (GÖRLITZER[5]). Beim Frosch wird NaF in aufgelöstem Zustand durch die Haut resorbiert (CRZELLITZER[6], JANAUD[7]). Auch Insekten scheinen eine Reihe von Fluorverbindungen durch ihre Haut resorbieren zu können (HOCKENYOS[8]). Bei subcutaner und intramuskulärer Injektion sind die löslichen Fluorverbindungen leicht resorbierbar und sehr toxisch.

Ablagerung. Es ist nicht bekannt, in welcher Form Fluor im Organismus zirkuliert; es geschieht dies vermutlich in irgendeiner Verbindung mit Calcium, die jedoch in Anbetracht der hervorragenden Fähigkeit des Fluors zu Komplexbildungen nicht gerade Calciumfluorid zu sein braucht. SCHULZ[9] war der Ansicht, daß NaF von der Kohlensäure der Gewebe gespalten wird, so daß Fluor frei wird und als solches wirksam ist. FRESE[10] sah es für wahrscheinlich an, daß sich bei der Spaltung Fluorwasserstoff bildet. Über diese Verhältnisse ist nichts bekannt, es muß jedoch angenommen werden, daß sowohl der Grundstoff Fluor als auch der Fluorwasserstoff chemisch zu aktiv sind, um als solche im Organismus bestehen zu können.

Nach der Resorption wird Fluor vor allem in den Knochen und Zähnen abgelagert. Diese Tatsache wurde erstmalig von BRANDL und TAPPEINER[11] durch ihre einzigdastehenden Versuche an einem Hund festgelegt. Das Tier wurde in einem Käfig angebracht und Harn und Kot in 3wöchigen Perioden gesammelt. Im Laufe von ungefähr 3 Monaten stieg die Dosis von 0,1 auf 1 g NaF täglich; später betrug die tägliche Dosis etwa 1 Jahr hindurch 0,5 g und stieg schließlich gegen Ende des Versuches nach 22 Monaten bis auf 0,9 g. In den ersten 3 Wochen ließ sich Fluor weder im Harn noch im Kot nachweisen. Danach begann die Ausscheidung, die allmählich zunahm und in kurzen Perioden sogar die Aufnahme überschritt. In der Regel aber lag die ausgeschiedene Menge um die Hälfte der

---

[1] CHARNOT, A.: Bull. Inst. hyg. Maroc. **1937**, Nr II—III, 45.
[2] SHARPLESS, G. R.: Proc. Soc. exper. Biol. a. Med. **34**, 562 (1936).
[3] KEMPF, C. A., D. A. GREENWOOD u. V. E. NELSON: J. Labor. a. clin. Med. **22**, 1133 (1937).
[4] ROHOLM, K.: Zit. S. 3.   [5] GÖRLITZER, V.: Zit. S. 18.
[6] CRZELLITZER, A.: Zur Kenntnis des Fluornatriums. Diss. Breslau 1895.
[7] JANAUD, L.: Contribution à l'étude toxicologique des fluorures et fluosilicates alcalins. Thèse Paris 1923.
[8] HOCKENYOS, G. L.: J. econ. Ent. **26**, 1162 (1933).
[9] SCHULZ, H.: Zit. S. 2.
[10] FRESE, C.: Über die Wirkung der Monochloressigsäure und verwandter Körper. Diss. Rostock 1889.
[11] BRANDL, J., u. H. TAPPEINER: Zit. S. 2.

eingegebenen. Der Hund bekam insgesamt 402,9 g NaF ein und schied 330,5 g aus. Von den abgelagerten 72,4 g wurden 64,64 g in den auf Tabelle 5 verzeichneten Geweben wiedergefunden. Die Ablagerung fand vornehmlich im Knochensystem statt. Einen relativ hohen Fluorgehalt fanden BRANDL und TAPPEINER außerdem in den Zähnen und verschiedenen Organen, vor allem der Leber und der Haut (267 bzw. 147 mg Fluor in je 100 g Trockensubstanz).

Tabelle 5. Fluorablagerung bei einem Hund, dem im Laufe von 648 Tagen 402,9 g Natriumfluorid per os eingegeben wurden (BRANDL u. TAPPEINER 1891).

Gewebe	Gewicht in frischem Zustand g	Absolute Menge NaF g	NaF i. d. Trockensubstanz %	F pro 100 g Trockensubstanz mg
Blut	750	0,14	0,12	54
Muskeln	5710	1,84	0,13	59
Leber	360	0,51	0,59	267
Haut	1430	1,98	0,33	149
Knochen und Knorpel	2039	59,94	5,19	2348
Zähne	25	0,23	1,00	452

Daß eingegebenes Fluor in Knochen und Zähnen abgelagert wird, wurde später von SONNTAG[1], BETHKE und Mitarbeitern[2] und zahlreichen nachfolgenden Untersuchern bestätigt. GADASKINA und STESSEL[3] gaben Hunden 20 mg/kg NaF täglich in bis $15^{1}/_{2}$ Monaten ein und fanden $^{1}/_{11}$—$^{1}/_{6}$ von der eingegebenen Menge Fluor im Organismus wieder; hiervon waren 96% im Knochensystem abgelagert. Die Erhöhung des Fluorgehalts der Knochen kann sehr bedeutend sein (bis zu 10—30 mal die normale, geringe Menge) und scheint direkt von der täglichen Fluoraufnahme pro Kilogramm Körpergewicht sowie von der Dauer des Versuchs abzuhängen. Die Ablagerung in den Zähnen ist mäßiger; nach den gegebenen Analysen scheint die Erhöhung das 10fache des normalen Gehaltes nicht zu übersteigen. Ein relativ hoher Fluorgehalt in Knochen und Zähnen muß demnach als ein wichtiges Anzeichen dafür gewertet werden, daß der Organismus durch einen längeren Zeitraum Fluor aufgenommen hat. Den höchsten bisher beobachteten Fluorgehalt hatte der Hund BRANDL und TAPPEINERS[4], nämlich 3,69% in der Knochenasche. Dies entspricht in Wirklichkeit reinem Fluorapatit nach der Formel $3 (Ca_3(PO_4)_2) \cdot CaF_2$ mit einem theoretischen Fluorgehalt von 3,77%. Dem Skelet kommt eine wichtige entgiftende Funktion zu, wenn der Organismus Fluor aufnimmt.

Nach den Analysen von BRANDL und TAPPEINER[4] zu urteilen (Tabelle 5), wird Fluor auch in den Organen in recht bedeutendem Ausmaße abgelagert. Dies stimmt jedoch nicht mit den Ergebnissen neuzeitlicher Untersucher überein. BOISSEVAIN und DREA[5] konnten nicht das Vorhandensein von Fluor bei spektrographischer Untersuchung der Organe von Individuen feststellen, deren Knochen 8⁰/₀₀ Fluor in der Asche enthielten. CHANG und Mitarbeiter[6] fanden, daß bei den Organen von Rindern, denen längere Zeit hindurch Fluorverbindungen eingegeben worden waren, der normale geringe Fluorgehalt auf das Doppelte gestiegen war. Allein die Schilddrüse hatte den Fluorgehalt auffallend erhöht, nämlich auf das 240fache. Auch bei der spontanen chronischen Fluorvergiftung bei

---

[1] SONNTAG, G.: Arb. Reichsgesdh.amt **50**, 307 (1917).
[2] BETHKE, R. M., C. H. KICK, B. H. EDGINGTON u. O. H. WILDER: Zit. S. 13.
[3] GADASKINA, I. D., u. T. A. STESSEL: J. of Physiol. USSR. **19**, 1245 (1935).
[4] BRANDL, J., u. H. TAPPEINER: Zit. S. 2.
[5] BOISSEVAIN, C. H., u. W. F. DREA: Zit. S. 13.
[6] CHANG, C. Y., P. H. PHILLIPS, E. B. HART u. G. BOHSTEDT: Zit. S. 13.

Tieren (GAUD, CHARNOT und LANGLAIS[1]) und Menschen (ROHOLM[2]) überschreitet der Fluorgehalt nicht oder wenigstens nur in geringem Maße die normalen 1—2 mg Fluor in 100 g Trockensubstanz.

Ausscheidung. Fluor scheint vorzugsweise im Harn ausgeschieden zu werden, jedoch ungewiß in welcher Form. Nach einer einzigen subcutanen Einspritzung von NaF an einem Hund fanden BRANDL und TAPPEINER[3], daß im Laufe der zwei folgenden Tage etwa ein Fünftel der eingegebenen Menge im Harn ausgeschieden wurde. Bei dem lang andauernden Hundeversuch betrug die im Harn ausgeschiedene Fluormenge in der Regel ungefähr die Hälfte der eingegebenen. Da der Kot nur $1/10$—$1/5$ der ausgeschiedenen Menge enthielt, deuteten BRANDL und TAPPEINER diese Erscheinung als eine tatsächliche Ausscheidung durch den Darmkanal und nicht nur als mangelhafte Resorption; sie stützten ihre Annahme darauf, daß der Kot in den ersten 3 Wochen des Versuchs, als die Totalausscheidung gleich Null war, überhaupt kein Fluor enthalten hatte. Fluor wird ziemlich langsam ausgeschieden. Daraufhin deutet schon die bedeutende Ablagerung bei Intoxikationsversuchen, aber auch der Umstand, daß der Fluorgehalt von Knochen und Organen mit dem Alter zuzunehmen scheint (GAUTIER und CLAUSMANN[4], SHARPLESS und MCCOLLUM[5]). CHARNOT[6] konnte noch 12 Tage nach der Verabreichung von 0,40 g Calciumfluorid einen abnorm hohen Fluorgehalt im Harn nachweisen. Die tägliche physiologische Ausscheidung beim Menschen wurde von GAUTIER und CLAUSMANN[4] mit ungefähr 1 mg Fluor beziffert (0,23 mg im Harn, 0,87 mg im Kot).

Es ist noch recht ungeklärt, inwieweit Fluor durch andere Kanäle als die Nieren ausgeschieden wird. GAUTIER und CLAUSMANN[7] fanden einen relativ hohen Fluorgehalt in Epidermis, Haaren und Nägeln; auch in Galle und Milch konnten sie das Vorhandensein von Fluor konstatieren. BOISSEVAIN und DREA[8] konnten durch spektrographische Untersuchung das Vorhandensein von Fluor im Harn, nicht aber in Speichel oder Kuhmilch nachweisen. Nach Intoxikation mit Fluorid wurde erhöhter Fluorgehalt in Speichel, Galle, Schweiß, sowie in Epidermis, Haaren und Nägeln gefunden (CHARNOT[6]). Nach intravenöser Eingebung von NaF wird Fluor sowohl durch die Niere wie durch den Darm ausgeschieden (GADASKINA und STESSEL[9]).

Übertragung durch die Mutter. Die Frage, ob Fluor mit der *Milch* ausgeschieden wird, hat praktisches Interesse mit Hinblick auf die Pathogenese des Zahnleidens Gesprenkelte Zähne *(mottled teeth)*. PHILLIPS, HART und BOHSTEDT[10] stellten fest, daß die Milch von normalen Kühen 0,05—0,25 mg pro Liter enthält; diese Menge wurde durch anhaltende experimentelle Vergiftung nicht vermehrt. Daß Fluor in der Muttermilch ausgeschieden werden kann, zeigt die Beobachtung von BRINCH und ROHOLM[11], die *mottled teeth* bei Kindern fanden, welche lange Perioden hindurch von ihren fluorvergifteten Müttern gestillt worden waren. Junge Ratten, die von Rattenweibchen bei fluorhaltiger Kost genährt werden, weisen abnorm hohen Fluorgehalt in den Knochen auf (MURRAY[12]),

---

[1] GAUD, M., A. CHARNOT u. M. LANGLAIS: Zit. S. 12.
[2] ROHOLM, K.: Zit. S. 3 auch Arch. Gewerbepath. **7**, 255 (1936).
[3] BRANDL, J., u. H. TAPPEINER: Zit. S. 2.
[4] GAUTIER, A., u. P. CLAUSMANN: Zit. S. 15.
[5] SHARPLESS, G. R., u. E. V. MCCOLLUM: Zit. S. 16.   [6] CHARNOT, A.: Zit. S. 21.
[7] GAUTIER, A., u. P. CLAUSMANN: C. r. Acad. Sci. Paris **156**, 1347 (1913).
[8] BOISSEVAIN, C. H., u. W. F. DREA: Zit. S. 13.
[9] GADASKINA, I. D., u. T. A. STESSEL: Zit. S. 22.
[10] PHILLIPS, P. H., E. B. HART u. G. BOHSTEDT: J. of biol. Chem. **105**, 123 (1934).
[11] BRINCH, O., u. K. ROHOLM: Paradentium **6**, 147 (1934).
[12] MURRAY, M. M.: J. of Physiol. **87**, 388 (1936).

doch lassen sich nicht die charakteristischen Zahnveränderungen feststellen (SMITH und SMITH[1]).

Placenta scheint für Fluor undurchdringlich zu sein, wenn die Menge im Blut der Mutter nur eine geringe ist. Deshalb werden die Milchzähne in der Regel nicht von *mottled enamel* ergriffen. SMITH und SMITH[1] haben aber doch die charakteristischen Veränderungen der Milchzähne an Kindern beobachten können, deren Mütter Trinkwasser mit ungewöhnlich hohem Fluorgehalt zu sich nahmen. KNOUFF und Mitarbeiter[2] haben in Versuchen mit Hunden festgestellt, daß kleine Mengen Fluor die Placenta nicht passieren, sondern im Gewebe der Mutter fixiert bleiben. Wird die Dosis erhöht, dann findet Ablagerung von Fluor im Foetus statt, und zwar in relativ stärkerem Grad als bei der Mutter, möglicherweise infolge des stärkeren Wachstums des Knochensystems beim Kind. Im übrigen wurde der Übertritt von Fluor durch die Placenta bei der Ratte (MURRAY[3]) und dem Pferd (VELU[4]) beobachtet.

Es steht noch nicht fest, ob die kleinen Fluormengen der Durchschnittskost die Placenta passieren. Ältere Analysen (JODLBAUER[5] GAUTIER und CLAUSMANN[6]) zeigen einen ziemlich bedeutenden Fluorgehalt in Organen und Knochen von Neugeborenen. SHARPLESS und McCOLLUM[7] konnten nicht mit Sicherheit das Vorhandensein von Fluor in 16—18 Tage alten Ratten nachweisen.

Nach TAMMAN[8] und GAUTIER[9] enthält das Hühnerei, vor allem der Dotter, ganz bedeutende Mengen von Fluor. PURJESZ und Mitarbeiter[10] konnten in den Eiern normaler Hennen kein Fluor entdecken, dafür aber in den Eiern fluorvergifteter Tiere. PHILLIPS, HALPIN und HART[11] wiesen nach, daß Fluor fast ausschließlich in der Lipoidfraktion des Eidotters abgelagert wird. In 100 g Eidotter von Hennen, die fluorhaltige Kost bekamen, wurden 0,32 mg Fluor gefunden, im Kontrollmaterial nur 0,09 mg.

9. Akute Vergiftung.

Allgemeinsymptome. RABUTEAU[12] beobachtete bei Hunden, die 0,5 g NaF per os einbekamen, Speichelfluß und Erbrechen. TAPPEINER[13], der zugleich mit SCHULZ[14] die erste systematische Untersuchung lieferte, faßte die Ergebnisse seiner Untersuchungen an *Warmblütern* (Kaninchen, Meerschweinchen, Maus, Katze, Hund) etwa folgendermaßen zusammen: In den Dosen 0,5 g/kg per os oder 0,15 g/kg subcutan oder intravenös verabreicht, erzeugt NaF:

1. Sopor und Schwächezustand;
2. Krämpfe, die teils einzelne Gliedmaßen, teils anfallsweise den ganzen Körper ergreifen und bei einzelnen Tieren epileptiformen Charakter annehmen. Sie können entweder das Vergiftungsbild beherrschen oder nur andeutungsweise vorhanden sein, besonders nach peroraler Eingabe;
3. Lähmung des vasomotorischen Zentrums;

---

[1] SMITH, M. C., u. H. V. SMITH: J. amer. dent. Assoc. **22**, 814 (1935).
[2] KNOUFF, R. A., L. F. EDWARDS, D. W. PRESTON u. P. C. KITCHIN: J. dent. Res. **15**, 291 (1936).
[3] MURRAY, M. M.: Zit. S. 23.
[4] VELU, H.: Bull. Acad. Méd. Paris **110**, 779 (1933).
[5] JODLBAUER: Zit. S. 16.   [6] GAUTIER, A., u. P. CLAUSMANN: Zit. S. 15.
[7] SHARPLESS, G. R., u. E. V. McCOLLUM: Zit. S. 16.
[8] TAMMAN, G.: Zit. S. 14.   [9] GAUTIER, A.: Zit. S. 18.
[10] PURJESZ, B., L. BERKESSY, KL. GÖNCZI u. M. KOVÁCS-OSKOLÁS: Arch. f. exper. Path. **176**, 578 (1934).
[11] PHILLIPS, P. H., J. G. HALPIN u. E. B. HART: J. Nutrit. **10**, 93 (1935).
[12] RABUTEAU: Zit. S. 2.   [13] TAPPEINER, H.: Zit. S. 2.
[14] SCHULZ, H.: Zit. S. 2.

4. Zunahme der Atmungsfrequenz und -tiefe, mit darauffolgender Lähmung;
5. Erbrechen;
6. Speichel- und Tränenabsonderung, die durch Atropin nicht gelähmt wird;
7. frühzeitiger Eintritt der Totenstarre.

Beim *Frosch* rief NaF in nicht tödlichen Dosen als einziges Symptom starke, bis zu 24 Stunden anhaltende Fibrillation der gesamten quergestreiften Muskulatur hervor. Wurde die Dosis stark erhöht, dann verloren die Muskeln ihre Reizbarkeit und wurden steif. MÜLLER[1] gelang es, das Bild insoweit zu ergänzen, als er bei Hunden vermehrte Harnausscheidung, Durst und Albuminurie gewahrte. BLAIZOT[2] gibt folgende Darstellung von den Symptomen nach intravenöser Injektion von NaF an Kaninchen: 1. bis zu 0,05 g/kg ergaben keine Symptome, abgesehen von erhöhtem Appetit in den folgenden Tagen; 2. die Dosis 0,08 g/kg rief Dyspnoe hervor, sowie mäßige Speichelabsonderung und leichte Temperaturerhöhung, worauf sich das Tier jedoch nach Verlauf von 2—3 Stunden wieder vollkommen wohl befand; 3. bei einer Dosis von 0,10 g/kg wurden intensive Dyspnoe, übermäßige Speichelabsonderung und Polyurie, unstillbarer Durst und bedeutende Temperaturerhöhung beobachtet. Nach Verlauf von 10 bis 15 Minuten versagte der Hinterkörper und es kamen Zittern und allgemeine fibrilläre Konvulsionen, zuweilen gewaltige Sprünge hinzu. Nach einigen Schreien versagte auch der Vorderkörper, der Kopf fiel herab, die Gliedmaßen streckten sich einen Augenblick und es traten Koma und Mors ein.

Bei Kaninchen, denen verschiedene Fluorverbindungen mittels Magensonde eingegeben wurden, gewahrte MUEHLBERGER[3] Speichelfluß, Durchfall, Zittern, zuweilen terminale klonische und tonische Krämpfe. Tiere, die letale oder subletale Dosen bekamen, wurden kachektisch und konnten 5—7 Tage nachher verenden. Albuminurie kam häufig vor.

Beim *Menschen* ruft perorale Aufnahme von Flußsäure oder löslichen Fluoriden in kleinen Dosen Schwindel, Übelkeit, Druck im Epigastrium und Erbrechen hervor (KRIMER[4], RABUTEAU[5], DA COSTA[6] u. a.). Nach intravenöser Injektion von 0,20—0,26 g NaF beobachtet man Durst, Appetitlosigkeit, Erbrechen, leichte Temperaturerhöhung, Zittern und vorübergehende Unruhe; die Symptome dauern bis zu 20 Stunden an (CASARES[7]). Nach wiederholten intravenösen Injektionen von 0,10 g NaF bemerkt man bei Basedow-Patienten Polyurie, Durst, Nykturie und Pollakiurie, ein Krankheitsbild, das von GOLDEMBERG[8] *diabète insipide fluorique* benannt wurde.

Pathologische Anatomie. Nach SCHULZ[9], MÜLLER[1], FRESE[10], CRZELLITZER[11] und HEIDENHAIN[12] umfassen die Organveränderungen nach Eingabe von NaF in toxischen oder tödlichen Dosen 2 Systeme, nämlich den Magen-Darmkanal und die Niere. In den Schleimhäuten des Verdauungskanals findet man Anzeichen von akuter Entzündung, Hyperämie, Schwellung, Blutung und Epitheldegeneration. Die Veränderungen treten am ausgesprochensten im Magen auf (es kann hier zuweilen geradezu von Ätzungen gesprochen werden), sind aber auch

---

[1] MÜLLER, W.: Experimentelle Beiträge zur Kenntnis der Flußsäurewirkung. Diss. Greifswald 1889.
[2] BLAIZOT: C. r. Soc. Biol. Paris **45**, 316 (1893).
[3] MUEHLBERGER, C. W.: J. of Pharmacol. **39**, 246 (1930).
[4] KRIMER, W.: Rhein. Jahrb. Med. u. Chir. **2**, 128 (1820).
[5] RABUTEAU: Zit. S. 2.
[6] DA COSTA, J. M.: Arch. Med. **5**, 253 (1881).
[7] CASARES, G.: Dtsch. med. Wschr. **34**, 2292 (1908).
[8] GOLDEMBERG, L.: Presse méd. **38**, 1751 (1930).
[9] SCHULZ, H.: Zit. S. 2.   [10] FRESE, C.: Zit. S. 21.
[11] CRZELLITZER, A.: Zit. S. 21.   [12] HEIDENHAIN, R.: Zit. S. 9.

im Darm zu sehen. Sehr charakteristisch ist, daß diese Veränderungen bei intravenösen Injektionen ebenso häufig und ausgesprochen vorkommen wie bei peroraler Eingabe der Fluorverbindung. SCHULZ[1] und MÜLLER[2] bemerkten an Hunden und Kaninchen Anzeichen von Nephritis, und zwar Hyperämie der Niere und Degeneration des Epithels der Harnkanälchen.

SIEGFRIED[3], der bei subcutaner Injektion so hohe tödliche Dosen findet, daß die Reinheit des Präparats zweifelhaft erscheint, veröffentlicht ziemlich ausführliche postmortale Untersuchungen an Kaninchen (0,45 g/kg NaF) und Meerschweinchen (1,43—2,14 g/kg Na_2SiF_6). Im Magen fanden sich außer den schon erwähnten Entzündungsveränderungen zuweilen zahlreiche Ulcerationen, Blutungen in der Niere und Exsudate an den BOWMANschen Kapseln, sowie Degeneration des Kanälchenepithels mit Zylinderbildung. Ferner wurden in der Leber zerstreute Inselchen mit beginnender Nekrose gefunden, besonders nach Eingabe von Na_2SiF_6. Veränderungen der Leber, insbesondere Hyperämie und Ödem, wurden auch von HEDSTRÖM[4] und MUEHLBERGER[5] an verschiedenen Tieren festgestellt. DALLA VOLTA[6] veröffentlicht eine mikroskopische Untersuchung der hämorrhagischen Gastritis (und Duodenitis), die bei Katzen und Kaninchen nach der Eingabe mittels Magensonde von 2 proz. NaF-Lösung (0,1—0,25 g/kg NaF) auftritt.

Einige neuere, bis auf weiteres vereinzelt dastehende Beobachtungen verdanken wir FOIT[7], der Thymusblutungen bei an akuter Vergiftung verendeten Kaninchen beschreibt, sowie PAVLOVIC und TIHOMIROV[8], die Hyperämie der Nebenschilddrüsen an Kaninchen fanden, die 2 Tage nach einer intravenösen Injektion mit 0,06 g/kg NaF verendeten. Die mikroskopische Untersuchung ergab zahlreiche Blutungen und parenchymatöse Degeneration der Zellen.

Die Wahrscheinlichkeit liegt nahe, daß eine systematische Untersuchung eine ausgebreitete Zelldegeneration im Organismus bei der akuten Fluorvergiftung aufdecken würde.

Tödliche Dosen. Es ist mit Schwierigkeiten verbunden, Präparate, welche die theoretische Fluormenge enthalten sollen, herzustellen und aufzubewahren; bei etlichen älteren Untersuchungen wurde hierauf keine Rücksicht genommen. Die bei der Verabreichung angewandte Technik spielt eine bedeutende Rolle. FRIEDENTHAL[9] hat in bezug auf die Ca-fällenden Verbindungen gezeigt, daß die Toleranz bei intravenöser Injektion, wenn diese langsam vor sich geht, bedeutend erhöht ist. Da aber in der Regel keine Mitteilungen über die Injektionsgeschwindigkeit vorliegen, lassen sich die Ergebnisse der einzelnen Untersucher (BLAIZOT[10], PERRET[11], WIELAND und KURTZAHN[12], MAGENTA[13], LEAKE[14], DE NITO[15], GOLDEMBERG[16], MUEHLBERGER[17]) genau genommen nicht direkt miteinander vergleichen (Tabelle 6).

---

[1] SCHULZ, H.: Zit. S. 2.   [2] MÜLLER, W.: Zit. S. 25.
[3] SIEGFRIED, A.: Arch. internat. Pharmacodynamie 9, 225 (1901).
[4] HEDSTRÖM, H.: Skand. Vet. Tidsskr. 22, 55 (1932).
[5] MUEHLBERGER, C. W.: Zit. S. 25.
[6] DALLA VOLTA, A.: Dtsch. Z. ger. Med. 3, 242 (1924).
[7] FOIT, R.: Bratislav. lék. Listy 11, 17 (1931).
[8] PAVLOVIC, R. A., u. D. M. TIHOMIROW: C. r. Soc. Biol. Paris 110, 497 (1932).
[9] FRIEDENTHAL, H.: Arch. f. Physiol. 1901, 145.
[10] BLAIZOT: Zit. S. 25.   [11] PERRET: Ann. Hyg. publ. [3] 39, 497 (1898).
[12] WIELAND, H., u. G. KURTZAHN: Zit. S. 20.
[13] MAGENTA, M. A.: C. r. Soc. Biol. Paris 98, 169 (1928).
[14] LEAKE, C. D.: J. of Pharmacol. 33, 279 (1928).
[15] DE NITO, G.: Riv. Pat. sper. 3, 294 (1928).
[16] GOLDEMBERG, L.: C. r. Soc. Biol. Paris 104, 1031 (1930).
[17] MUEHLBERGER, C. W.: Zit. S. 25.

Tabelle 6. *Dosis minima letalis* verschiedener Fluorverbindungen.

Untersucher	Jahr	Fluor-verbindung	Tiergattung	Art der Administration	Dosis, ausgedr. in g/kg, der verwendeten Verbindung		Dosis, ausgedr. in g/kg, berechnet als Fluor *	
					Toler.	Minima letalis	Toler.	Minima letalis
BLAIZOT[1]	1893	NaF	Kaninchen	Intraven.	0,08	0,10	0,036	0,045
PERRET[2]	1898	NaF	Hund	Intraven.		0,08		0,036
WIELAND u. KURTZAHN[3]	1923	NaF	Kaninchen	Per os		0,1—0,2		0,045—0,090
		Na_2SiF_6	Kaninchen	Per os		0,074—0,149		0,045—0,090
		NaF	Frosch	Parenteral		0,474		0,214
		NaF	Kröte	Parenteral		0,428		0,194
MAGENTA[4]	1928	NaF	Hund	Intraven.		0,05		0,023
LEAKE[5]	1928	NaF	Kaninchen	Intraven.	0,075	0,0875	0,034	0,040
		NaF	Hund	Per os		0,05—0,1		0,023—0,045
DE NITO[6]	1928	NaF	Hund	Intramuskul.		0,031—0,05		0,014—0,023
		NaF	Frosch	Parenteral		2—3		0,90—1,36
GOLDEMBERG[7]	1930	NaF	Ratte	Intraperitoneal		0,028—0,035		0,013—0,016
		NaF	Kaninchen	Per os	0,147	0,200	0,054	0,073
		Na_2SiF_6	Kaninchen	Per os	0,100	0,125	0,061	0,076
MUEHLBERGER[8]	1930	$BaSiF_6$	Kaninchen	Per os	0,150	0,175	0,061	0,071
		NaF	Ratte	Subcut.	0,094	0,125	0,034	0,046
		Na_2SiF_6	Ratte	Subcutan	0,050	0,070	0,031	0,042

Bei intravenöser Einfuhr schwankt die *Dosis minima letalis* für Hunde und Kaninchen zwischen 0,023 und 0,045 g Fluor pro Kilogramm; bei peroraler Eingabe beträgt die Dosis 0,023—0,090. Die subcutane, intramuskuläre und intraperitoneale Einfuhr scheint ebenso wirksam zu sein wie die intravenöse; bei peroraler und bei intravenöser Eingabe besteht in mehreren Fällen nur ein geringer Dosenunterschied, was auf eine rasche Resorption durch den Magen-Darmkanal hindeutet. Frösche scheinen NaF gegenüber widerstandsfähiger zu sein als Säugetiere (WIELAND und KURTZAHN[3], DE NITO[6]).

Der scheinbare Unterschied in der Giftigkeit von Natriumfluorid und Natriumsilicofluorid beruht auf dem verschiedenen Fluorgehalt (NaF: 45,24% F; Na_2SiF_6: 60,54% F). Nimmt man auf diesen Umstand Rücksicht, dann sind beide Verbindungen gleich giftig, selbst bei parenteraler Einfuhr. Diese Tatsache, die vorerst von WIELAND und KURTZAHN[3] festgestellt und seither von MUEHLBERGER[8] bestätigt wurde, gilt auch in bezug auf das schwer lösliche Bariumsilicofluorid ($BaSiF_6$).

Bestimmte schwer lösliche Fluorverbindungen wie Kryolith und Calciumfluorid sind nur wenig giftig. SMITH und LEVERTON[9] zeigte, daß Ratten im Verlaufe von 9—11 Tagen verenden, wenn die Kost so viel NaF enthält, daß die tägliche Dosis 40 mg Fluor pro Kilogramm beträgt. Bei Verwendung von Mineralkryolith und Calciumfluorid waren 1900 bzw. 3400 mg/kg Fluor täglich vonnöten, um dieselbe Wirkung zu erzielen. Es ist so gut wie unmöglich, bei einer einzelnen Verabreichung dieser Verbindungen die tödliche Dosis zu bestimmen. Meerschweinchen überleben 5 g CaF_2 pro Kilogramm bei peroraler oder subcutaner Einfuhr. Andere wenig giftige Fluorverbindungen sind Lithium-,

---

[1] BLAIZOT: Zit. S. 25. [2] PERRET: Zit. S. 26.
[3] WIELAND, H., u. G. KURTZAHN: Zit. S. 20. [4] MAGENTA, M. A.: Zit. S. 26.
[5] LEAKE, C. D.: Zit. S. 26. [6] DE NITO: Zit. S. 26.
[7] GOLDEMBERG, L.: Zit. S. 26. [8] MUEHLBERGER, C. W.: Zit. S. 25.
[9] SMITH, M. C., u. R. M. LEVERTON: Ind. a. Eng. Chem. **26**, 761 (1934).
* Bei der Berechnung wurde der theoretische Fluorgehalt der betreffenden Fluorverbindungen angewandt. Nur MUEHLBERGER führt die Analyse der betreffenden Präparate an.

Magnesium-, Aluminium- und Ceriumfluorid, sowie Aluminiumsilicofluorid (SIMONIN und PIERRON[1]). Bezüglich Kryolith hängt jedoch die Toxizität in nicht geringem Maße von der Partikelgröße ab (ROHOLM[2]).

Akute Vergiftung beim Menschen. Die akute perorale Vergiftung durch Fluorverbindungen tritt nicht so selten auf, wie früher angenommen wurde. Der erste Fall von Vergiftung wurde im Jahre 1873 von KING[3] beschrieben. Von 1873—1935 wurden insgesamt 112 Fälle bei Menschen veröffentlicht, darunter 60 mit tödlichem Ausgang (ROHOLM[4]). Die Sterblichkeit ist demnach groß und nimmt allmählich zu, indem nur 6 der tödlichen Fälle vor 1918 eingetroffen waren. Am häufigsten handelt es sich um Unfälle, Verwechslungen, wobei Fluoride, die als Rattengift oder Insektenpulver dienen, beim Kochen verwendet oder als Arznei eingenommen werden u. ähnl. Es sind eine Reihe von Selbstmorden, sowie etliche Morde und Mordversuche bekannt. Die in Betracht kommenden Verbindungen sind meist Na_2SiF_6 und NaF, seltener Flußsäure und Kieselflußsäure, die als Ätz- und Desinfektionsmittel Verwendung finden.

Die Symptome sind teils lokale, vom Magen-Darmkanal ausgehend, teils resorptive. Bald nach der peroralen Aufnahme tritt Erbrechen, häufig mit Blut, ein, sowie diffuse Bauchschmerzen, allenfalls auch Durchfall. Nach verschiedenen, oft kurzen Intervallen folgen abwechselnd schmerzhafte Krämpfe und Lähmungen, entweder lokalisierte oder allgemeine, Schwäche, Durst, Speichelfluß und Schweiß. Die Gesichtsfarbe kann blaß oder cyanotisch sein. Der Tod tritt unter Dyspnoe und Pulsschwäche ein. Die Zeit bis zum Eintritt des Todes schwankt ziemlich stark, am häufigsten sind es 6—10 Stunden, doch sind auch schon 2 Stunden beobachtet worden. Ein Verlauf von mehr als 12 Stunden dagegen ist ungewöhnlich. Flußsäure und Kieselflußsäure wirken äußerst toxisch, der Tod kann hier schon nach Verlauf von 15—35 Minuten eintreten.

Bei der Sektion findet man eine akute hämorrhagische Gastroenteritis und mehr oder weniger ausgeprägte, meist nur mikroskopische Degenerationserscheinungen in den parenchymatösen Organen. Der Sektionsbefund kann sehr gering sein. Durch chemische Untersuchung läßt sich in den meisten Fällen Fluor in den Organen nachweisen.

Die tödliche Dosis wechselt ziemlich stark, in den meisten Fällen werden 5—15 g NaF oder Na_2SiF_6 angegeben. Die tödliche Dosis kann so gering sein wie 0,7—1 g Na_2SiF_6 (GELLERSTEDT[5]), ja möglicherweise sogar um 0,2—0,6 g derselben Verbindung liegen (DYRENFURTH und KIPPER[6]). Im Vergleich zu den im Laboratorium allgemein verwendeten Säugetieren scheint der Mensch der akuten Wirkung des Fluors gegenüber besonders empfindlich zu sein.

10. Akute Wirkung von Fluor auf einzelne Gewebe und Funktionen.

Blut in vitro. Im Jahre 1890 entdeckten ARTHUS und PAGÉS[7], daß der Zusatz von 0,15% Alkalifluorid die Koagulation des Blutes aufhebt. Diese Wirkung kann nicht auf einer einfachen Calciumfällung beruhen, da der Zusatz eines löslichen Calciumsalzes zu Fluoridplasma keine Koagulation verursacht, eine solche aber unter den gleichen Verhältnissen im Oxalatplasma stattfindet. Der Zusatz

---

[1] SIMONIN, P., u. A. PIERRON: C. r. Soc. Biol. Paris **124**, 133 (1937).
[2] ROHOLM, K.: Zit. S. 3.
[3] KING, R.: Trans. path. Soc. Lond. **24**, 98 (1873).
[4] ROHOLM, K.: Zit. S. 3. — Auch Dtsch. Z. ger. Med. **27**, 174 (1936).
[5] GELLERSTEDT, N.: Dtsch. Z. ger. Med. **19**, 475 (1932).
[6] DYRENFURTH u. F. KIPPER: Med. Klin. **21**, 846 (1925).
[7] ARTHUS, M., u. C. PAGÉS: Arch. Physiol. norm. Path. **2**, 739 (1890).

von NaF hebt gleichzeitig die Glykolyse[1] und den Sauerstoffverbrauch[2] des Blutes auf. BORDET und GENGOU[3] erklärten sich die Koagulationshemmung mit der Annahme, daß das ausgefällte CaF_2 die im Koagulationsprozeß wirksamen Enzyme binde. Eine gleichzeitig von CALUGAREANU[4] gegebene Erklärung kommt der Wahrscheinlichkeit näher, wonach NaF die Koagulation des Blutes durch eine besondere Einwirkung auf die Zellen aufhebt, indem die Emission des Fibrinferments verhindert wird. FOIT[5] fand übereinstimmend hiermit, daß recalcifiziertes Fluoridplasma bei Zusatz von zellfreien Gewebsextrakten koaguliert. Ebenso zeigte FOIT, daß die Fluorkonzentration des Blutes ziemlich bedeutend sein muß (ungefähr 45 mg pro 100 ccm oder etwa 0,1% NaF), ehe die Koagulationshemmung deutlich wird. Der Zusatz von Fluorid wird im Laboratorium verwendet, um die Koagulation des Blutes zu verhindern und um Verwandlungen zu vermeiden. Nach ROE, IRISH und BOYD[6] konservieren 10 mg NaF pro Kubikzentimeter steril aufgefangenes Blut in einem solchen Grad, daß es noch nach Verlauf von 10 Tagen möglich ist, den Reststickstoff sowie Harnsäure, Kreatinin, Glykose und Cholesterol zu bestimmen. Auch Phosphatase läßt sich in Fluoridblut bestimmen (CRUSE und ROSE[7]).

Nach PORTIER und DUVAL[8] wirkt 1% NaF derartig auf die roten Blutkörperchen ein, daß sie ihr Volumen nicht vergrößern können, ohne in einer hypotonischen Natriumfluoridlösung gesprengt zu werden; die Schrumpfungsfähigkeit in hypertonischer Lösung wird jedoch bewahrt. Es muß angenommen werden, daß NaF die Zellmembran und die äußerste Protoplasmaschicht fixiert (*fixateur physiologique*). Versetzt man Blut mit 1—4% NaF, dann wird es dickflüssig, gallertartig. Diese Erscheinung, die als eine Art Koagulation angesehen werden muß, ist möglicherweise einer Verbindung zwischen Fluor und den Proteinstoffen des Blutes zuzuschreiben. Oxalsäure hat nicht diese Wirkung (TOYONAGA[9]).

Mit Methämoglobin geht Fluor eine sehr charakteristische Verbindung ein, *Fluor-Methämoglobin*. Bei Zusatz einer NaF-Lösung zu einer Lösung von Methämoglobin oder methämoglobinhaltigem Blut ändert sich das Spektrum und es tritt eine Verschiebung des Absorptionsbandes in rotgelb von 633 auf 612 $\mu\mu$ ein; die Absorptionsintensität wird erhöht, das Band ist gut abgegrenzt. Ein weniger betontes Absorptionsband sieht man um 494 $\mu\mu$. Das Spektrum ist in schwach saurer Lösung am deutlichsten. Die Fluorverbindung des Methämoglobins wurde erst 1905 von VILLE und DERRIEN[10] entdeckt, das charakteristische Spektrum wurde jedoch schon früher von MENZIES[11] und PIETTRE und VILA[12] durch Zusatz von NaF zu einer Oxyhämoglobinlösung wahrgenommen. Die Reaktion ist außerordentlich empfindlich und für den Nachweis von kleinen Mengen Fluor geeignet (VILLE und DERRIEN[13]). Fluormethämoglobin ließ sich durch Zusatz von NaF zu einer konzentrierten Lösung von krystallinischem Methämoglobin und Ausfällung mit einer gesättigten Lösung von $(NH_4)_2SO_4$ herauskrystallisieren (VILLE und DERRIEN[10]). HAUROWITZ[14] stellte rein krystallinisches

---

[1] ARTHUS, M.: Arch. Physiol. norm. Path. 3, 425 (1891).
[2] ARTHUS, M., u. A. HUBER: Zit. S. 5.
[3] BORDET, J., u. O. GENGOU: Ann. Inst. Pasteur 18, 26 (1904).
[4] CALUGAREANU, D.: Arch. internat. Physiol. 2, 12 (1904/05).   [5] FOIT, R.: Zit. S. 26.
[6] ROE, J. H., O. J. IRISH u. J. I. BOYD: J. of biol. Chem. 75, 685 (1927).
[7] CRUSE, J. E. J., u. C. F. M. ROSE: Brit. J. exper. Path. 17, 267 (1936).
[8] PORTIER, P., u. M. DUVAL: C. r. Soc. Biol. Paris 87, 618 (1922).
[9] TOYONAGA, M.: Bull. Coll. agric. Tokyo 6, 361 (1904/05).
[10] VILLE, J., u. E. DERRIEN: C. r. Acad. Sci. Paris 140, 743, 1195 (1905).
[11] MENZIES, J. A.: J. of Physiol. 17, 402 (1894/95).
[12] PIETTRE, M., u. A. VILA: C. r. Acad. Sci. Paris 140, 390, 685, 1060, 1350 (1905).
[13] VILLE, J., u. E. DERRIEN: Bull. Soc. Chim. biol. Paris 35, 239 (1906).
[14] HAUROWITZ, F.: Hoppe-Seylers Z. 138, 68 (1924).

Fluormethämoglobin durch Krystallisation einer alkoholischen Lösung her, beschrieb die chemischen Eigenschaften der Verbindung und bestimmte die Absorptionskurve. Die Elementaranalyse zeigte, daß Fluormethämoglobin auf 1 Atom Fe etwa 1 Atom F enthält. LIPMANN[1] bestimmte die Dissoziationskurve des Fluormethämoglobins und fand, daß die Dissoziation der monomolekularen Reaktionsgleichung für die Formel Methämoglobin + Fluorion $\rightleftarrows$ Fluormethämoglobin folgte. Die Affinität nahm nach der sauren Seite stark zu, gemäß den Beobachtungen über die fermenthemmende Wirkung des Fluorids. KARASSIK und Mitarbeiter[2] haben gezeigt, daß vorhergehende Injektion von Methämoglobinbildnern (wie z. B. $NaNO_2$) die Empfindlichkeit gegen NaF bei weißen Mäusen herabsetzt; es bildet sich vermutlich Fluormethämoglobin, das die toxische Fluorkonzentration im Blut verringert. Auch *Hämin* geht eine Fluorverbindung ein (KÜSTER und NEUNHÖFFER[3]).

Blut in vivo. PERRET[4] machte die Wahrnehmung, daß das Blut eines Hundes, der 35 Minuten nach einer intravenösen Injektion von 0,10 g/kg NaF verendete, nicht spontan koagulierte, wenn es im Glas aufgefangen wurde. Bei der toxischen aber nicht tödlichen Dosis von 0,05 g/kg war die Koagulation erschwert, wurde aber noch vor Ablauf einer Stunde wieder normal. Ähnliche Beobachtungen führen STUBER und SANO[5] zur Stütze der später von STUBER und LANG[6] aufgestellten Theorie über die Bedeutung des Fluors für den Koagulationsprozeß des Blutes an. Ihrer Ansicht nach gibt es kein spezifisches Koagulationsferment, sondern die *causa movens* des Koagulationsprozesses sei die durch die Glykolyse gebildete Milchsäure. Fluor dürfte dabei die Koagulationszeit durch eine Hemmung der Glykolyse des Blutes erhöhen. Im Blute Hämophiler fanden STUBER und LANG bis zu 3—4 mg Fluor pro 100 ccm; im Blute Normaler bewegte sich der Fluorgehalt zwischen 0 und 0,85 mg pro 100 ccm. Andere Untersucher[7] konnten es nicht bestätigen, daß der Fluorgehalt in hämophilem Blut höher als normal sei. FOIT[8] hat in Kaninchenversuchen nachgewiesen, daß die Koagulation des Blutes nicht mit der Glykolyse parallel verläuft, und daß die Koagulationszeit nicht wesentlich anders ist, wenn das Blutfluor durch intravenöse Injektion von NaF auf ungefähr 3 mg pro 100 ccm erhöht wird. Während der akuten Vergiftung wurde übrigens Hyperglykämie und Zunahme des Gehalts an Milchsäure im Blut beobachtet (SUEKAWA[9], FOIT[8]).

Bei 4 gesunden Männern, die im Laufe von 5 aufeinanderfolgenden Tagen durchschnittlich 0,46 g KF täglich bekamen, nahm der Hämoglobingehalt um 5—10%, die Erythrocytenzahl um fast 25% ab. Nach Verlauf von 12—14 Tagen war die Zusammensetzung des Blutes normal (WADDEL[10]). Durch perorale Verabreichung von NaF an Hunde in Dosen von 0,001—0,002 g/kg beobachtete RISI[11] Verminderung der Erythrocytenzahl um 1—3 Millionen (von normalen 7—8 Millionen) und Fallen der Leukocytenzahl um 2—3000. Die Untersuchung wurde an 5 Hunden vorgenommen; die Veränderungen traten schon nach 5 Minuten deutlich auf und erreichten im Laufe von 1—5 Stunden den Höhepunkt. Gleichzeitig gewahrte man Verschiebung nach links des ARNETHschen Blutbildes,

---

[1] LIPMANN, F.: Biochem. Z. **206**, 171 (1929).
[2] KARASSIK, V., V. ROCHKOW u. O. WINOGRADOWA: C. r. Soc. Biol. Paris **119**, 807 (1935).
[3] KÜSTER, W., u. O. NEUNHÖFFER: Hoppe-Seylers Z. **172**, 179 (1927).
[4] PERRET: Zit. S. 26.
[5] STUBER, B., u. M. SANO: Biochem. Z. **140**, 42 (1923).
[6] STUBER, B., u. K. LANG: Zit. S. 15.
[7] Zit. S. 15, Fußnote 6 u. 7.   [8] FOIT, R.: Zit. S. 26.
[9] SUEKAWA, T.: Mitt. med. Akad. Kioto **3** (II), 12 (1929).
[10] WADDEL, L.: J. Anat. Physiol. **18**, 145 (1884).
[11] RISI, A.: Riv. Pat. sper. **6**, 312 (1932).

Steigen des osmotischen Druckes im Totalblut, Zunahme der Oberflächenspannung und des Eiweißgehaltes des Serums. Viscosität und spezifische Leitungsfähigkeit waren verringert. FOIT[1] gewahrte unter der akuten NaF-Vergiftung von Kaninchen fallende Zahl der Lymphocyten und basophilen Leukocyten. Die neutrophilen Leukocyten wiesen eine unbestimmte, die eosinophilen eine mäßige Vermehrung auf; die Monocyten verschwanden gänzlich. Nach intravenöser Injektion von 0,05—0,06 g/kg NaF an Kaninchen fand VALJAVEC[2], daß der Hämoglobinprozent und die Erythrocytenzahl Neigung zu Verminderung zeigten, jedoch nicht konstant. Die Anzahl der Leukocyten war fortgesetzt erhöht, die Lymphocytenzahl relativ verringert und die der polymorphkernigen relativ erhöht. Gleichzeitig machte sich eine gewisse Linksverschiebung geltend.

Herz-Gefäßsystem. Nach CRZELLITZER[3] erzeugt intravenöse Injektion von 0,05 g/kg NaF bei Hunden eine unvollständige und verkürzte Diastole; auch die Systole ist verringert. DE NITO[4] gewahrte am isolierten Hundeherz eine Verringerung der Frequenz und des Schlagvolumens bei einer Konzentration von 1 : 100000 (NaF). Die Wirkung erstreckte sich angeblich teils auf die hemmenden Zentren des Herzens, teils direkt auf die Muskulatur. Bei den Fröschen erfolgt der Effekt fast ausschließlich durch die hemmenden Zentren. GOTTDENKER und ROTHBERGER[5] beobachteten nach intravenöser Injektion von NaF an Hunden (0,025—0,070 g/kg) 3 Vergiftungsstadien: 1. Dyspnoe und Herzdilatation, manchmal Auftreten von Vorhofflimmern; 2. vorübergehend normale Herztätigkeit; 3. schließlich abermals Herzdilatation, langsame Aktion, Auftreten von Sinusblock, Kammerextrasystolen, Kammerflimmern und Kammerwühlen. Nach einiger Zeit hörte das Kammerflimmern spontan auf. Das Elektrokardiogramm wies verschiedene Leitungsstörungen auf. Bei Fröschen rief Injektion von NaF ebenfalls Leitungsstörungen hervor, die nach GOTTDENKER und ROTHBERGER[6] nicht auf einem durch Calciumfällung verursachten Calciummangel beruhen können. Das Vergiftungsbild ist ähnlich dem durch Monojodessigsäure hervorgerufenen; die Herzwirkung des Fluors wird wahrscheinlich durch Störungen im intermediären Kohlenhydratstoffwechsel ausgelöst.

TAPPEINER[7] meinte, daß Lähmung des vasomotorischen Zentrums eine frühzeitige Erscheinung bei der akuten Vergiftung sei. Nach CRZELLITZER[3] und DE NITO[4] wird der Blutdruck nur wenig beeinflußt. Bei Katzen gewahrten GOTTDENKER und ROTHBERGER[5] langsames Sinken des Blutdruckes nach Eingabe von 0,02 g/kg NaF und rasches Fallen nach Eingabe von 0,5 g/kg NaF. Nach intravenöser Injektion von NaF in subletalen Dosen nahmen GREENWOOD und Mitarbeiter[8] eine ausgesprochene Blutdrucksenkung an Hunden wahr.

Muskulatur. Sowohl bei Fröschen als auch bei Säugetieren ist ein charakteristisches Symptom der Vergiftung die Unfähigkeit, willkürliche Bewegungen auszuführen, sowie universelle Fibrillation, die beim Frosch in Muskelstarre übergehen kann (TAPPEINER[7]). Ältere Untersucher wie SCHULZ[9], CRZELLITZER[3] und zum Teil auch TAPPEINER[7] waren der Meinung, daß die Fibrillation Ausdruck eines zentralen Reizes war. LOEB[10] zeigte, daß sich der Gastrocnemius eines

---

[1] FOIT, R.: Zit. S. 26.
[2] VALJAVEC, M.: Z. exper. Med. **85**, 382 (1932).
[3] CRZELLITZER, A.: Zit. S. 21. [4] DE NITO, G.: Zit. S. 26.
[5] GOTTDENKER, F., u. C. J. ROTHBERGER: Arch. f. exper. Path. **179**, 38 (1935).
[6] GOTTDENKER, F., u. C. J. ROTHBERGER: Arch. f. exper. Path. **179**, 24 (1935).
[7] TAPPEINER, H.: Zit. S. 2.
[8] GREENWOOD, D. A., E. A. HEWITT u. V. E. NELSON: Proc. Soc. exper. Biol. a. Med. **31**, 1037 (1933/34).
[9] SCHULZ, H.: Zit. S. 2.
[10] LOEB, J.: Beitr. Physiol., Festschr. f. A. Fick **1899**, 101.

mit Curare behandelten Frosches rhythmisch kontrahiert, wenn er in eine NaF-Lösung getaucht wird. Wird der Muskel aber in eine 0,7proz. NaCl-Lösung gebracht, dann beginnen die Zuckungen erst nach 1 Stunde und dauern länger an; in einer äquimolekularen NaF-Lösung beginnen die Zuckungen gleich, sie sind stark und dauern nur $1/2$ Stunde. Eine ähnliche Wirkung wird durch Lösungen von Salzen erzielt, deren Anionen unlösliche Ca-Salze bilden (Na-Citrat, Na-Oxalat u. a.), weshalb LOEB[1] das Phänomen in erster Linie als durch eine Ausfällung der Ca-Ionen hervorgerufen ansah. Die Natriumsalze aus der Gruppe der calciumfällenden Säuren rufen bei intravenöser Injektion eine Vergiftung hervor, bei welcher fibrilläre Zuckungen in der Skeletmuskulatur als ein für die ganze Gruppe charakteristisches Symptom mitwirken (FRIEDENTHAL[2]). LIPMANN[3] gibt an, daß die Muskelsteifheit, die beim NaF-vergifteten Frosch als Abschluß der fibrillären Zuckungen eintritt, nach Verlauf und Entstehung äußerst ähnlich der Monojodessigsäurestarre sei. Werden an einem Frosch die Lumbalnerven durchschnitten, so verursacht Injektion von NaF Steifheit nur an den Muskeln der vorderen Extremitäten; die Muskeln der hinteren Gliedmaßen sind erregbar, wenn auch nur in geringem Maße, und die Muskelsteifheit tritt erst nach Ausführung einer Reihe von Kontraktionen ein. Danach wird keine Milchsäurebildung beobachtet, aber ein beschleunigter Zerfall des Phosphagens, starke Veresterung von Hexose mit Phosphat und Spaltung der Adenylpyrophosphorsäure. Monojodessigsäure ruft so wie Fluorid eine Hemmung der Milchsäurebildung hervor; beide Vergiftungsbilder zeigen eine weitgehende Übereinstimmung. Der Mechanismus der Einwirkung auf den milchsäurebildenden Fermentkomplex ist in seinen Einzelheiten sicher verschiedenartig.

Zentralnervensystem. Die Erschlaffung und Mattigkeit, die bei der akuten Vergiftung beobachtet werden, beruhen nach der Ansicht TAPPEINERS[4] auf einer Lähmung des vasomotorischen Zentrums, SCHULZ[5] hingegen sah die Ursache in einem besonders depressiven Einfluß des Gehirns. Bei diesen älteren Untersuchern scheint Einigkeit darüber zu herrschen, daß die Wirkung auf das Zentralnervensystem zwar vorübergehend ein Reiz, in der Hauptsache jedoch eine Lähmung ist. Die an der Atmung beobachteten Erscheinungen werden einer depressiven Wirkung auf das Atmungszentrum zugeschrieben. Kleine Dosen verursachen schnellere und tiefere, große Dosen oberflächliche und unregelmäßige Atmung (DE NITO[6], CRZELLITZER[7]). Die Atmung hört vor der Herztätigkeit auf (GREENWOOD und Mitarbeiter[8]).

Drüsen. Speichelabsonderung wurde von TAPPEINER[4] selbst nach Durchtrennung des Nervenapparats und nach Atropinisierung beobachtet; der Angriffspunkt muß demnach peripher in den Drüsenzellen selbst oder in den Nervenenden gelegen sein. An Hunden bemerkte CRZELLITZER[7] konstant vermehrte Absonderung aus Tränendrüsen und Nase.

Nierenfunktion. N-Stoffwechsel. Die von etlichen Untersuchern beobachtete toxische Schädigung der Niere mit sekundären Veränderungen im Harn wurden schon S. 25 besprochen. WADDEL[9] bemerkte vorübergehende Polyurie und starkes Steigen der Harnausscheidung (19—59%) an 4 gesunden Männern, die 5 aufeinander folgende Tage hindurch täglich durchschnittlich 0,46 g KF einbekommen hatten. HEWELKE[10] bestimmte die Stickstoffausscheidung im Harn

---

[1] LOEB, J.: Amer. J. Physiol. **5**, 362 (1901). [2] FRIEDENTHAL, H.: Zit. S. 26.
[3] LIPMANN, F.: Biochem. Z. **227**, 110 (1930).
[4] TAPPEINER, H.: Zit. S. 2. [5] SCHULZ, H.: Zit. S. 2.
[6] DE NITO, G.: Zit. S. 26. [7] CRZELLITZER, A.: Zit. S. 21.
[8] GREENWOOD, D. A., E. A. HEWITT u. V. E. NELSON: Zit. S. 31.
[9] WADDEL, L.: Zit. S. 30.
[10] HEWELKE, O.: Dtsch. med. Wschr. **16**, 477 (1890).

und Kot eines Hundes, der 18 Tage hindurch täglich per os 0,025 g/kg NaF einbekam. Im Vergleich zu den Perioden vor und nach der Aufnahme wurde eine Verdoppelung der Harnmenge und eine zweifelhafte Verminderung der N-Ausscheidung beobachtet. In Versuchen mit Hunden gewahrten GOTTLIEB und GRANT[1] vermehrte Ausscheidung von Wasser, Chlor und Stickstoff nach intravenöser Injektion von 0,005—0,020 g/kg NaF. Der Harn war noch bis 1 Woche nach der Injektion auf Lackmus alkalisch, wohingegen die Kontrolltiere sauren Harn hatten. Es wurden keine pathologischen Bestandteile im Harn gefunden und die Nieren blieben bei der Mikroskopie normal, auch nach wiederholten Einspritzungen. GAUTRELET und MALLIÉ[2] geben an, daß die totale N-Ausscheidung im Harn von Kaninchen nach subcutaner Injektion von 0,03 g/kg NaF unverändert war, daß aber der Stickstoff ausschließlich in Form von Ammoniak ausgeschieden wurde. Man nahm an, daß diese Wirkung, die nach 48 Stunden wieder aussetzte, auf einem hemmenden Einfluß auf das harnstoffbildende Ferment der Leber beruhe.

Zuckerstoffwechsel. Im obenerwähnten Versuch bemerkten GAUTRELET und MALLIÉ[2] auch vorübergehende Glykosurie. Untersuchungen von MAGENTA[3] haben gezeigt, daß intravenöse Verabreichung von NaF bei Hunden ein mäßiges Ansteigen des Blutzuckers zur Folge hatte; erst bei letalen Dosen (0,05 g/kg) wurde Glykosurie beobachtet. Nach SUEKAWA[4] steigt bei Kaninchen der Blutzucker parallel zur eingegebenen NaF-Menge (0,04—0,08 g/kg); der Zuckergehalt des Harns folgt parallel dem Grad der Hyperglykämie. Das Steigen des Blutzuckers wurde durch gleichzeitige Injektion von $CaCl_2$ stark gehemmt und traf bei splanchnektomierten Kaninchen überhaupt nicht ein. Zugleich mit der Blutzuckersteigerung nimmt auch der Gehalt des Blutes an Milchsäure zu und sein Kohlensäurebindungsvermögen nimmt ab (SUEKAWA und TAKEHIRO[5]). Der Einfluß des Fluors auf den intermediären Kohlenhydratumsatz des Muskels wurde schon erwähnt (S. 7).

Mineralstoffwechsel. Neuere Untersuchungen haben ergeben, daß der Calciumgehalt des Blutes nach Injektion mit NaF herabgesetzt sein kann. Diese Erscheinung dürfte erstmalig im Jahre 1930 von REBECA GERSCHMANN[6] wahrgenommen worden sein, indem sie bei Hunden ein Fallen des Blut-Ca von durchschnittlich 3,3 mg (der normalen etwa 11 mg pro 100 ccm) nach intravenöser Injektion von 0,03 g/kg NaF konstatierte. Das Sinken hatte 2 Stunden nach der Injektion das Maximum erreicht; nach Verlauf von 3 Stunden begann abermals ein Ansteigen, aber die normalen Werte waren nach 24 Stunden noch nicht wieder erreicht. Gleichzeitig nahmen die anorganischen Phosphate von 3,2 auf 5 mg pro 100 ccm zu. JODLBAUER[7] verabreichte Kaninchen subcutane Injektionen von 0,05 g/kg NaF durch 3 aufeinander folgende Tage und beobachtete ein Sinken des Serum-Ca, das 1 Stunde nach der Einspritzung am ausgesprochensten war und sich nach Verlauf von 4 Stunden auszugleichen begann. Das größte beobachtete Sinken war von 17,4 auf 8,8 mg pro 100 ccm (nach DE WAARDS Methode als CaO bestimmt). Nach der dritten Injektion begannen die Tiere am ganzen Körper zu zittern. Auch FOIT[8] konstatierte ein Fallen des Serum-Ca an akut vergifteten Kaninchen, jedoch ohne Symptome an der Muskulatur gewahren zu können. Die niedrigsten Werte (7,6—8 mg

---

[1] GOTTLIEB, L., u. B. GRANT: Proc. Soc. exper. Biol. a. Med. **29**, 1293 (1931/32).
[2] GAUTRELET, J., u. H. MALLIÉ: C. r. Soc. Biol. Paris **60**, 714 (1906).
[3] MAGENTA, M. A.: Zit. S. 26.   [4] SUEKAWA, T.: Zit. S. 30.
[5] SUEKAWA, T., u. S. TAKEHIRO: Mitt. med. Akad. Kioto **3** (II), 142 (1929).
[6] GERSCHMANN, R.: C. r. Soc. Biol. Paris **104**, 411 (1930).
[7] JODLBAUER, A.: Arch. f. exper. Path. **164**, 464 (1931).
[8] FOIT, R.: Zit. S. 26.

pro 100 ccm) stellten sich erst 1—3 Stunden nach der Einspritzung ein; nach 24 Stunden kehrte der Ca-Spiegel wieder zu seiner ursprünglichen Höhe zurück. PAVLOVIC und BOGDANOVIC[1] fanden bei Hunden eine Herabsetzung des Blut-Ca (durchschnittlich von 16,6 auf 14,7 mg pro 100 ccm) 48 Stunden nach intravenöser Injektion von 0,06 g/kg NaF; gleichzeitig war der Gehalt des Blutes an anorganischem Phosphor von 7,3 auf 5,5 mg pro 100 ccm gefallen (durchschnittlich).

Grundumsatz. GOLDEMBERG[2] bestimmte den Grundumsatz an Ratten nach interperitonealer Injektion von 0,015—0,018 g/kg NaF und fand konstant eine Verminderung der Sauerstoffaufnahme, die sich zwischen 12 und 63% bewegte. Die Wirkung begann 15 Minuten nach der Einspritzung und dauerte einige Stunden bis zu mehrere Tage lang. Die angewandte Dosis betrug ungefähr die Hälfte der kleinsten tödlichen Menge. GÖRLITZER[3] bemerkte eine sehr bedeutende Herabsetzung der CO_2-Produktion bei Mäusen nach percutaner und subcutaner Verabreichung von Flußsäure in giftigen Dosen. Es ließ sich nachweisen, daß die Wirkung nicht auf einer verringerten Nahrungsaufnahme oder Einfuhr von Wasserstoffionen beruhte, sondern daß sie als ein spezifischer Fluoreffekt aufgefaßt werden mußte. Die anderen Halogenwasserstoffe hatten in der gleichen Konzentration keinerlei Einfluß auf den Stoffwechsel oder sie riefen eine Erhöhung hervor. Kaulquappen, die in einer Flußsäurelösung der Konzentration 1:25000 angebracht waren, wurden in ihrer Entwicklung stark gehemmt. PHILLIPS und Mitarbeiter[4] fanden keine Veränderung des Grundumsatzes bei Ratten, die täglich 27 mg/kg Fluor als NaF einbekamen.

Zahngewebe. SCHOUR und SMITH[5] haben nachgewiesen, daß eine einzige subcutane Injektion von NaF (0,3 ccm einer 2,5proz. Lösung) an Ratten Störungen in der Zahnbildung hervorruft, die nach Verlauf von ungefähr 4 Wochen an den Schneidezähnen als zirkuläre, scharf abgegrenzte Bänder aus weißem, nicht pigmentiertem Schmelz makroskopisch wahrnehmbar sind. Bei der histologischen Untersuchung konnten Veränderungen am rückwärtigen Teil der Schneidezähne schon 12—24 Stunden nach der Injektion bemerkt werden, nämlich abnormer Charakter und Verteilung der Kalkglobuli in der Ameloblastenschicht sowie unregelmäßige Begrenzung der Schmelzschicht. Nach Verlauf von 24—48 Stunden wiesen Schmelz und Zahnbein zwei neugebildete Schichten auf, teils eine helle, aus hypoplastischem und mangelhaft verkalktem Gewebe bestehend, teils eine dunkle, von normaler Struktur und normal oder übermäßig stark verkalkt. Die erste Schicht entspricht der augenblicklich eintreffenden Reaktion auf die Einspritzung, die letztere der darauffolgenden Restitution. Bei Wiederholung der Injektion bildeten sich jedesmal von neuem ähnliche paarweise helle und dunkle Schichten. Die hellen Schichten von schlechtem Schmelz stellen sich später (beim Wachsen des Zahnes) in sehr schrägem Schnitt als die makroskopisch kenntlichen Bänder heraus. Das erwähnte Muster verwischte sich jedoch, wenn entweder die Dosis oder die Anzahl der Injektionen über eine bestimmte Grenze hinaus erhöht wurden.

11. Chronische experimentelle Vergiftung.

Der Hauptteil der schon zahlreichen Untersuchungen stammt aus den letzten 5—6 Jahren und diente vorzugsweise der Erhellung des Zahnleidens *mottled enamel*

---

[1] PAVLOVIC, R. A., u. S. B. BOGDANOVIC: C. r. Soc. Biol. Paris **109**, 475 (1932).
[2] GOLDEMBERG, L.: Zit. S. 26.
[3] GÖRLITZER, V.: Arch. f. exper. Path. **165**, 443 (1932).
[4] PHILLIPS, P. H., E. H. ENGLISH u. E. B. HART: Amer. J. Physiol. **113**, 441 (1935).
[5] SCHOUR, J., u. M. C. SMITH: J. amer. dent. Assoc. **22**, 796 (1935).

sowie dem Studium über die Wirkung von fluorhaltigem Mineralzuschuß bei der Zucht von Schweinen und Rindern. Andere Erfahrungen wurden bei den Versuchen gewonnen, die Ätiologie der spontanen chronischen *Fluorose*[1] bei Haustieren zu ermitteln. Das vorliegende Material ist daher zerstreut und von verschiedenen Gesichtspunkten aus behandelt. Als Versuchstiere fanden vorzugsweise Ratten, im übrigen aber auch Meerschweinchen, Schweine, Hunde, Schafe und Rinder Verwendung. Nebst Natriumfluorid wurden auch insbesondere Calciumfluorid, Kryolith und natürlich vorkommende fluorhaltige Phosphate (Phosphorit[2]) verwendet.

Zur Einleitung sollen folgende Verhältnisse dargetan werden: Die Wirkung des Fluors hängt von der Dosis ab, von der Dauer der Verabreichung, dem Alter des Individuums, der Tiergattung, der Zusammensetzung der Kost und wahrscheinlich noch von anderen, unbekannten Umständen. Nur ein Teil der verschiedenen Formen der Vergiftung ist bekannt. Fluor übt eine spezifische Wirkung auf Knochen- und Zahngewebe aus. Die Folge des Einflusses auf die Zähne ist die Bildung von hypoplastischem, schlecht verkalktem Schmelz und Zahnbein. Das Knochengewebe reagiert verschiedenartig; es ist sowohl diffuse Osteosklerose als auch allgemeine Osteoporose oder Osteomalacie bekannt. Eigentümlich ist, daß sowohl Zahnveränderungen als auch Osteosklerose durch Dosen hervorgerufen werden können, die im übrigen auf den Organismus keinen, oder jedenfalls nur geringen schädlichen Einfluß haben, während die Osteoporose von mehr oder weniger schwachen oder starken Allgemeinsymptomen begleitet ist.

Allgemeinbefinden, Wachstum, Fortpflanzung. Fluorverbindungen gleichen anderen giftigen Stoffen darin, daß bei einem bestimmten Grad der Einwirkung auf den Organismus Gewichtsabnahme, und zwar absolute oder relative, eintritt. Appetit und Nahrungsaufnahme sind beeinträchtigt (GOLDEMBERG[3], SOLLMANN, SCHETTLER und WETZEL[4], CRISTIANI und GAUTIER[5] u. a. m.). Charakteristisch für sämtliche in Verwendung gekommene Tiergattungen ist die verminderte Vitalität; das betreffende Tier bewegt sich weniger und macht einen abgestumpften Eindruck. Das Aussehen wird ungepflegt. Die Haardecke wird gröber und verliert ihren gewohnten Glanz. Verstärktes Wachsen der Klauen wurde an Ratten beobachtet (HAUCK, STEENBOCK und PARSONS[6]). Gewisse Augensymptome, wie Lichtscheu und seropurulente oder hämorrhagische Sekretion der Conjunctiva, wurde bei Ratten (BERGARA[7]), Schafen (SLAGSVOLD[8]), Kälbern und Hunden (ROHOLM[9]) festgestellt. Im Gefolge des schlechten Allgemeinbefindens gewahrt man verminderte Fruchtbarkeit (SCHULZ und LAMB[10]) oder schlecht entwickelten Fetus (HART, STEENBOCK und MORRISON[11]). Nach PHILLIPS und Mitarbeitern[12]

---

[1] Diese in etymologischer Hinsicht unzutreffende Bezeichnung für chronische Fluorvergiftung wurde durch BARTOLUCCI (Zit. S. 3) eingeführt und hat allgemeine Verbreitung gefunden.
[2] *Rock phosphate* und *phosphatic limestone* sind Bezeichnungen für verschiedene Phosphoritgattungen, die in den Vereinigten Staaten gewonnen werden. Der Gehalt an Calcium und Phosphor variiert; dies kommt schon in den Namen zum Ausdruck. Der Fluorgehalt bewegt sich um 3,5%.
[3] GOLDEMBERG, L.: Semana méd. **26**, 213 (1929).
[4] SOLLMANN, T., O. H. SCHETTLER u. N. C. WETZEL: J. of Pharmacol. **17**, 197 (1921).
[5] CRISTIANI, H., u. R. GAUTIER: C. r. Soc. Biol. Paris **92**, 946, 1276 (1925).
[6] HAUCK, H. M., H. STEENBOCK u. H. T. PARSONS: Amer. J. Physiol. **103**, 480 (1933).
[7] BERGARA, A.: C. r. Soc. Biol. Paris **97**, 600 (1927).
[8] SLAGSVOLD, L.: Norsk Veterinär Tidsskr. **46**, 2 (1934).
[9] ROHOLM, K.: Zit. S. 3. [10] SCHULZ, J. A., u. A. R. LAMB: Zit. S. 17.
[11] HART, E. B., H. STEENBOCK u. F. B. MORRISON: Wisconsin Agric. Exp. Sta. Bull. **1927**, Nr 390.
[12] PHILLIPS, P. H., E. B. HART u. G. BOHSTEDT: Amer. J. Physiol. **106**, 356 (1933).

hat NaF bei Ratten keinen direkten und spezifischen Einfluß auf den Fortpflanzungsmechanismus, sondern nur eine durch die Inanition bedingte sekundäre Wirkung. Eine ähnliche sekundäre Erscheinung stellt die Verminderung der Milchsekretion dar. Bei Rindern war die ungünstige Einwirkung auf die Milchsekretion sogar nach einer Fluorzufuhr, die nicht die Fortpflanzung störte, charakteristisch (REED und HUFFMAN[1]). Die Eierproduktion nimmt ab, wenn Hühner mit fluorhaltigem Mineral versetztes Futter bekommen (BUCHNER, MARTIN und PETER[2]).

Bei Ratten beginnt das Wachstum und das Allgemeinbefinden bei einer täglichen Zufuhr von 18—20 mg Fluor pro Kilogramm zu leiden; Oestrus und Milchsekretion setzen aus, wenn die Ratte 25 mg Fluor pro Kilogramm aufnimmt (LAMB und Mitarbeiter[3], PHILLIPS und Mitarbeiter[4]). Bei den Rindern liegt die Grenze wesentlich tiefer, nämlich um 3 mg Fluor pro Kilogramm täglich (REED und HUFFMAN[1], PHILLIPS und Mitarbeiter[5]). Schweine scheinen dem Fluor gegenüber weniger empfindlich als Rinder, aber empfindlicher als Ratten zu sein (MCCLURE und MITCHELL[6], KICK, BETHKE und EDGINGTON[7]).

Den kachektischen Zustand, der sich bei der Aufnahme von Fluorverbindungen entwickelt, hat GOLDEMBERG[8] und später CRISTIANI[9] als besonders charakteristisch für die Fluorvergiftung hervorgehoben (*la cachexie fluorique*). Dieser Gesichtspunkt kann jedoch nicht aufrechterhalten bleiben, da der Zustand wenig typisch ist, darunter auch die verstärkte Krümmung des Rückgrats besonders bei Meerschweinchen.

Magen-Darmkanal, Leber. Zugleich mit der Gewichtsabnahme beobachtet man verminderte Nahrungsaufnahme und schlechte Verwertung der Nahrung. Wo die Fluorverbindung mit der Nahrung innig vermengt ist, sind Reizsymptome des Verdauungskanals wenig ausgesprochen oder gar nicht vorhanden. Direkte Zufuhr von Fluor oder hohe Fluorkonzentration in der Nahrung können Durchfall, seltener Erbrechen zur Folge haben (BRÖSS[10], HENNEMANN[11]). Hühner, die ad libitum *rock phosphate* zu sich nehmen konnten, bekamen Durchfall im Gegensatz zu Hühnern, denen andere Mineralmischungen zugeführt wurden (BUCHNER, MARTIN und PETER[2]). Relativ hohe Dosen von Fluorverbindungen können Entzündungserscheinungen, vornehmlich an der Magenschleimhaut und der Schleimhaut des Duodenums, hervorrufen. MARCONI[12] beschreibt Hyperämie der Magen- und Darmschleimhaut an Meerschweinchen, die etwa 1 Monat hindurch bis zu 0,159 g NaF pro Kilogramm in aufgelöstem Zustand peroral einbekamen. HAUCK und Mitarbeiter[13, 14] beobachteten kleine Blutungen in der Pylorusschleimhaut bei Ratten sowie im Duodenum bei jungen Hühnern bei einer Kost, die 0,15 bzw. 1,2% NaF enthielt.

---

[1] REED, O. E., u. C. F. HUFFMAN: Michigan Agric. Exp. Sta. Tech. Bull. **1930**, Nr 105.
[2] BUCHNER, G. D., J. H. MARTIN u. A. M. PETER: Kentucky Agric. Exp. Sta. Res. Bull. **1923**, Nr 250.
[3] LAMB, A. R., P. H. PHILLIPS, E. B. HART u. G. BOHSTEDT: Amer. J. Physiol. **106**, 350 (1933).
[4] PHILLIPS, P. H., E. B. HART u. G. BOHSTEDT: Zit. S. 35.
[5] PHILLIPS, P. H., E. B. HART u. G. BOHSTEDT: Wisconsin Agric. Exp. Sta. Res. Bull. **1934**, Nr 123, 30.
[6] MCCLURE, F. J., u. H. H. MITCHELL: J. agricult. Res. **42**, 363 (1931).
[7] KICK, C. H., R. M. BETHKE u. B. H. EDGINGTON: J. agricult. Res. **46**, 1023 (1933).
[8] GOLDEMBERG, L.: J. Physiol. et Path. gén. **25**, 65 (1927).
[9] CRISTIANI, H.: Zit. S. 3.
[10] BRÖSS, B.: Beiträge zur Fluorose der Rinder. Diss. Hannover 1930.
[11] HENNEMANN, W.: Ein weiterer Beitrag zur Fluorose des Rindes. Diss. Hannover 1931.
[12] MARCONI, S.: Ortop. e Traumatol. Appar. Mot. **1930**, Nr 6.
[13] HAUCK, H. M., H. STEENBOCK, J. T. LOWE u. J. G. HALPIN: Poultry Sci. **12**, 242 (1933).
[14] HAUCK, H. M., H. STEENBOCK u. H. T. PARSONS: Zit. S. 35.

CARLAU[1] spritzte Kaninchen und Meerschweinchen Na_2SiF_6 in täglichen Dosen von 0,12—0,42 g/kg ein. Nach Verlauf von 10—25 Tagen wurden bei der Mikroskopie der *Leber* zerstreute Inseln mit Degeneration des Zellprotoplasmas gefunden. VELU und ZOTTNER[2] beobachteten Fettdegeneration der Leber an Schafen, die in lang andauernden Versuchen mit CaF_2 oder Phosphorit intoxikiert wurden. Die Veränderungen waren hauptsächlich in der Gegend um V. hepatica lokalisiert. ROHOLM[3] fand bei Kälbern und Hunden, die Monate hindurch verschiedene Fluorverbindungen in bedeutenden Dosen erhalten hatten, diffuse Protoplasmadegeneration uncharakteristischer Art an der Leber.

Daß die Funktion des Verdauungskanals durch Fluorvergiftung gehemmt werden kann, wurde von COSTANTINI[4] bewiesen. Meerschweinchen wurden getötet, nachdem sie durch tägliche, entweder perorale Eingabe oder interperitoneale Injektion von 0,040 g NaF pro Kilogramm bis zur Abmagerung intoxikiert worden waren. Die aus Magen, Darm und Pankreas hergestellten Extrakte hatten eine geringere proteinzerstörende Fähigkeit als normal.

Blut und Knochenmark, Milz. Die Verhältnisse sind wenig übersichtlich. SCHWYZER[5, 6] beobachtete an Kaninchen und Tauben nach Verabreichung von NaF in mäßigen Dosen vermehrte Koagulabilität des Blutes, Myelocytose im peripheren Blut und akuten Reizzustand des Knochenmarks. CRISTIANI und GAUTIER[7] fanden als eine charakteristische Erscheinung gallertartige Atrophie des Knochenmarks bei Meerschweinchen nach Intoxikation mit Fluorverbindungen. Der mikroskopische Befund zeichnete sich durch Schwund des Fettgewebes und des eigentlichen Markgewebes sowie durch die Entwicklung von gefäßreichem, hyperämischem Gewebe mit reichlichem Flüssigkeitsgehalt aus.

VALJAVEC[8] verabreichte 9 Kaninchen intravenös 0,010—0,030 g/kg NaF in einem Zeitraum, der sich über 105—159 Tage erstreckte. Bei einigen, nicht bei allen Tieren wurde eine mäßige Verringerung der Hämoglobinmenge und der Erythrocytenzahl beobachtet. An den weißen Blutkörperchen war nichts Charakteristisches festzustellen. An Hunden, die mittels Sonde durch 10 Wochen 1—2 mal wöchentlich 0,125 g NaF einbekamen, bemerkten LEAKE und RITCHIE[9] Fallen der Erythrocytenzahl und Herabsetzung um 5 Volumprozent der sauerstoffbindenden Fähigkeit des Blutes. Im Blutbild wurden Anisocytose und Normoblasten nachgewiesen, im mäßig vermehrten roten Knochenmark und in der Milz abnorme Ablagerung von eisenhaltigem Pigment. ROHOLM[3] gewahrte die Entwicklung einer sehr schweren hypochromen Anämie an Hunden bei langandauernder Intoxikation (Hämoglobin bis zu 14%, Erythrocyten bis zu 0,93 Mill.) Bei Hunden und Ratten verursachte die Intoxikation Hyperplasie des myeloiden und Atrophie des erythropoietischen Marks, zugleich mit begrenzten, gallertartigen Degenerationen bzw. fibröser Umbildung. Bei Kälbern wurde ausgesprochene gallertartige Degeneration des Marks der langen Röhrenknochen festgestellt. Die Milz wies keinerlei gröbere Veränderungen auf.

Wie auf S. 30 erwähnt, haben STUBER und LANG[10] die Hypothese aufgestellt,

---

[1] CARLAU, O.: Ein Beitrag zur Kenntnis der Leberveränderungen durch Gifte. Diss. Rostock 1903.
[2] VELU, H., u. G. ZOTTNER: C. r. Soc. Biol. Paris **109**, 354 (1932).
[3] ROHOLM, K.: Zit. S. 3.
[4] COSTANTINI, A.: Boll. Soc. ital. Biol. sper. **8**, Fasc. 8 (1933).
[5] SCHWYZER, F.: J. med. Res. **10**, 301 (1903).
[6] SCHWYZER, F.: Biochem. Z. **60**, 32 (1914).
[7] CRISTIANI, H., u. R. GAUTIER: Verh. schweiz. naturf. Ges. **1922**, II, 226.
[8] VALJAVEC, M.: Zit. S. 31.
[9] LEAKE, C. D., u. G. RITCHIE: Amer. J. Physiol. **76**, 234 (1926).
[10] STUBER, B., u. K. LANG: Zit. S. 15.

daß Hämophilie durch einen abnorm hohen Fluorgehalt des Blutes verursacht werde. Diese Theorie wurde mit Kritik aufgenommen, unter anderem weil es nicht gelungen ist, im Blut Hämophiler erhöhte Fluorkonzentration nachzuweisen. Die vorhandenen experimentellen Untersuchungen stehen im Widerspruch zueinander. GREENWOOD, HEWITT und NELSON[1] fanden keine Veränderung der Koagulationszeit des Blutes bei jungen Hunden, denen durch 18 Wochen NaF per os in Dosen verabreicht wurde, die zwischen 0,45 und 4,52 mg/kg Fluor lagen. Eine Beobachtung von KICK, BETHKE und RECORD[2] steht vereinzelt da. Steigender Zusatz von NaF oder *rock phosphate* zur Nahrung verkürzte bei jungen Hühnern die Koagulationszeit des Blutes fast proportional. Bei einer Brut, die so gut wie fluorfreies Futter bekam, betrug die durchschnittliche Koagulationszeit 159—196 Sekunden, ging aber bis auf 17 Sekunden herunter, wenn der Fluorgehalt des Futters 0,108% ausmachte. Die vorliegenden Beobachtungen widerstreiten sich also.

Endokrine Drüsen. a) *Schilddrüse*. Im Jahre 1854 berichtete MAUMENÉ[3], daß er durch Verabreichung von insgesamt etwa 10 g NaF im Laufe von etwas über 4 Monaten bei einer Hündin eine persistierende, kropfähnliche Geschwulst am Hals hervorgerufen hatte. Das Tier wurde jedoch nicht post mortem untersucht. MAUMENÉ äußerte dabei den Gedanken, daß hoher Fluorgehalt des Trinkwassers Ursache des endemischen Kropfes sein könnte[4]. Ohne von dieser Arbeit Kenntnis zu haben, nahmen GOLDEMBERG[5,6] und PIGHINI[7] diese Theorie neuerdings auf. GOLDEMBERG[5] beobachtete an weißen Ratten, die 6—8 Monate lang täglich 2—3 mg NaF zum Futter bekamen, eine Vergrößerung der Schilddrüse bis auf das 5—6fache. Die histologische Untersuchung zeigte einen parenchymatösen Kropf. Gleichzeitig betonte GOLDEMBERG, daß Fluorverbindungen bei mehreren Tiergattungen eine Hemmung der physischen und psychischen Entwicklung hervorrufen (*crétinisme fluorique*). PIGHINI[7] gelang es, Volumenzunahme und Strukturveränderungen an der Schilddrüse hervorzurufen, indem er Ratten, jungen Hühnern und Hunden fluorhaltiges Wasser aus einer Kropfgegend zu trinken gab. Bei denselben Tiergattungen hatte die Aufnahme von NaF Veränderungen der Schilddrüse zur Folge, die histologisch dem endemischen Kropf glichen. PIGHINI[8] war jedoch der Meinung, daß Fluor höchstens zur Entstehung von Kröpfen beitragen könne und machte darauf aufmerksam, daß eine Reihe von organischen und anorganischen Stoffen experimentell Veränderungen der Schilddrüse bei Tieren verursachen können.

Bei Meerschweinchen, die nach durchschnittlich 53 Tagen an Fluorvergiftung zugrunde gingen, bemerkte CRISTIANI[9] mikroskopische Veränderungen der Schilddrüse, insbesondere Proliferation des parenchymatösen Gewebes. TOLLE und MAYNARD[10] fanden das Gewicht der Schilddrüse bei fluorvergifteten Ratten das gleiche wie bei den Kontrolltieren. CHANELES[11] konnte weder makroskopische noch mikroskopische Veränderungen nachweisen.

---

[1] GREENWOOD, D. A., E. A. HEWITT u. V. E. NELSON: Zit. S. 31.
[2] KICK, C. H., R. M. BETHKE u. P. R. RECORD: Poultry Sci. **12**, 382 (1933).
[3] MAUMENÉ, E.: C. r. Acad. Sci. Paris **39**, 538 (1854).
[4] MAUMENÉ, E.: C. r. Acad. Sci. Paris **62**, 381 (1866).
[5] GOLDEMBERG, L.: Zit. S. 35.
[6] GOLDEMBERG, L.: Semana méd. **28**, 628 (1921).
[7] PIGHINI, G.: „Il gosso endemico e la sua etiologia" in „Funzioni e disfunzioni tiroidee", Publicato per cura dell'Istituto seroterapico Milano **1923**, 41.
[8] PIGHINI, G.: Riv. sper. Freniatr. **57** (1933).
[9] CRISTIANI, H.: C. r. Soc. Biol. Paris **103**, 554 (1930).
[10] TOLLE, C., u. L. A. MAYNARD: Cornell Agric. Exp. Sta. Bull. **1931**, Nr 530.
[11] CHANELES, J.: Estudios sobre el fluor y la fluorosis experimental. Buenos Aires 1930.

Auf Grund einer großen Anzahl mikroskopischer Untersuchungen an Organen von Ratten, denen längere Zeit hindurch täglich 15—30 mg/kg Fluor verabreicht worden war, teilen PHILLIPS und LAMB[1] zusammenfassend mit, daß die Schilddrüse bei ungefähr der Hälfte der Tiere mikroskopische Veränderungen aufwies, aber auch bei 10—11% der Kontrolltiere. Es fand sich eine geringe parenchymatöse Proliferation und gelegentlich etwas Fibrose. Ein Teil der Drüse war in der Regel normal.

Andere Beobachtungen deuten darauf hin, daß zwischen Fluor und Schilddrüse eine interessante Beziehung besteht. CHANG und Mitarbeiter[2] fanden den normalen geringen Fluorgehalt verdoppelt in Organen von Kühen, die längere Zeit hindurch kleine oder mäßig große Fluormengen erhalten hatten. Nur der Fluorgehalt der Schilddrüse war auffallend erhöht, nämlich bis auf das 240fache. Die Aufnahme von Fluorverbindungen scheint spontanen und experimentellen Hyperthyreoidismus zu beeinflussen (S. 58 und 62).

b) *Nebenschilddrüsen.* Außer den früher erwähnten akuten Veränderungen bemerkten PAVLOVIC und TIHOMIROV[3] chronische Veränderungen in Form von Fettdegenerationen und Blutungen bei Kaninchen, die 105—122 Tage hindurch intravenös 0,010—0,030 g/kg NaF bekamen. HAUCK und Mitarbeiter haben die Nebenschilddrüsen an Ratten[4] und jungen Hühnern[5] untersucht, die 0,15 bzw. bis zu 1,2% NaF mit dem Futter einbekommen hatten. Es wurden keine Veränderungen festgestellt, weder makroskopisch noch mikroskopisch. Das Gewicht der Drüsen war bei den Hühnern normal, bei den Ratten vermindert, jedoch nicht mehr, als es der gewöhnlichen, durch die Vergiftung verursachten Gewichtsabnahme entsprochen hätte.

c) *Hypophyse.* CRISTIANI[6] machte die Beobachtung, daß das Gewicht der Hypophyse bei erwachsenen Meerschweinchen, die an chronischer Fluorvergiftung eingingen, verringert war. Als Kontrollmaterial dienten jedoch nur 2 Tiere. Bei der mikroskopischen Untersuchung fand man Atrophie der spezifischen Zellen und relative Vermehrung des Bindegewebes. Bei der Untersuchung von Ratten kamen PHILLIPS, LAMB und Mitarbeiter[1,7,8] zum entgegengesetzten Resultat. Das Gewicht der Hypophyse, das mikroskopische Bild wie auch die gonadenstimulierende Funktion waren normal.

d) *Nebennieren.* An denselben Ratten stellten PHILLIPS und Mitarbeiter[8] ein erhöhtes Gewicht der Nebennieren sowie bei der mikroskopischen Untersuchung Neigung zu passiver Hyperämie, insbesondere der Zona reticularis des Marks, fest. In einzelnen Fällen wurde außerdem auch Fettdegeneration beobachtet[1].

e) *Hoden, Eierstöcke.* Eine gewisse Neigung zu Atrophie der Hoden, möglicherweise auch der Eierstöcke, bemerkten PHILLIPS und LAMB[1] bei Ratten, wenn die tägliche Fluoraufnahme auf 20—30 mg/kg stieg. HAUCK, STEENBOCK und PARSONS[4] geben an, daß ein Zusatz von 0,15% NaF zur Kost bei Ratten bedeutende Atrophie des spezifischen Gewebes der Hoden, sowie vollständigen Samenmangel herbeiführte. Es wurde schon erwähnt, daß Herabsetzung oder gänzliches Aufhören der Vermehrung dort zu beobachten ist, wo die Vergiftung die Ernährung ernstlich stört.

---

[1] PHILLIPS, P. H., u. A. R. LAMB: Arch. of Path. **17**, 169 (1934).
[2] CHANG, C. Y., P. H. PHILLIPS, E. B. HART u. G. BOHSTEDT: Zit. S. 13.
[3] PAVLOVIC, R. A., u. D. M. TIHOMIROV: Zit. S. 26.
[4] HAUCK, H. M., H. STEENBOCK u. H. T. PARSONS: Zit. S. 35.
[5] HAUCK, H. M., H. STEENBOCK, J. T. LOWE u. J. G. HALPIN: Zit. S. 36.
[6] CRISTIANI, H.: C. r. Soc. Biol. Paris **103**, 556, 981 (1930).
[7] LAMB, A. R., P. H. PHILLIPS, E. B. HART u. G. BOHSTEDT: Zit. S. 36.
[8] PHILLIPS, P. H., E. B. HART u. G. BOHSTEDT: Zit. S. 35.

Harnwege. Der auffallende Durst und die Polyurie, die besonders in Versuchen mit Schweinen beobachtet wurden (McClure und Mitchell[1], Kick, Bethke und Edgington[2]), müssen als Anzeichen eines Nierenreizes aufgefaßt werden. Hewelke[3] wies Eiweiß und Blut im Harn von Hunden nach, die durch 47 und 100 Tage täglich ungefähr 0,012—0,018 g/kg NaF peroral einbekamen; die Nieren erwiesen sich bei der Sektion als hyperämisch. Zusammenfassende Mitteilungen über chronische Entzündungsveränderungen in den Nieren von fluorvergifteten Ratten findet man bei Goldemberg[4] sowie bei Smyth und Smyth[5] und bei Hauck, Steenbock und Parsons[6]. Bei Meerschweinchen beschrieb Marconi[7] eine schwere akute, parenchymatöse Nierenentzündung. Die Tiere verendeten nach einer subchronischen Vergiftung mit bedeutenden Mengen NaF. Die chronischen Nierenveränderungen wurden ausführlich von Kick, Bethke und Edgington[2] (Schweine) und Roholm[8] (Ratten, Schweine, Kälber, Hunde) beschrieben. Makroskopisch geben sich die späten Veränderungen durch Verkleinerung der Niere und mehr oder weniger feiner Granulierung der Oberfläche zu erkennen; die Farbe ist heller als normal. Die Konsistenz ist erhöht, im Schnitt ist die Rinde schmal mit streifenförmiger Zeichnung. Mikroskopisch kennzeichnet sich der Prozeß durch diffuse Bindegewebsentwicklung, die sich in disseminierten Herden verstärkt. Die Glomeruli sind relativ gut erhalten, die Harnkanälchen unregelmäßig erweitert, oft mit niedrigem Epithel. Der Prozeß ist vorwiegend interstitieller Art. Zu diesem Bilde gesellt sich bei schwereren Graden der Vergiftung eine Degeneration des Epithels der Harnkanälchen, die den Veränderungen bei Nephrosen ähnlich ist. Kalkausfällung im Gewebe gehört nicht zum Gesamtbilde. Die einzelnen Tiergattungen reagieren verschieden; der interstitielle Schrumpfprozeß wurde nämlich bei Ratten, Schweinen und Hunden, nicht aber bei Kälbern beobachtet.

Zahngewebe. Fluor hat einen schädlichen Einfluß auf die Zahnanlage, so daß jener Teil eines Zahnes, der zur Zeit der Fluoraufnahme verkalkt, bleibende Defekte erwirbt. Zähne oder Zahnabschnitte, die vor Beginn der Fluorverabreichung schon verkalkt waren, verändern sich anscheinend nicht. Die Veränderungen lassen sich daher besonders leicht an Nagetieren studieren, insbesondere an Ratten, deren Schneidezähne kontinuierlich aus persistierender Pulpa wachsen.

Abgesehen von kurzen Angaben bei v. Stubenrauch[9] und Rost[10], wurde die erste Beschreibung 1925 durch McCollum, Simmonds, Becker und Bunting[11] veröffentlicht. An Ratten, die in sonst vollwertigem Futter 0,0226% Fluor als NaF bekamen, wurden bedeutende Veränderungen der Schneidezähne beobachtet. Der Zahnschmelz war trübe, weiß mit dunkleren Querbändern, die Zähne abnorm brüchig. Veränderungen ähnlicher Art wurden seitdem von zahlreichen Untersuchern beschrieben. Die Einzelheiten der makroskopischen Veränderungen werden namentlich durch Arbeiten von Smith und Mitarbeitern[12, 13, 14] erhellt.

---

[1] McClure, F. J., u. H. H. Mitchell: Zit. S. 36.
[2] Kick, C. H., R. M. Bethke u. B. H. Edgington: Zit. S. 36.
[3] Hewelke, O.: Zit. S. 32.   [4] Goldemberg, L.: Zit. S. 38.
[5] Smyth, H. F., u. H. F. Smyth: Ind. a. Eng. Chem. **24**, 229 (1932).
[6] Hauck, H. M., H. Steenbock u. H. T. Parsons: Zit. S. 35.
[7] Marconi, S.: Zit. S. 36.   [8] Roholm, K.: Zit. S. 3.
[9] v. Stubenrauch: Verh. dtsch. Ges. Chir., 33. Kongr., Berlin 1904, S. 20.
[10] Rost, E.: Zit. S. 3.
[11] McCollum, E. V., S. Simmonds, J. E. Becker u. R. W. Bunting: J. of biol. Chem. **63**, 553 (1925).
[12] Smith, M. C., E. M. Lantz u. H. V. Smith: Zit. S. 3.
[13] Smith, M. C., u. E. M. Lantz: Arizona Agric. Exp. Stat. Techn. Bull. **1933**, Nr 45, 327.
[14] Schour, J., u. M. C. Smith: Zit. S. 34.

Bei dem schwächsten Grad der Einwirkung schwindet das Pigment, das normalerweise im Schmelz der Schneidezähne der Ratten vorhanden ist und ihre dunkelorange Farbe bedingt. Der Schmelz wird heller, verliert seinen Glanz und nimmt schließlich eine kreidige, weiße Farbe an. Bei stärkerer Einwirkung beobachtet man lokalisierte Hypoplasien des Schmelzes, der seine Widerstandskraft verliert und in Plättchen abfällt. Die Widerstandskraft der Zähne ist außerordentlich verringert. Der scharfe, meißelartige Schneiderand der Schneidezähne schleift sich ab und wird mehr oder weniger flächenförmig. Die Zähne können sich bis zum Zahnfleisch abschleifen. Zuweilen brechen ein oder mehrere Schneidezähne ab und der dadurch verursachte mangelhafte Verschluß hat das übermäßige Wachsen des gegenüberstehenden Zahnes zur Folge. Verlängerungen können an allen Schneidezähnen beobachtet werden, sind aber am auffallendsten, wenn es sich um die oberen Schneidezähne handelt, die sich zirkulär nach rückwärts krümmen und den Gaumen durchdringen können. Diese Veränderungen sind sekundär und für die Fluorvergiftung nicht pathognomonisch. Nicht selten entstehen Seitendeviationen (ROHOLM[1]).

Bei den schwächsten Graden der Einwirkung treten abwechselnd Ringe oder Bänder aus hellem, pathologischem Schmelz und dunklem, normalem Schmelz auf. Die Ringe verlaufen oft bogenförmig mit der Hohlseite gegen die Zahnspitze gerichtet. Diese eigentümliche Anordnung beruht möglicherweise auf dem Umstand, daß die Ratte diskontinuierlich frißt, oder daß sich die Wachstumsgeschwindigkeit des Zahnes mit den verschiedenen Tageszeiten verändert (SMITH und LEVERTON[2]). Das gleiche Phänomen wird beobachtet, wenn man dem Trinkwasser der Ratten NaF zusetzt (DEAN und Mitarbeiter[3]). Intermittierende NaF-Injektion verursacht die Entwicklung von Bändern aus abwechselnd pathologischem und normalem Schmelz; jeder Einspritzung entspricht eine helle und eine dunkle Schicht (SCHOUR und SMITH[4]). Bei den Meerschweinchen ist die normale Pigmentbildung geringfügig; hier stellt die verringerte Stärke des Schmelzes das charakteristische Phänomen dar.

Die zur Hervorrufung der charakteristischen Veränderungen erforderliche Fluormenge ist überaus gering. Bei einer Konzentration von 0,0007% Fluor (als NaF) in der Nahrung konnten SMITH und LEVERTON[2] an einigen Ratten mittels Lupe deutliche Beeinflussung feststellen, bei einer Konzentration von 0,0014% an sämtlichen Tieren, nämlich feine Linien an den Schneidezähnen mit abwechselnd schwächerem und stärkerem Pigmentgehalt. Bei der doppelten Fluorkonzentration wurden die abwechselnden, farblosen und orangefarbigen Linien oder Bänder mit bloßem Auge sichtbar; oder auch wurde die Ringbildung unregelmäßig und die gesamte Oberfläche des Zahnes allmählich weiß und trübe. Die stärksten Veränderungen mit Abschälung des Schmelzes traten ein, wenn die Fluorkonzentration 0,014% betrug. Die Zahnveränderungen erscheinen bei einer Dosis, die bedeutend unter der zu einer ungünstigen Beeinflussung des Allgemeinbefindens erforderlichen Dosis liegt. Eine Konzentration von 0,0014% Fluor in der Nahrung entspricht einer täglichen Aufnahme durch die Ratte von ungefähr 0,2 mg Fluor oder etwa 1 mg pro Kilogramm. Es ist charakteristisch, daß sich die Veränderungen zuerst am gingivalen Teil der unteren, am raschesten wachsenden Schneidezähne zu erkennen geben, nach einem Zeitraum, der von der Fluorkonzentration abhängt. In der Regel handelt es sich um 2 bis 3 Wochen;

---

[1] ROHOLM, K.: Zit. S. 3.
[2] SMITH, M. C., u. R. M. LEVERTON: Ind. a. Eng. Chem. **26**, 761 (1934).
[3] DEAN, H. T., W. H. SEBRELL, R. P. BREAUX u. E. ELVOVE: Publ. Health Rep. **49**, 1075 (1934).
[4] SCHOUR, J., u. M. C. SMITH: Zit. S. 34.

nach Verlauf von noch etlichen Wochen erweisen sich auch die oberen Schneidezähne als angegriffen. Bei Tieren, deren Schmelz normalerweise nicht pigmentiert ist, äußern sich die durch Fluor verursachten Veränderungen in trübem, zuweilen dunkelpigmentierten Schmelz, Schmelzhypoplasien und vermehrter Brüchigkeit der Zähne. Bei Rindern (REED und HUFFMAN[1]) und Schafen (VELU[2], SLAGSVOLD[3]) werden die Zähne abnorm rasch abgeschliffen, so daß vor allem die Kauflächen der Mahlzähne einen höchst unregelmäßigen Verlauf nehmen. Es kann sich Zahnfleischentzündung entwickeln; die Tiere kauen schlecht und sind für kaltes Wasser empfindlich. Durch Röntgenisierung von verschiedenen Gattungen fluorvergifteter Tiere fand ROHOLM[4] verminderten Mineralgehalt der angegriffenen Zähne und mehr oder weniger vollständige Obliteration der Periodontalspalten infolge von Knochenneubildung.

Histologische Untersuchungen von Zähnen fluorvergifteter Tiere wurden 1929 von CHANELES[5] und BERGARA[6] vorgenommen, später vor allem von PACHALY[7], BETHKE und Mitarbeitern[8] sowie von SCHOUR und SMITH[9]. Die Beschreibungen decken sich in groben Zügen. Charakteristisch sind gewisse morphologische Veränderungen im Schmelzorgan und der entsprechende hypoplastische Schmelz. Die innere Begrenzung der Ameloblastenschicht verläuft unregelmäßig, die einzelnen Zellen sind flacher. Nach PACHALY[7] tritt bei stärkerer Einwirkung eine Atrophie des gesamten Schmelzorgans ein, die in aseptischer Nekrose enden kann. Die schwächste Veränderung des Schmelzes (bei der Ratte) ist der Pigmentmangel. Die Schmelzhypoplasie ist häufig an begrenzten Partien besonders ausgeprägt, den charakteristischen, lokalisierten Vertiefungen an der Zahnoberfläche entsprechend. Der Schmelz verkalkt schlecht, kann stellenweise ganz fehlen; die Umstände an der Färbung lassen auf eine abnorme Zusammensetzung schließen. Die Schmelzprismen sind unregelmäßig in Form und Verlauf und können der Sitz verschiedener morphologischer Eigentümlichkeiten sein (Querstreifung, Hervortreten der RETZIUSschen Streifen usw.). Gleichlaufend mit den Schmelzveränderungen beobachtet man in der Regel auch Hypoplasie und schlechte Verkalkung des Dentins, Verbreiterung des Prädentins und unregelmäßige Grenzfläche zwischen den beiden Schichten. Die Odontoblasten scheinen keine charakteristischen Veränderungen aufzuweisen, ebensowenig die Pulpa. BETHKE und Mitarbeiter[8] führen an, daß das Zahnbein der Schneidezähne von Ratten und Schweinen eine in der Längsrichtung des Zahnes ausgekehlte (*fluted*) Oberfläche bekommen können. SCHOUR und SMITH[9] haben gezeigt, daß sowohl Schmelz als Zahnbein abnorme Streifung parallel zur Oberfläche aufweisen, hervorgerufen durch abwechselnd kalkarme und kalkreiche Schichten. Eine derartige Schichtenbildung, die ein charakteristischer Fluoreffekt zu sein scheint, zeigt sich hauptsächlich nach subcutaner Injektion von Natriumfluorid, wird aber auch dort gesehen, wo Fluor mit der Kost aufgenommen wird. Die abwechselnden Bänder von hellem und dunklem Schmelz, die mit den bloßen Augen an den Schneidezähnen der Ratten zu sehen sind, entsprechen den alternierenden Schichten von schlecht und gut verkalktem Schmelz, die sich später in sehr schrägem Schnitt wegen des krummen Wuchses der Schneide-

---

[1] REED, O. E., u. C. F. HUFFMAN: Zit. S. 36.
[2] VELU, H.: Zit. S. 3.
[3] SLAGSVOLD, L.: Zit. S. 35.   [4] ROHOLM, K.: Zit. S. 3.
[5] CHANELES, J.: C. r. Soc. Biol. Paris **102**, 860 (1929), auch S. 38.
[6] BERGARA, C.: Rev. Odontologica **1929**, 802.
[7] PACHALY, W.: Arch. f. exper. Path. **166**, 1 (1932).
[8] BETHKE, R. M., C. H. KICK, T. J. HILL u. S. W. CHASE: J. dent. Res. **13**, 473 (1933).
[9] SCHOUR, J., u. M. C. SMITH: Zit. S. 34.

zähne zeigen. ÖHNELL, WESTIN und HJÄRRE[1] fanden bei Meerschweinchen nach Intoxikation mit Na_2SiF_6 Zahnveränderungen von rachitischem Typus. Das Prädentin war abnorm breit; als Ausschlag mangelhafter Verkalkung wies das Zahnbein große Interglobularräume und kleine Kalkglobuli auf. Bei Meerschweinchen, die Vitamin C-freie Grundkost mit abwechselndem Zuschuß von Na_2SiF_6 und Apfelsinensaft (bis zu 7 g täglich) bekamen, wurde Ablagerung von unregelmäßigen groben Kalkkörnchen, vor allem zwischen Odontoblasten und Prädentin sowie im Dentin, aber auch im Schmelz beobachtet. Die Tiere wiesen Anzeichen von Skorbut auf.

Die *chemische Zusammensetzung* von Zähnen fluorvergifteter Tiere ist Gegenstand mancherlei Untersuchungen gewesen. Man ist sich allgemein einig darüber, daß der Gehalt der Zähne an Fluor zunimmt (S. 22). Hingegen steht es nicht fest, ob der Gehalt der Zähne an Asche und deren Zusammensetzung bei der chronischen Fluorvergiftung nachweisbaren Veränderungen unterworfen ist. KICK, BETHKE und EDGINGTON[2] fanden keine Änderung in der Aschenmenge und dem Gehalt der Asche an Ca, P, Mg und CO_2 in den Zähnen von Schweinen, die bis zu 0,097% Fluor in das Futter bekamen. Analysen von SMITH und LANTZ[3] und HAUCK, STEENBOCK und PARSONS[4] scheinen darauf hinzuweisen, daß die Schneidezähne von Ratten, deren Kost 0,1—0,15% NaF enthielt, einen verringerten Aschengehalt und möglicherweise eine Steigerung des Verhältnisses Ca/P aufwiesen. PHILLIPS und Mitarbeiter[5] fanden bei der Untersuchung von Röntgenspektra, daß der krystallinische Charakter der Zahnasche dem Fluorapatit entspricht. Schmelz und Zahnbein von normalen als auch fluorvergifteten Kühen ergaben dasselbe Röntgenspektrum.

Knochengewebe. Die Wirkung von Fluor auf das Knochensystem ist interessant, aber trotz mannigfacher Arbeiten noch nicht in allen ihren Einzelheiten geklärt. Am häufigsten wird generalisierte Osteoporose oder Osteomalacie mit Neigung zu Exostosenbildung an den langen Röhrenknochen und dem Unterkiefer beobachtet. Bei ausgewachsenen Tieren (vornehmlich Ratten) kann die Aufnahme von Fluorverbindungen in mäßigen Dosen eine allgemeine Osteosklerose mit enorm starker Mineralisation des Knochensystems hervorrufen (vgl. die Osteosklerose beim Menschen, S. 49). Die einzelnen Tiergattungen scheinen verschiedenartig zu reagieren.

a) *Makroskopische Veränderungen.* BRANDL und TAPPEINER[6] fanden, daß die Knochen ihres *Hundes*, der 648 Tage hindurch täglich ungefähr 22 mg Fluor (als NaF) bekam, auffallend weiß, abnorm hart und brüchig waren. ROST[7] gab im Wachsen begriffenen Hunden bis zu 12 Wochen lang täglich 0,2—0,5 g NaF ein und konnte bedeutende Veränderungen osteoplastischer und osteoporotischer Natur an den Knochen wahrnehmen. Die Exostosen waren hauptsächlich an den Karpalgelenken und dem Schädel lokalisiert. Bei der *Ratte* wurde die abnorm weiße, poröse Knochenoberfläche von einigen Untersuchern beobachtet (McCOLLUM und Mitarbeiter[8] u. a. m.). Bei Ratten, die bis zu 585 Tage hindurch 0,05—0,15% Kryolith oder 0,05% NaF mit der Kost einbekamen, waren die Knochen abnorm brüchig und Leisten und Fortsätze plumper als normal (ROHOLM[9]). Junge Ratten, die eine 0,1% NaF-haltige Kost bekamen, waren im

---

[1] ÖHNELL, H., G. WESTIN u. A. HJÄRRE: Acta path. scand. (Københ.) **13**, 1 (1936).
[2] KICK, C. H., R. M. BETHKE u. B. H. EDGINGTON: Zit. S. 36.
[3] SMITH, M. C., u. E. M. LANTZ: J. of biol. Chem. **101**, 677 (1933).
[4] HAUCK, H. M., H. STEENBOCK u. H. T. PARSONS: Amer. J. Physiol. **103**, 489 (1933).
[5] PHILLIPS, P. H., E. B. HART u. G. BOHSTEDT: Zit. S. 36.
[6] BRANDL, J., u. H. TAPPEINER: Zit. S. 2.   [7] ROST, E.: Zit. S. 3.
[8] McCOLLUM, E. V., N. SIMMONDS, J. E. BECKER u. R. W. BUNTING: Zit. S. 40.
[9] ROHOLM, K.: Zit. S. 3.

Wachsen gehemmt und bekamen krumme Gliedmaßen wie bei Kalkmangel (LANTZ und SMITH[1]). CRISTIANI[2] beschrieb an Meerschweinchen Exostosenbildung am Schienbein, dessen Dicke verdoppelt sein konnte. Ausgebreitete Exostosenbildung, insbesondere an den Knochen der Gliedmaßen und dem Unterkiefer, wurde an *Rindern* (REED und HUFFMAN[3], DU TOIT und Mitarbeiter[4]) und an *Schafen* (SLAGSVOLD[5], ROHOLM[6]) beobachtet. BETHKE und Mitarbeiter[7] gewahrten an Schweinen eine Vergrößerung des Corpus mandibulae, um so ausgesprochener, je höher der Fluorgehalt der Nahrung war. Im Querschnitt war die Compacta sehr verdickt, die Markhöhle dementsprechend erweitert.

Zusammenfassend kann gesagt werden, daß die Veränderungen bei der *Osteoporose* aus einer Kombination von atrophischen und hyperplastischen Prozessen bestehen. Die Knochen sind oft plumper als normal, das Gewicht ist vermindert, die Widerstandskraft herabgesetzt. Compacta und Spongiosa sind atrophisch, die Markräume erweitert. Die hyperplastischen Prozesse sind am ausgesprochensten an im Wachsen begriffenen Tieren und vornehmlich am Periost lokalisiert. Die periostalen Ablagerungen sind von loser Struktur und schlecht verkalkt; sie nehmen häufig die Form von Exostosen an, die hauptsächlich an den langen Röhrenknochen und dem Unterkiefer lokalisiert sind. Eine Kombination von atrophischen und hyperplastischen Prozessen kann bedeutende Formveränderungen im Gefolge haben (z. B. beim Unterkiefer des Schweines). Bei der makroskopischen Untersuchung fehlt in der Regel die endostale Knochenneubildung, die Epiphysenlinien weisen keine gröberen Veränderungen auf. Eine deutliche Veränderung der Gelenke gehört nicht zum Gesamtbilde.

b) *Röntgenologische Veränderungen.* BERGARA[8] fand bei der Röntgenisierung von fluorvergifteten Ratten (täglich 29—283 mg/kg F als NaF), daß die Knochen einen schwächeren Schatten gaben als die der Kontrolltiere. Die Breite der Epiphysenlinie der hinteren Gliedmaßen war pathologisch erhöht. LOEWE[9] gab jungen Ratten täglich 80—160 mg/kg CaF_2 ein und sah auf der Röntgenplatte Veränderungen, die Rachitis ähnelten. Außer dem charakteristischen Kalkmangel in der Verkalkungszone machte sich konstante Verdichtung (d. i. Kalkablagerung) in der Nachbarzone bemerkbar. ROHOLM[6] fand bei Kälbern, Schweinen und Hunden, daß der osteoporotische Zustand von einer diffusen Halisterese des Knochensystems mit Verwischung der normalen trabekulären Struktur begleitet ist. Bei im Wachsen begriffenen Tieren beobachtete man intermittierende Unterbrechung des epiphysären Wachstums (*lines of arrested growth* in der Metaphyse). Bei der Untersuchung von Ratten, die Monate hindurch täglich 25—50 mg/kg NaF einbekommen hatten, machte SUTRO[10] die Beobachtung, daß die Knochenschatten normal oder etwas dichter als normal waren. ROHOLM[6] sah diffuse Osteosklerose der Knochen des Schädels und des Körpers bei Ratten, die bis zu 585 Tage lang 0,05—0,10% Kryolith mit der Nahrung aufgenommen hatten; bei höherer Konzentration traten zugleich sklerotische und atrophische Prozesse in verschiedenen Teilen des Skelets auf.

---

[1] LANTZ, E. M., u. M. C. SMITH: Amer. J. Physiol. **109**, 645 (1934).
[2] CRISTIANI, H.: C. r. Soc. Biol. Paris **110**, 414, 416 (1932).
[3] REED, O. E., u. C. F. HUFFMAN: Zit. S. 36.
[4] DU TOIT, P. J., A. J. MALAN, J. W. GROENEWALD u. G. v. D. W. DE KOCK: 18. Rep. Dir. Vet. Services a. Animal Indust. Onderstepoort, Pretoria, II, 805 (1932).
[5] SLAGSVOLD, L.: Zit. S. 35.
[6] ROHOLM, K.: Arch. Tierheilk. **67**, 420 (1934).
[7] BETHKE, R. M., C. H. KICK, T. J. HILL u. S. W. CHASE: Zit S. 42.
[8] BERGARA, C.: Zit. S. 35.
[9] LOEWE, S.: Schweiz. med. Wschr. **64**, 1177 (1934).
[10] SUTRO, C. J.: Arch. of Path. **19**, 159 (1935).

c) *Mikroskopische Veränderungen.* In Untersuchungen von MARCONI[1] und DITTRICH[2] wurden in den Knochen von fluorvergifteten Meerschweinchen, Kaninchen und Ratten atrophische Prozesse nachgewiesen. Bei Schafen, die 16 Monate lang von fluorhaltigem Heu gelebt hatten, stellte LILLEENGEN[3] bedeutende diffuse Atrophie der Knochen fest, die im Medullarteil der Compacta und den Trabekeln der Spongiosa besonders ausgesprochen war. Um die erweiterten Markräume und die HAVERSschen Kanäle waren bis zu 133 μ breite osteoide Ränder zu sehen. Compacta war stellenweise fast spongiöser Natur. Vom Periost des Kiefers und der langen Knochen gingen Exostosen unter lebhafter Zellen- und Gefäßproliferation aus. Osteoklasten waren spärlich vorhanden. SUTRO[4] untersuchte die Knochen von jungen Ratten, nachdem sie 1 Jahr hindurch oder länger täglich mit dem Trinkwasser 25, 50 oder 75 mg/kg NaF aufgenommen hatten. Bei Tieren, die 50 mg bekamen, wurde nach 3—5 Monaten nichts Abnormes an den Knochen gefunden. Nach Verlauf eines Jahres waren die Fibrillen im Matrix unregelmäßig und man gewahrte zahlreiche grobe und feine, stark färbbare Körnchen zwischen ihnen. Ähnliche Körnchen fanden sich am Rande der HAVERSschen Kanäle und (bei einem einzelnen Tier) im *Ligamentum interpubicum*. Ratten, die 75 Tage hindurch täglich 75 mg/kg NaF einbekamen, wiesen eine abnorme Menge osteoides Gewebe um die HAVERSschen Kanäle auf; zahlreiche dunkle Körnchen wurden sowohl an den osteoiden Rändern als auch im Matrix gefunden. Ratten, die von calciumarmer Kost lebten, verendeten nach 1—2 monatiger Fluoraufnahme und zeigten ausgesprochene, generalisierte Osteoporose. ÖHNELL, WESTIN und HJÄRRE[5] beschrieben Verkalkungsanomalien von rachitischem Typus bei Meerschweinchen, die ziemlich große Mengen Na_2SiF_6 bekamen. In den Knochen von Meerschweinchen, die C-Vitaminfreie Kost mit abwechselndem Zuschuß von Na_2SiF_6 und Apfelsinensaft bekamen, wurden grobe Kalkkörnchen gefunden, vor allem in den Verkalkungszonen, aber sporadisch auch im Knochen und längs des Randes der HAVERSschen Kanäle. Die Tiere wiesen gleichzeitig mehr oder weniger ausgesprochene Anzeichen von Skorbut auf. Nach ROHOLM[6] ist der osteoporotische oder osteomalacische Zustand folgendermaßen gekennzeichnet: 1. Atrophie der Spongiosa und des zentralen Teiles der Compacta; 2. lebhafte periostale, seltener endostale Apposition von Knochengewebe mit irregulärer Struktur; 3. verspätete Verkalkung des osteoiden Gewebes, gleichzeitig qualitativ abnorme Verkalkung, indem der Kalk in Form von zerstreuten, oft groben Körnchen ausgefällt wird, die nur unvollkommen zu homogener Grundsubstanz zusammenschmelzen; 4. variierender Abbau durch Osteoklasten, zuweilen von fibrös umgebildetem Mark aus. Die Ratte nimmt bis auf weiteres eine Sonderstellung ein, da man zu gleicher Zeit Prozesse beobachten kann, die Osteosklerose (übermäßige Kalkausfällung in Form von groben Körnchen) und Osteoporose (Abbau des kalkhaltigen Knochens und Bildung von schlecht verkalktem Knochengewebe) gleichen.

Die von BRANDL und TAPPEINER[7] beobachtete Ablagerung von krystallinischem Calciumfluorid in den Knochenkanälen muß sicher einer falschen Deutung zugeschrieben werden; diese Erscheinung wurde von JODLBAUER und v. STUBENRAUCH[8], nicht aber von späteren Untersuchern bemerkt.

---

[1] MARCONI, S.: Zit. S. 36.
[2] DITTRICH, W.: Arch. f. exper. Path. **168**, 319 (1932).
[3] LILLEENGEN, K.: Norsk Veterinär-Tidsskr. **46**, 68 (1934).
[4] SUTRO, C. J.: Zit. S. 44.
[5] ÖHNELL, H., G. WESTIN u. A. HJÄRRE: Zit. S. 43.
[6] ROHOLM, K.: Zit. S. 3.
[7] BRANDL, J., u. H. TAPPEINER: Zit. S. 2.
[8] JODLBAUER, u. v. STUBENRAUCH: Sitzgsber. Ges. Morph. u. Physiol. Münch. **18** (1902).

d) *Stärke und chemische Zusammensetzung des Knochens.* Durch lang andauernde Aufnahme von Fluorverbindungen wird der Fluorgehalt der Knochen bis auf das 20—30fache des normalen erhöht (S. 22). Bei dem osteoporotischen Zustand ist die Aschenmenge verringert und die Brüchigkeit erhöht; bei der Osteosklerose sind die Verhältnisse wahrscheinlich die umgekehrten. Untersuchung der Zusammensetzung der Knochenasche hat keine eindeutigen Resultate herbeigeführt.

Forbes und Mitarbeiter[1,2,3] wiesen nach, daß Mineralzuschuß in Form von fluorhaltigem *rock phosphate* bei unausgewachsenen Schweinen in schlechter Entwicklung der Knochen resultierte. Im Vergleich zu anderen Mineralgemischen ergab *rock phosphate* weniger Asche pro Volumeneinheit und größere Brüchigkeit. Analysen zeitigten relative Vermehrung von Magnium und Phosphor und relative Abnahme von Calcium und Kohlendioxyd; das Verhältnis P/Ca wurde erhöht. Cristiani und Gautier[4] fanden, daß die Knochen von fluorvergifteten Meerschweinchen brüchiger als normal waren. Bei einer Messung der Widerstandskraft der Tibia gegen Flexion wurde eine durchschnittlich 20proz. Herabsetzung verzeichnet. Normale Werte der Aschenmenge und des Gehalts an Calcium und Phosphor fanden Smith und Lantz[5] durch Analyse der Tibia von Ratten, die durch 60—120 Tage 0,05% NaF in die Kost bekommen hatten. Ein Gehalt von 0,1% in der Nahrung verringerte die Aschenmenge um 2% und vermehrte die Calciummenge um 3%, so daß sich das Verhältnis Ca/P erhöhte. Im Gegensatz hierzu fanden McClure und Mitchell[6] gleichfalls in Versuchen mit Ratten, daß ein Fluorgehalt der Kost von 0,0313 und 0,0623% (als NaF) eine Erhöhung des Gewichts der Asche um 1,3% zur Folge hatte. Der Phosphorgehalt blieb unverändert, die Calciummenge wurde um 1,05% verringert, so daß das Verhältnis Ca/P reduziert war. Absolute und relative Herabsetzung der Aschenmenge gewahrten Hauck, Steenbock und Parsons[7] bei Ratten, die 0,15% Natriumfluorid in die Nahrung bekamen, gleichviel, ob der Calciumgehalt der Kost ein mittlerer oder ein niedriger war. In Versuchen mit jungen Schweinen konnten Bethke und Mitarbeiter[8,9] nachweisen, daß die Brüchigkeit der Knochen im gleichen Verhältnis zunahm wie der Fluorgehalt der Kost. Die Aschenmenge war bei den höheren Fluorkonzentrationen gleichfalls verringert, aber nur dann, wenn ihr Gewicht pro Volumeneinheit Knochen ausgedrückt war. Der Gehalt an Calcium und Phosphor änderte sich nicht, aber bei steigendem Fluorgehalt der Kost nahm die Magniummenge zu, die Kohlendioxydmenge hingegen ab. Bei Rindern, die durch 4½ Jahre Zuschuß an *rock phosphate* bekommen hatten, war die Bruchfestigkeit der Metakarpalknochen fast verdoppelt (Phillips und Mitarbeiter[10]).

Verschiedene Funktionen. a) *Gehalt des Blutes an anorganischen Bestandteilen.* Während bei der akuten Vergiftung eine Herabsetzung des Kalkgehaltes des Blutes zu verzeichnen ist, wird dieses Phänomen bei der chronischen Intoxikation seltener und weniger ausgesprochen beobachtet. Selbst eine so bedeutende tägliche Dosis wie 0,05 g/kg NaF ergab keine sicheren Veränderungen des Serum-Ca

---

[1] Forbes, E. B., J. O. Halversen, L. E. Morgan u. J. A. Schulz: Ohio Agric. Exp. Sta. Bull. **1921**, Nr 347, 3.
[2] Forbes, E. B., G. H. Hunt, J. A. Schulz u. A. R. Winter: Ohio Agric. Exp. Sta. Bull. **1921**, Nr 347, 69.
[3] Forbes, E. B., u. J. A. Schulz: Ohio Agric. Exp. Sta. Bull. **1921**, Nr 347, 60.
[4] Cristiani, H., u. R. Gautier: Zit. S. 37.
[5] Smith, M. C., u. E. M. Lantz: Zit. S. 43.
[6] McClure, F. J., u. H. H. Mitchell: J. of biol. Chem. **90**, 297 (1931).
[7] Hauck, H. M., H. Steenbock u. H. T. Parsons: Zit. S. 35.
[8] Bethke, R. M., C. H. Kick, B. H. Edgington u. O. H. Wilder: Zit. S. 13.
[9] Bethke, R. M., C. H. Kick, T. J. Hill u. S. W. Chase: Zit. S. 42.
[10] Phillips, P. H., E. B. Hart u. G. Bohstedt: Zit. S. 36.

der Ratte (CHANELES[1]). Neigung zu fallendem Serum-Ca bemerkte PHILLIPS[2] bei jungen Kühen, die in die Nahrung 0,087% Fluor als *rock phosphate* bekamen, sowie HAUCK und Mitarbeiter[3] bei jungen Hühnern, deren Nahrung 0,6—1,2% NaF enthielt. Deutliches, aber mäßiges Fallen gewahrte JODLBAUER[4] an Kaninchen, denen bei calciumarmem Futter 22 aufeinanderfolgende Tage hindurch 0,015 g NaF pro Kilogramm subcutan verabreicht wurde. Eine 24 Stunden nach der letzten Einspritzung erfolgte Bestimmung ergab das Fallen des Serum-Ca um 12,8%; bei der akuten Vergiftung betrug der größte Fall 50%. PAVLOVIC und BOGDANOVIC[5] stellten gleichfalls eine mäßige Senkung im Blut-Ca (durchschnittlich von 17,6 auf 14,5 mg pro 100 ccm) bei Kaninchen fest, die bis zu 122 Tage lang intravenös 0,010—0,030 g/kg NaF bekommen hatten.

Nach Untersuchungen von PRICE[6] zeigten Ratten, deren Kost die hohe Konzentration von 1% NaF enthielt, Anzeichen von allgemeinen Störungen des Mineralstoffwechsels, fast ausschließlich in Form von fallendem Gehalt an anorganischen Bestandteilen des Blutes. Blut-Ca fiel von 9,35 auf 7,80 mg, anorganischer Phosphor von 4,17 auf 3,5 mg pro 100 ccm, beide Werte hinsichtlich des Totalblutes ausgedrückt. Die Herabsetzung umfaßte Calcium und Phosphor sowohl im Serum als auch in den Zellen. Der Kaliumgehalt des Blutes nahm von 323 bis auf 267 mg ab, der Eisengehalt von 50 bis auf 42,5 mg pro 100 ccm. Allein die Magniumkonzentration stieg von 2,63 auf 3,50 mg pro 100 ccm. Die übrigen vorhandenen Bestimmungen von dem Phosphorgehalt des Blutes weisen keine gleichartigen Resultate auf; es wurde sowohl Neigung zu steigenden[2], zu fallenden[5] als auch zu unveränderten Werten[3,7] festgestellt.

b) *Calcium- und Phosphorstoffwechsel.* FORBES und Mitarbeiter[8] machten die Beobachtung, daß Zuschuß von *rock phosphate* bei jungen Schweinen eine geringere Calcium- und Phosphorretention zur Folge hatte als andere, in der Praxis angewandte Calciumquellen (Calciumcarbonat, Knochenmehl, Kalkstein). Es liegt die Annahme nahe, daß der schlechte Einfluß dem Fluorgehalt des *rock phosphate* zuzuschreiben sei. MCCLURE und MITCHELL[9,10] nahmen Stoffwechselversuche an Ratten und Schweinen vor. Bei Ratten hatte ein Kostzuschuß von 0,0106 und 0,0313% Fluor als NaF keine Wirkung auf die Ca-Retention. Hingegen war es höchst wahrscheinlich, daß 0,0623% Fluor in Form von NaF und CaF_2 eine Herabsetzung der Ca-Retention in 2 zehntägigen Bilanzperioden hervorrief. In dem Versuch mit Schweinen waren die individuellen Schwankungen groß, doch war es auch hier wahrscheinlich, daß die Ca-Retention verringert war, wenn der Zuschuß 0,017 und 0,026% Fluor in Form von CaF_2 und *rock phosphate* betrug. LANTZ und SMITH[11] machten wichtige Beobachtungen bei Versuchen mit jungen Ratten, die eine Kost mit 0,1% NaF bekamen. Während der starken Wachsperiode (28. bis 52. Tag) betrug die Ca-Retention, ausgedrückt im Verhältnis zum Körpergewicht, weniger als die Hälfte jener der Kontrolltiere. Auch die Phosphorretention war verringert, wenn auch in mäßigerem Grad. Das Verhältnis zwischen retiniertem Ca und P fiel vom normalen gut 1 bis auf einen so niederen Wert wie 0,54 herab. Das normale steile Fallen der Retention am

---

[1] CHANELES, J.: Zit. S. 38. [2] PHILLIPS, P. H.: Science **76**, 239 (1932).
[3] HAUCK, H. M., H. STEENBOCK, J. T. LOWE u. J. G. HALPIN: Zit. S. 36.
[4] JODLBAUER, A.: Zit. S. 33.
[5] PAVLOVIC, R. A., u. S. B. BOGDANOVIC: Zit. S. 34.
[6] PRICE, W. A.: Zit. S. 11.
[7] LUY, P., u. E. THORMÄHLEN: Arch. Tierheilk. **64**, 144 (1932).
[8] FORBES, E. B., J. O. HALVERSON, L. E. MORGAN u. J. A. SCHULZ: Zit. S. 46.
[9] MCCLURE, F. J., u. H. H. MITCHELL: Zit. S. 46.
[10] MCCLURE, F. J., u. H. H. MITCHELL: Zit. S. 36.
[11] LANTZ, E. M., u. M. C. SMITH: Amer. J. Physiol. **109**, 645 (1934).

Ende der starken Wachsperiode (um den 60. Tag) blieb bei den F-Ratten aus; die Ca-Retention konnte im Gegenteil zu diesem Zeitpunkt ebenso groß oder sogar größer als die der Kontrolltiere sein (ausgedrückt pro Gewichtseinheit). Bei F-haltiger Kost schieden die Ratten viel mehr Calcium und auch mehr Phosphor durch den Kot aus als die Kontrolltiere, und mehr Ca im Verhältnis zu P. Es trat gleichzeitig bedeutende Hemmung des Wachstums ein und die Ratten zeigten den kurzen, verkrüppelten (*stunted*) Bau, der für den Calciummangel charakteristisch ist. Wie die Tiere allmählich schwerer wurden, traten auffallende Krümmungen der Beine zutage. Die Konzentration 0,05% NaF in der Kost hatte dieselben Wirkungen, nur in viel geringerem Maße.

c) *Zuckerstoffwechsel*. Es liegt nur jene Beobachtung vor, die GOLDEMBERG[1] an einem Lamm gemacht hat, das täglich 0,3 g NaF per os einbekam und wonach sich Glykosurie (1,5%) einstellte, die einige Monate dauerte, um danach spontan zu verschwinden, ohne daß die Dosis geändert wurde. LUY und THORMÄHLEN[2] gewahrten keine Veränderung des Blutzuckers an einer Kuh, die mit fluorhaltigem Fabrikstaub gefüttert wurde.

d) *Phosphatase*. Auf Grund von Versuchen mit jungen Kühen gibt PHILLIPS[3] an, daß die Plasmaphosphatase im Verhältnis zur Fluoraufnahme stieg. Bei den Kontrolltieren wurden durchschnittlich 0,1763 Einheiten pro Kubikzentimeter gefunden. Tiere, die 0,02, 0,04 und 0,087% Fluor (als *rock phosphate*) mit der Getreideration bekamen, hatten durchschnittlich 0,2366 bzw. 0,2751 und 0,3366 Einheiten pro Kubikzentimeter. DEEDS[4] und SMITH und LANTZ[5] fanden keine Änderung der Plasmaphosphatase bei fluorvergifteten Ratten im Vergleich zum Kontrollmaterial. THOMAS, WILSON und DEEDS[6] wiesen verringerte Aktivität der Knochenphosphatase an Rattenjungen nach, deren Muttertiere fluorhaltige Kost bekamen. Der Grad der Herabsetzung entsprach in groben Zügen den Abweichungen der Wachstumskurve vom normalen; das Phänomen konnte nur innerhalb der ersten 30 Lebenstage nachgewiesen werden. HAUCK und Mitarbeiter[7] stellten keine Änderung der Nierenphosphatase bei jungen Hühnern fest, deren Kost bis zu 1,2% NaF enthielt.

12. Spontane chronische Vergiftung.

Unsere Kenntnis von den spontanen chronischen Fluorvergiftungen trägt in wesentlichem Grad zur Erhöhung unseres Wissens um die Toxikologie des Fluors bei. Man hat folgende pathologische Zustände beobachtet: 1. degenerative Zahnveränderungen an Menschen und Tieren, 2. Osteosklerose bei Menschen und 3. Osteoporose oder Osteomalacie bei Tieren. Die Übereinstimmung mit den experimentellen Erfahrungen ist auffallend.

Gesprenkelte Zähne (Mottled teeth). Im Jahre 1916 beschrieben BLACK und MCKAY[8] ein in Colorado (USA.) endemisch auftretendes Zahnleiden, das die endgültigen Zähne angreift. Der Schmelz verliert seine normale Transluscenz, er wird trübe oder kreidig und bekommt gelbe, braune oder schwarze Bänder oder Flecken. Die weiße Farbe wird durch Verkalkungsdefekte im Schmelz hervorgerufen und ist beim Durchbruch des Zahnes zu sehen; die Flecken entstehen allmählich durch Ablagerung einer pigmentartigen Substanz im defekten

---

[1] GOLDEMBERG, L.: J. Physiol. et Path. gén. **26**, 426 (1928).
[2] LUY, P., u. E. THORMÄHLEN: Zit. S. 47.   [3] PHILLIPS, P. H.: Zit. S. 47.
[4] DEEDS, F.: J. amer. dent. Assoc. **23**, 568 (1936).
[5] SMITH, M. C., u. E. M. LANTZ: J. of biol. Chem. **112**, 303 (1935).
[6] THOMAS, J. O., R. H. WILSON u. F. DE EDS: J. of Pharmacol. **54**, 160 (1935).
[7] HAUCK, H. M., H. STEENBOCK, J. T. LOWE u. J. G. HALPIN: Zit. S. 36.
[8] BLACK, G. V., u. F. S. MCKAY: Zit. S. 3.

Schmelz. Die Veränderungen sind am häufigsten an jenen Zahnabschnitten sichtbar, die dem Licht ausgesetzt sind. Die Ätiologie war ein Rätsel, bis SMITH und Mitarbeiter[1] im Jahre 1931 ähnliche Veränderungen an den Schneidezähnen von Ratten hervorriefen, indem sie teils konzentriertes Trinkwasser aus einer von *mottled teeth* verseuchten Gegend verabreichten und teils NaF eingaben. Gleichzeitige Arbeiten von CHURCHILL[2] und VELU[3] stellten ebenfalls die Ätiologie fest. Seitdem hat es sich gezeigt, daß dieses Zahnleiden ziemlich verbreitet ist. DEAN[4] konnte 1936 Angaben aus ungefähr 335 Orten in 25 Staaten von USA. sammeln, wo diese Anomalie ein ernstes hygienisches Problem bildet. Über das Leiden wurde aus Mexiko, Argentinien (*Dientes veteados*), Nordafrika (*Darmous*), Japan, Nordchina u. a. Gegenden berichtet. Vor kurzem wurde die Krankheit in Indien[5] und Kanada[6] beobachtet. In Europa kennt man sie in begrenzten Gebieten von Italien (*Denti scritti*), Spanien, England und wahrscheinlich auch Holland[7]. SMITH und Mitarbeiter[8] haben nachgewiesen, daß beginnende Veränderungen der endgültigen Zähne (trüber Schmelz) bei Kindern aus Gegenden anzutreffen sind, wo das Trinkwasser wenigstens 1 mg Fluor pro Liter enthält; 3—5 mg im Liter bewirken schon ernsthafte Veränderungen. Die Milchzähne werden in der Regel nicht angegriffen, ebensowenig die Zähne Erwachsener, die erst in die betreffende Gegend ziehen. Entscheidend ist die Fluoraufnahme in der Zeit, in der die zweiten Zähne verkalken, d. h. im Zeitraum von der Geburt bis um das 12. Lebensjahr. In ausgesprochenen Fällen ist die Widerstandskraft der Zähne herabgesetzt. Der Schmelz ist spröde und springt leicht ab; seine Oberfläche kann Unregelmäßigkeiten aufweisen, die zum Teil lokalisierten Hypoplasien zugeschrieben werden müssen, zum Teil auch regelrechten Korrosionen. Die Zähne werden abnorm rasch abgeschliffen. Bei den schwersten Graden kann der Zahndurchbruch verspätet sein und die bleibenden Zähne in Größe, Form und Stellung bedeutende Abweichungen von der Norm aufweisen. Die wenigen vorhandenen histologischen Untersuchungen zeigen, daß sowohl Schmelz als Zahnbein abnorm strukturiert und mangelhaft verkalkt sind.

Es unterliegt kaum einem Zweifel, daß das Zahnleiden weiter verbreitet ist als man derzeit annimmt. Mehrere ältere Analysen von Quellwasser in Europa geben einen Fluorgehalt von mehr als 1 mg Fluor pro Liter an[7].

Osteosklerose beim Menschen. In einer Kopenhagener Fabrik, wo unter Staubentwicklung Kryolith (Na_3AlF_6) gereinigt und vermahlen wird, fanden FLEMMING MØLLER und GUDJONSSON[9] im Jahre 1932 eine bis dahin unbekannte Art der Osteosklerose durch röntgenologische Untersuchung von Arbeitern. ROHOLM[10] hat danach dieses Leiden, das eine Fluorvergiftung darstellt, eingehender studiert.

Durch die Arbeit im Staub treten akute Symptome auf, insbesondere Appetitlosigkeit, Übelkeit und Erbrechen, die jedoch wenig stören, da sich die Leute daran gewöhnen. In bezug auf chronische Symptome klagten die Arbeiter über mäßige Funktionsdyspnoe, Schmerzen rheumatischer Natur und Obstipation. Im

---

[1] SMITH, M. C., E. M. LANTZ u. H. V. SMITH: Zit. S. 3.
[2] CHURCHILL, H. V.: Ind. a. Eng. Chem. **23**, 996 (1931).
[3] VELU, H.: C. r. Soc. Biol. Paris **108**, 750 (1931).
[4] DEAN, H. T.: J. amer. med. Assoc. **107**, 1269 (1936).
[5] SHORTT, H. E., G. R. MCROBERT, T. W. BARNARD u. A. S. M. NAYAR: Indian J. med. Res. **25**, 553 (1937).
[6] WALKER, O. J., u. E. Y. SPENCER: Canad. J. Res. B **15**, 305 (1937).
[7] ROHOLM, K.: Zit. S. 3 (Literatur).
[8] SMITH, M. C., E. M. LANTZ u. H. V. SMITH: J. amer. dent. Assoc. **22**, 817 (1935).
[9] MØLLER, P. FLEMMING u. SK. V. GUDJONSSON: Zit. S. 3.
[10] ROHOLM, K.: Zit. S. 3. Auch Arch. Gewerbepath. **7**, 255 (1936).

Röntgenbild fand man bei 57 von 68 männlichen und weiblichen Arbeitern, also bei 86,8%, die charakteristische Sklerose, die sämtliche Knochen des Organismus angreift, vornehmlich aber die zentralen, spongiösen (Wirbelsäule, Becken, Rippen). Die Sklerose ist durch Verdichtung und Verwischung der normalen trabekulären Struktur gekennzeichnet, sowie durch periostale Ablagerungen, Verengerungen des Markraumes und in ausgesprochenen Fällen Verkalkung der Bänder und Gelenkkapseln.

Bei den am heftigsten angegriffenen Arbeitern war die Beweglichkeit von Wirbelsäule und Brustkorb herabgesetzt oder aufgehoben. Die objektive Untersuchung offenbarte im übrigen keinen Einfluß auf das Allgemeinbefinden und nur wenige Veränderungen in den anderen Organen, vor allem eine Verschiebung nach links des ARNETHschen Blutbildes. Blutungs- und Koagulationszeit waren normal. Die Werte von Serumphosphatase und anorganischem Phosphor bewegten sich innerhalb der normalen Grenzen; Serum Calcium war normal oder leicht erhöht (ROHOLM, GUTMAN und GUTMAN[1]).

Bei der postmortalen Untersuchung von 2 Arbeitern, die viele Jahre angestellt und an interkurrierenden Krankheiten gestorben waren, wurden keine Organveränderungen gefunden, die mit Sicherheit der Intoxikation zugeschrieben werden könnten. Die Knochen wogen bis zum 3fachen des normalen Gewichts, ihre Elastizität war vermindert. Die Knochenoberflächen waren weiß, mit stark verbreiteten periostalen Ablagerungen und Bänderverkalkungen. Histologisch zeichnet sich die Sklerose durch einen irregulären organischen Matrix und durch variierende, im allgemeinen übermäßige Kalkablagerungen aus. Der Kalk wird in Form von groben Körnchen und Klumpen ausgefällt, oft in den Markräumen und gefäßführenden Kanälen. Der Fluorgehalt der Knochenasche betrug maximal $13,1^0/_{00}$. Unter Rücksichtnahme auf das vermehrte Gewicht enthielt das Knochensystem rund gerechnet bis zu 60mal die normale Menge Fluor. Die Zahnasche enthielt durchschnittlich $2,5^0/_{00}$ Fluor, d. i. etwa 10mal die normale Menge. Der Fluorgehalt war in den Lungen erhöht, jedoch kaum in den anderen Organen. Es fanden sich keine Kalkablagerungen in den Organen, ebensowenig wie in den Knorpeln.

Knochenveränderungen entwickeln sich erst, wenn die Betreffenden lange und kontinuierlich dem Kryolithstaub ausgesetzt werden. Nur eben erkennbare Veränderungen auf der Röntgenplatte beobachtete man frühestens nach 2,4jähriger Arbeit, schwere Bänderverkalkungen frühestens nach 11,2jähriger Arbeit. Es war möglich, die wahrscheinliche tägliche Dosis mit 15—25 mg Fluor, oder 0,20—0,35 mg pro Kilogramm zu beziffern. Bei 3 Kindern von Arbeiterinnen, die besonders lange (1—2$^1/_2$ Jahre) gestillt hatten, fand man die charakteristischen an *mottled teeth* erinnernden Veränderungen der zweiten Zähne. Fluor wird demnach durch die Milch ausgeschieden[2].

Diffuse Osteosklerose von der gleichen Art wie die der Kryolitharbeiter wurde später bei an *Darmous* leidenden Personen beschrieben (SPÉDER[3]), sowie bei einem Mann, der mit der Herstellung von Dünger aus fluorhaltigem Phosphorit beschäftigt war (BISHOP[4], BAUER, BISHOP und WOLFF[5]). Vor kurzem hat SHORTT und Mitarbeiter[6] eine besonders ausgesprochene Form von Osteosklerose an

---

[1] ROHOLM, K., A. B. GUTMAN u. E. B. GUTMAN: Proc. Soc. exper. Biol. a. Med. **37**, 376 (1937).
[2] BRINCH, O., u. K. ROHOLM: Zit. S. 23.
[3] SPÉDER: J. Radiol. et Électrol. **20**, 1 (1936).
[4] BISHOP, P. A.: Amer. J. Roentgenol. **35**, 577 (1936).
[5] BAUER, J. T., P. A. BISHOP u. W. A. WOLFF: Bull. Ayer clin. Lab. **3**, 67 (1937).
[6] SHORTT, H. E., G. R. MCROBERT, T. W. BARNARD u. A. S. M. NAYAR: Zit. S. 49.

Eingeborenen in Gegenden von Indien, wo das Trinkwasser fluorhaltig ist, beschrieben. Das Leiden entwickelt sich erst nach dem 30. Lebensjahr. Es ist von Kachexie und zuweilen von Drucksymptomen vom Rückenmark begleitet; die Nierenfunktion ist beeinträchtigt. Das Blut enthielt bis zu 1,85, der Harn bis zu 4,08 mg Fluor pro 100 ccm. Der Durchschnittswert des Gehalts im Serum an Phosphatase, Calcium, anorganischem Phosphor, Natrium und Kalium ist etwas erhöht. Durch fluorhaltiges Trinkwasser hervorgerufene Osteosklerose wird man voraussichtlich in Gegenden mit trockenem und warmem Klima finden können, wo die Wasseraufnahme eine erhebliche ist.

Tierkrankheiten. Im Laufe der Zeiten wurde zu wiederholten Malen in der Umgebung von Superphosphat- oder Aluminiumfabriken in Europa eine osteomalacieähnliche Krankheit beim Vieh beobachtet. In sämtlichen Fällen brachte man diese Krankheit in Verbindung mit fluorhaltigen Luftarten (vor allem HF und SiF_4) der Abgase der betreffenden Fabrik. Die Fluorverbindungen ätzen die Pflanzen der Umgebung und werden auf diese Weise von den Tieren aufgenommen. Derartige Enzootien wurden 1912 und 1935 in Italien beobachtet, 1911—1918 in der Schweiz, 1928 in Frankreich, 1931 in Deutschland und 1934 in Norwegen[1]. Die Symptome bleiben sich im allgemeinen gleich: Abmagerung bis zur Kachexie, steifer, beschwerlicher Gang, allenfalls Muskelunruhe, knotenförmige Verdickungen besonders an den Knochen der Gliedmaßen und häufige Spontanfrakturen. SLAGSVOLD[2] beschreibt bei Schafen überdies vermehrte und unregelmäßige Abnützung der Mahlzähne, sowie Behinderung am Wiederkäuen. Pathologisch-anatomische Untersuchungen liegen nur in spärlicher Menge vor. ASKANAZY[3] hat bei Kühen in der Umgebung einer Schweizer Fabrik typische Osteomalacie festgestellt; in der Knochenasche konstatierte TREADWELL bis zu 5,18 $^0/_{00}$ Fluor.

In bestimmten Gegenden Nordafrikas (Algier, Tunis, Marokko) tritt vornehmlich bei Pflanzenfressern ein Zahnleiden auf, *Darmous*, das zum ersten Male im Jahre 1922 von VELU[4] beschrieben wurde. Die Zahnveränderungen müssen den schweren Graden von *mottled teeth* gleichgestellt werden; vermehrte und unregelmäßige Abnützung der Zähne hat mühsames Wiederkäuen zur Folge. Allgemeinsymptome sind wenig ausgeprägt. An Knochensymptomen findet man diffuse Verdickung des Unterkiefers und in bestimmten Gegenden auffallend häufige Frakturen. VELU[5] hat experimentell nachgewiesen, daß die Krankheit eine chronische Fluorvergiftung ist, hauptsächlich durch das Trinkwasser hervorgerufen, nachdem es Ablagerungen fluorhaltigen Phosphorits passiert hat. Auch der hohe Fluorgehalt der Pflanzen und der auf ihnen angesammelte Staub spielen eine Rolle[6]. In der Unterkieferasche von jungen, gesunden Schafen wurden bis zu 0,32 $^0/_{00}$ Fluor gefunden, im nämlichen Material von an *Darmous* erkrankten Schafen 4,6 $^0/_{00}$ Fluor.

Durch viele Jahrhunderte wurde Island nach Vulkanausbrüchen immer wieder von einer Krankheit unter den Pflanzenfressern, hauptsächlich den Schafen, heimgesucht. Ein Teil der Tiere stirbt akut, nach Verlauf von Tagen oder Wochen. Bei jungen, überlebenden Tieren tritt nachträglich das Zahnleiden *Gaddur* auf, das sich durch eine unregelmäßige Abnützung der Mahlzähne mit Kaubeschwerden und sekundären Kieferverletzungen durch scharfe Zahnreste äußert. Die Schneidezähne bekommen schwarze Flecken und verfallen rasch (Aschenzahn). Unter Abmagerung und Kachexie verdicken die Knochen und werden weich. ROHOLM[7]

---

[1] ROHOLM, K.: Zit. S. 3 (Literatur).
[2] SLAGSVOLD, L.: Zit. S. 35.
[3] ASKANAZY, M.: Beitr. path. Anat. **84**, 375 (1930).
[4] VELU, H.: Maroc Méd. **1922**, 107.   [5] VELU, H.: Zit. S. 3.
[6] GAUD, M., A. CHARNOT u. M. LANGLAIS: Zit. S. 12.
[7] ROHOLM, K.: Zit. S. 3 — Auch Arch. Tierheilk. **67**, 420 (1934).

konnte nachweisen, daß diese Krankheit eine chronische Fluorvergiftung darstellt; während der Vulkanausbrüche werden gasförmige Fluorverbindungen abgegeben, die den Pflanzenwuchs ätzen. Knochen von Schafen, die im Anschluß an den Ausbruch der Hekla im Jahre 1845 verendeten, wiesen ausgebreitete periostale Beläge an den Unterkiefern und den Knochen der Gliedmaßen auf. Die Asche eines Metatarsus enthielt bis zu 20,6 $^0/_{00}$ Fluor[1].

13. Organische Fluorverbindungen.

Die pharmakodynamische Wirkung kann sich auf verschiedene Weise ändern, wenn in eine organische Verbindung Fluor eingeführt wird. Die Bewahrung der spezifischen Fluorwirkung hängt wahrscheinlich davon ab, ob Fluor im Organismus abgespalten wird. Die komplexe, stabile, organische Fluorverbindung kann Eigenschaften besitzen, die von jenen der organischen Muttersubstanz abweichen. Nach den vorhandenen Beobachtungen scheint es die Möglichkeit einer Summation sowie auch einer Potenzierung der Eigenschaften zu geben, so daß Verbindungen entstehen können, in denen einzelne der biologischen Wirkungen des Fluors besonders ausgeprägt sind. Gewöhnlich sind die organischen Fluorverbindungen im Vergleich zu den anorganischen nur wenig toxisch.

Die Wirkung einzelner gasförmiger *organischer Fluorverbindungen* wurde in Tierversuchen geprüft. MOISSAN[2] zeigte, daß Äthyl- und Methylfluorid (C_2H_5F, CH_3F) im Vergleich zu Äthylchlorid sehr schwach betonte narkotische Eigenschaften besitzen. Während 8% Äthylchlorid bei Meerschweinchen eine ungefährliche Narkose hervorrief, erzeugte *Äthylfluorid* sofort nach der Zufuhr Reizsymptome, nämlich beschleunigte Atmung und struppiges Fell. Bei einer Konzentration von 3,3% wurde starke motorische Unruhe wahrgenommen; mit der steigenden Konzentration stellten sich konvulsivische Zuckungen, stoßweise Atmung und Lähmung der beiden hinteren Extremitäten ein. Die Atmung hörte bei einer Konzentration von 6—7% auf; noch 1½ Stunden lang waren Bewegungen des Herzens festzustellen. *Methylfluorid* war wesentlich ungiftiger; 1 Kaninchen atmete 14% ohne Vergiftungserscheinungen ein. Nach MESLANS[3] hat *Acetylfluorid* (CH_3COF) lokalreizende Eigenschaften; in die Luftwege geleitet, ruft die Verbindung Beklemmungen, Bronchialreiz und hämorrhagische Expektoration hervor.

YANT[4] hat an Hunden und Affen die Wirkung verschiedener Verbindungen geprüft, die in neuerer Zeit in der Kühlindustrie Verwendung finden und die bei normaler Temperatur und gewöhnlichem Druck Gasarten sind. Die Giftigkeit ist sehr gering. *Dichloridfluoräthan* (CCl_2F_2) wurde in der Konzentration von 20% 8 Tage hindurch ganz gut bei täglicher Einwirkung von 7—8 Stunden vertragen. Das Bewußtsein blieb bewahrt; man beobachtete Tremor und schlingernde Gangart, die jedoch bald wieder verschwanden, wenn die Wirkung aufhörte. *Dichlortetrafluoräthan* ($C_2Cl_2F_4$) war wesentlich giftiger; die Einwirkung von einer 20proz. Konzentration führte nach 16 Stunden den Tod unter Tremor und Konvulsionen herbei. Die Sektion zeigte Kongestion aller Organe und Blutungen in Lunge und Magen-Darmkanal. Die Frage, ob hier von einer eigentlichen Fluorwirkung die Rede sei, ist schwer zu beantworten; einige Symptome erinnern an die akute Fluorvergiftung, andere wieder nicht.

---

[1] Es ist überwiegend wahrscheinlich, daß die rätselhafte Nebelkatastrophe, welche anfangs Dezember 1930 im Maastale in der Nähe von Lüttich (Belgien) eintraf, eine akute Fluorvergiftung gewesen ist, durch die luftförmigen Fluorverbindungen in den Abgasen der Fabriken hervorgerufen [s. FLURY: Arch. Gewerbepath. **7**, 117 (1936), und ROHOLM: J. ind. Hyg. **19**, 126 (1937)].
[2] MOISSAN, H.: Zit. S. 20.
[3] MESLANS, M.: C. r. Acad. Sci. Paris **114**, 1020 (1892).
[4] YANT, W. P.: Zit. S. 20.

Fluorbenzol unterscheidet sich von Benzol, indem es keine giftige Wirkung auf das Froschherz hatte und keine Verminderung der Leukocytenzahl bei länger andauernder Verabreichung an Kaninchen hervorrief (LANG[1]). Bei peroraler Einfuhr bei Hunden wurde keine Veränderung des Zahnschmelzes gefunden (KEMPF und Mitarbeiter[2]).

Die 3 *Fluorbenzoesäuren* werden im Harn des Hundes wie die entsprechenden Fluorhippursäuren ausgeschieden. Die Toxizität ist gering, ein Hund verträgt 5 g (COPPOLA[3]). Bei subcutaner Injektion betrug die tödliche Dosis von o-Fluorbenzoesäure 700 mg/kg (entspricht 95 mg/kg F), von NaF 45 mg/kg. Die Vergiftungsbilder waren die gleichen (LITZKA[4]). Die durch NaF hervorgerufenen spezifischen Schmelzdefekte wurden an Hunden nach Eingabe von p-Fluorbenzoesäure nicht beobachtet (KEMPF und Mitarbeiter[2]). SCHOELLER und GEHRKE[5] fanden in Hefeversuchen, daß p-Fluorbenzoesäure so wie anorganisches Fluorid die Gärung stärker als die Atmung hemmt, und daß dieser Unterschied in der Wirkung auf die Gärungs- und Respirationsenzyme besonders ausgeprägt war in bezug auf die organische Verbindung. Bei der Konzentration m 10^{-5} wurde gleichzeitig eine Glykolysenhemmung von 61,4% wahrgenommen, sowie eine Steigerung der Atmungsgröße von 10,7%.

Durch die Einfuhr von Fluor in die Seitenkette von Toluol und m-Toluidin wurde die Giftigkeit dem Frosch gegenüber mehr erhöht als durch die entsprechende Einfuhr von Chlor. Die lähmende Wirkung trat mehr hervor (LEHMANN[6]). Beim Kaninchen wurde p-Fluortoluol wie die entsprechende Fluorbenzoesäure ausgeschieden. Weder *Fluorbenzol*, noch *p-Fluortoluol* oder *p-Fluoracetanilid* rief nennenswerte toxische Symptome bei peroraler Verabreichung an Kaninchen hervor. Der Sektionsbefund war negativ und es ist zweifelhaft, ob überhaupt eine Ablagerung von Fluor im Organismus stattfand (LANG[1]). Die für Fluor charakteristischen Schmelzveränderungen wurden bei Hunden durch Eingabe von *α-Fluornaphthalin* hervorgerufen, jedoch nicht durch Verabreichung von *p-p-Difluordiphenyl* (KEMPF und Mitarbeiter[2]).

LITZKA[7] hat neuerdings die Wirkung von *3-Fluortyrosin* untersucht, einem weißen, in Wasser schwer löslichen Pulver von folgender Zusammensetzung:

$$\text{HO}-\underset{}{\underset{}{\bigcirc}}\overset{\text{F}}{-}\text{CH}_2\cdot\underset{\text{NH}_2}{\text{CH}}\cdot\text{COOH}$$

Fluortyrosin ist bedeutend giftiger als NaF. Bei subcutaner Verabreichung betrug die tödliche Dosis für weiße Mäuse 11 mg/kg Fluortyrosin (entspricht 1 mg/kg F) und 40 mg/kg NaF (entspricht 18 mg/kg F). Die Resorption geht leicht und ohne lokale Reizerscheinungen vor sich. Das Vergiftungsbild weicht von dem der akuten NaF-Vergiftung ab, indem bei letalen Dosen ein bis zu mehrere Tage anhaltender Rauschzustand mit intermittierenden, universellen, tonischen Krämpfen eintreten kann, wobei das Tier mit maximal ausgestrecktem Körper und Gliedmaßen daliegt. Während der Vergiftung wurde keine Verringerung des Serum-Ca bemerkt und Einspritzungen von Ca-Salzen verhinderten nicht die Entstehung der Vergiftung. Lang andauernde Eingabe von subletalen Dosen rief

---

[1] LANG, K.: Arch. f. exper. Path. **152**, 361 (1930).
[2] KEMPF, C. A., D. A. GREENWOOD u. V. E. NELSON: Zit. S. 21.
[3] COPPOLA, F.: Gazz. chim. ital. **13**, 521 (1883).
[4] LITZKA, G.: Arch. f. exper. Path. **183**, 427 (1936).
[5] SCHOELLER, W., u. M. GEHRKE: Klin. Wschr. **9**, 1129 (1930).
[6] LEHMANN, F.: Zit. S. 4.
[7] LITZKA, G.: Arch. f. exper. Path. **183**, 427, 436 (1936) — Z. exper. Med. **99**, 518 (1936).

bei Mäusen und Meerschweinchen eine Gewichtszunahme, aber keine toxischen Symptome hervor. Bei der Verabreichung an weiße Mäuse hemmte Fluortyrosin die von Thyroxin und dem thyreotropen Hormon des Hypophysenvorderlappens verursachte Glykogenverarmung der Organe. Bei einer täglichen Verabreichung von 1 mg an Basedow-Patienten gewahrte man Verminderung des Stoffwechsels, Gewichtszunahme und Sinken des Blutzuckers. Eine einzelne Eingabe von 6 mg erzeugte bei Normalen ein mäßiges Sinken des Blutzuckers, das bei Basedow-Patienten ausblieb. LITZKA nimmt an, daß die antithyreotoxische Wirkung des Fluortyrosins hauptsächlich auf einer indirekten Hemmung der durch Thyroxin geförderten Verwandlung von Glykogen zu Glykose in der Leber beruht. Sowohl NaF als auch Tyrosin haben eine antithyreotoxische Wirkung, aber erst in relativ großen Dosen. Fluortyrosin besitzt in besonderem Maße die antithyreotoxische Wirkung des Fluors, ohne zu gleicher Zeit die Zellgifteigenschaften des Fluors zu haben. MAY[1] hat gute Erfolge seiner Behandlung von Basedow-Patienten mit Fluortyrosin mitgeteilt.

KRAFT[2] hat gezeigt, daß 700 γ Fluortyrosin (entspricht 70 γ F) genügen, um die Wirkung von 15 γ Thyroxin auf die Metamorphose der Amphibienlarven von *Bufo vulgaris* aufzuheben. Um die gleiche Wirkung zu erzielen, müssen 500 γ F als NaF oder 300 γ F als o-Fluorbenzoesäure verwendet werden. Die Wirkung von Fluortyrosin kann nach KRAFT nicht auf der spezifischen Hemmung der enzymatischen Prozesse durch Fluor beruhen, da die Verbindung nicht die Milchsäurebildung in Fluormuskelextrakt hemmt und nur eine geringe hemmende Wirkung auf die Hefegärung hat.

14. Mechanismus der Fluorwirkung.

Wie schon auf S. 21 erwähnt, ist man sich nicht im klaren darüber, in welcher Form Fluor seine Wirkung im Organismus geltend macht. Der Grundstoff Fluor ist zu sehr chemisch aktiv, um als solcher in organischem Gewebe bestehen zu können. Die Bezeichnung Fluorwirkung bezieht sich daher auf die Wirkung von Fluorid, das in den experimentellen Versuchen vorzugsweise zur Anwendung kommt.

Kurz umschrieben äußert sich die *akute Fluorvergiftung* als ein von universellen Krämpfen begleiteter Schwächezustand, der in ausgesprochenen Fällen rasch den Tod nach sich bringt. Der pathologisch-anatomische Befund umfaßt außer Veränderungen im Magen-Darmkanal uncharakteristische Degenerationserscheinungen an den parenchymatösen Organen. Bei der chronischen Vergiftung durch Fluorverbindungen ist die toxische Wirkung des Fluors hauptsächlich am Zahn- und Knochengewebe lokalisiert. Die *degenerativen Zahnveränderungen* bestehen in der Ablagerung von hypoplastischem, mangelhaft verkalktem Schmelz und Zahnbein. Das genetische Zahngewebe ist für Fluor elektiv empfindlich, da diese Phänomene bei Dosen beobachtet werden, die von keiner anderen bekannten schädlichen Wirkung auf den Organismus begleitet werden. Unter dem Einfluß von Fluor treten morphologische Änderungen der Ameloblasten und der Kalkglobuli in der Ameloblastenschicht ein. Die Knochenveränderungen äußern sich meistens als eine generalisierte *Osteoporose*, die histologisch durch verringerte Verkalkung rachitischer Natur gekennzeichnet ist. Die organische Matrix ist unregelmäßig, die Kalksalze weisen schwankende Neigung zu unregelmäßig körniger Ablagerung auf. Dieser Zustand wird leicht bei im Wachsen begriffenen Tieren hervorgerufen, ist aber auch bei ausgewachsenen bekannt.

---

[1] MAY, W.: Klin. Wschr. **16**, 562 (1937).
[2] KRAFT, K.: Hoppe-Seylers Z. **245**, 58 (1936).

Die *Osteosklerose*, die gleichfalls universell ist, wurde bisher nur bei erwachsenen Individuen (Mensch, Ratte) beobachtet. Auch hier hat das Knochengewebe irreguläre Struktur, aber die Verkalkung ist vermehrt und die Kalksalze werden als unregelmäßige Körnchen und Klumpen sowohl im osteoiden Gewebe als auch in den Hohlräumen der Knochen abgelagert. Die Osteosklerose kann durch so kleine Dosen hervorgerufen werden, daß das Allgemeinbefinden unbeeinflußt bleibt. Die Osteoporose ist in der Regel von Allgemeinsymptomen begleitet, denen degenerative Zellveränderungen uncharakteristischer Art in den parenchymatösen Organen entsprechen.

Die klassische Erklärung für die Giftwirkung der Fluoride ist, daß Fluor das Calcium des Blutes und der Gewebsflüssigkeit durch die Bildung von schwer löslichem CaF_2 beschlagnahmt. Mehrere Beobachtungen sprechen für diesen *calciopriven Mechanismus*. Die Fluoride gehören zur Gruppe der calciumfällenden Stoffe, die u. a. auch Oxalsäure, Citronensäure und Ölsäure umfaßt. Bei intravenöser Injektion verursachen die Natriumsalze der betreffenden Säuren eine Vergiftung, in die sich fibrilläre Zuckungen als ein für die ganze Gruppe charakteristisches Symptom einreihen. Die Toleranz wird enorm erhöht, wenn die Aufnahme langsam vor sich geht, indem das toxische Ion von dem aus den Geweben mobilisierten Calcium gebunden wird (FRIEDENTHAL[1]). Die giftige Wirkung von NaF auf Frösche und Kaninchen wird aufgehoben, wenn man zugleich mit dem Fluorid eine äquivalente Menge Calciumchlorid einspritzt (SCHLICK[2]). Die akuten Fluorid- bzw. Oxalatvergiftungen weisen manche Übereinstimmungen auf, u. a. Sinken des Calciumgehalts des Blutes (JODLBAUER[3]) Die tödlichen Dosen der calciumfällenden Stoffe sind umgekehrt proportional zur Löslichkeit ihres Calciumsalzes. Natriumoxalat ist nach WIELAND und KURTZAHN[4] bei parenteraler Verabreichung giftiger als NaF, dem Umstand gemäß, daß die Löslichkeit in 1 l Wasser von $\frac{CaF_2}{Ca-Oxalat}$ gleich ist $\frac{1,6 \cdot 10^{-2}}{0,8 \cdot 10^{-2}}$. Bei peroraler Aufnahme hingegen ist NaF bedeutend giftiger als Oxalat, wahrscheinlich weil das Oxalion als zweiwertiges Ion langsamer als das Fluorion resorbiert wird.

Auch bei der chronischen Fluorvergiftung deuten verschiedene Beobachtungen auf eine Beziehung zum *Kalkstoffwechsel* hin. Unter Umständen, unter denen Fluor eine Beeinflussung des Allgemeinbefindens und mehr oder weniger ausgesprochene Osteoporose hervorrief, wurde eine verringerte Retention von Ca und P nachgewiesen. Gehalt an Ca, P und Vitamin D in der Nahrung übt einen Einfluß auf die Toleranz von Fluor aus. Ratten wuchsen schlechter bei einer Kost, die 0,15% NaF enthielt, wenn der Ca-Gehalt ein niedriger als wenn er ein durchschnittlicher war. Zuschuß von Vitamin D verringerte die Giftigkeit der Ca-armen Kost, nicht aber die der Ca-reichen (HAUCK und Mitarbeiter[5]). Die durch Fluor hervorgerufenen Zahnveränderungen entwickelten sich an der Ratte bei Ca-armer Kost rascher als wenn sie reich an Ca, P und Vitamin D war (SMITH und Mitarbeiter[6]). Bestrahlung von fluorvergifteten Ratten mit ultravioletten Strahlen wirkte der Intoxikation entgegen (CHANELES[7]). Ein großer Ca-Bedarf des Organismus erhöht die Empfindlichkeit gegenüber Fluor. Knochensymptome lassen sich am leichtesten an jungen, wachsenden Individuen hervorrufen. Die

---

[1] FRIEDENTHAL, H.: Zit. S. 26.
[2] SCHLICK, A.: Die Wirkung des Chlorcalciums bei Fluornatriumvergiftung usw. Diss. München 1911.
[3] JODLBAUER, A.: Zit. S. 33.
[4] WIELAND, H., u. G. KURTZAHN: Zit. S. 20.
[5] HAUCK, H. M., H. STEENBOCK u. H. T. PARSONS: Zit. S. 43.
[6] SMITH, M. C., E. M. LANTZ u. H. V. SMITH: Zit. S. 49.
[7] CHANELES, J.: Zit. S. 42.

toxische Wirkung bei Rindern zeigt sich hauptsächlich im Anschluß an Trächtigkeit und Lactation. SMITH[1] macht darauf aufmerksam, daß die verminderte Ca-Retention möglicherweise bei der Pathogenese der chronischen Fluorvergiftung eine große Rolle spielt, da dieselbe bei der Ratte parallel zur allgemeinen Wachstumshemmung und zur Herabsetzung der Wachstumsgeschwindigkeit der Schneidezähne verläuft.

Die Frage, ob jede Wirkung von Fluor im Organismus sich durch einen calciopriven Mechanismus erklären läßt, muß verneint werden. Zahlreiche Beobachtungen deuten darauf hin, daß Fluor eine spezifische Wirkung auf das Protoplasma und die enzymatische Tätigkeit hat, unabhängig von einer Entionisierung von Calcium.

Die Herabsetzung des Ca-Gehaltes des Blutes kann bei der akuten Fluorvergiftung gering sein und bei der chronischen Vergiftung oft ganz fehlen. Die Wirkung von Fluorid und Oxalat weist zwar Ähnlichkeiten, aber auch Verschiedenheiten auf. LOEW[2] zeigte, daß niedere Pflanzen- und Tiergattungen (gewisse Algen, Bakterien und Flagellaten), deren Ca-Bedarf gering oder gleich Null ist, in schwachen Oxalatlösungen wachsen und sich vermehren können. In gleich starken Fluoridlösungen konnte stets eine gewisse Giftwirkung bemerkt werden. *Arbacia*-Eier, die in mit Fluorid versetztem Meerwasser angebracht wurden, ballten sich gleich zusammen. Oxalat und Citrat hatten nicht diese Wirkung (LOUCKS und DE GRAFF[3]). Die durch Fluorid hervorgerufene Verminderung der Respiration der Kaninchenniere war nicht vom Vorhandensein von Ca-Salzen abhängig (VERNON[4]). Gleichzeitige Injektion von äquimolekularen Mengen $CaCl_2$ hob zwar die Wirkung von NaF auf, aber nur, wenn die tödliche Dosis nicht wesentlich überschritten wurde (SCHLICK[5]). Die hemmende Wirkung auf die Zahnbildung wird von so kleinen Mengen Fluor verursacht, daß ein calciopriver Mechanismus ausgeschlossen werden kann. Die Osteosklerose wird von einer bedeutenden Ablagerung von Knochensalzen begleitet, darunter auch von Calcium. Es gibt also zahlreiche Anhaltspunkte dafür, daß man für die Erklärung der verschiedenen Wirkungen des Fluors auch andere Mechanismen als eine einfache Beschlagnahme von Calcium einräumen muß.

Die ausgesprochen hemmende Wirkung von Fluor auf eine Reihe von *enzymatischen Prozessen in vitro* wurde schon auf S. 5 besprochen. Vor allem die anaerobe Glykolyse ist Fluorid gegenüber sehr empfindlich, nicht nur in Hefe und Muskel, sondern auch in anderem Gewebe. Im intermediären Kohlehydratabbau hemmt Fluorid die Milchsäurebildung, indem es die Verwandlung von Phosphorglycerinsäure in Phosphorbrenztraubensäure blockiert. In Muskelgewebe kann noch deutlich hemmende Wirkung von m/3000 NaF gewahrt werden. Es ist wahrscheinlich, daß diese direkte hemmende Wirkung von Fluor auf den Kohlehydratabbau in den Geweben eine bedeutende Rolle in der Pathogenese der Vergiftung spielt. LIPMANN[6] hat eine Hemmung der Milchsäurebildung im Muskel bei der akuten Fluorvergiftung des Frosches nachgewiesen und auf die Ähnlichkeit des Vergiftungsbildes mit der Monojodessigsäurevergiftung hingewiesen. GOTTDENKER und ROTHBERGER[7] erklären die von NaF verursachten Leitungsanomalien des Froschherzens durch Störungen im intermediären Kohlehydratstoffwechsel; bei der Monojodessigsäurevergiftung werden ähnliche Phänomene beobachtet.

---

[1] SMITH, M. C.: J. dent. Res. **14**, 139 (1934).
[2] LOEW, O.: Flora (Jena) **94**, 330 (1905).
[3] LOUCKS, M. M., u. A. C. DE GRAFF: Proc. Soc. exper. Biol. a. Med. **24**, 43 (1926).
[4] VERNON, H. M.: Zit. S. 8.
[5] SCHLICK, A.: Zit. S. 55.
[6] LIPMANN, F.: Zit. S. 32.
[7] GOTTDENKER, F., u. C. J. ROTHBERGER: Zit. S. 31.

Wahrscheinlich greift Fluor auch anderwärts als in die Kohlehydratspaltung hemmend ein. Besonders empfindlich für Fluorid sind auch Lipasen und andere Esterasen. Indem Fluorid die Wirkung der Cholinesterase hemmt, ruft es auch eine enorme Erhöhung der Empfindlichkeit gegenüber Acetylcholin im Froschmuskel hervor; KAHLSON und UVNÄS[1] erwähnen auch die Möglichkeit, daß die bei der akuten Fluorvergiftung beobachteten Krämpfe auf einer Acetylcholinwirkung beruhen könnten. LIPMANN[2] hat den Mechanismus bei der Bindung von Fluorid mit dem Enzym untersucht. Die Gärungshemmung durch Fluorid ist ein vollkommen reversibler Prozeß, der den Gesetzen der Massenwirkung folgt; die Hemmung wird bei zunehmender Acidität verstärkt. Es muß angenommen werden, daß eine chemische, leicht dissoziierende Verbindung zwischen Ferment und Fluorid gebildet wird. Gleich den gärungshemmenden Metallkomplexbildnern HCN und H_2S reagiert auch Fluorid mit Methämoglobin (S. 29) und bildet komplexe Metallverbindungen, welcher Umstand dafür spricht, daß die Fluorhemmung ein spezifischer Prozeß ist, bei welchem sich Fluor mit dem schwermetallhaltigen Komponenten des Enzyms verbindet.

Die ausgesprochene Wirkung von Fluor auf den *Verkalkungsprozeß* ist wahrscheinlich einer Beeinflussung von enzymatischen Prozessen zuzuschreiben. Auf Grund von Studien über die Calcification von Knorpel *in vitro* unterscheidet ROBISON[3] in der normalen Verkalkung von Knorpel und Knochen 2 Mechanismen, nämlich 1. eine Spaltung von Phosphorsäureester durch (alkalische) Phosphatase, wobei die Gewebsflüssigkeit mit Knochensalz übersättigt wird, und 2. eine Ausfällung und regelmäßige Ablagerung der Ca-Salze in der Grundsubstanz des Gewebes. Wie schon erwähnt (S. 6), ist die Wirkung der alkalischen Phosphatase durch Fluorid nur wenig beeinflußbar, während NaF sogar in einer Konzentration von 0,0001 m eine hemmende Wirkung auf den zweiten Mechanismus ausübt. Außer dem Fluorid hat auch die Monojodessigsäure eine ausgesprochen hemmende Wirkung auf diesen Mechanismus, dessen enzymatische Natur wegen der durch diese Verbindungen bewirkten ausgeprägten Hemmung des fermentativen Abbaus von Phosphorsäureestern im Muskel und bei der alkoholischen Gärung wahrscheinlich erscheint. HARRIS[4] hat auf das gleichzeitige Vorhandensein von Phosphatase und Glykogen in den hypertrophischen Knorpelzellen hingewiesen und angedeutet, daß die chemischen Verwandlungen während der Ossifikationsprozesse zum Kohlehydratabbau in Hefe und Muskelgewebe Beziehung haben können. Durch Hydrolyse des Glykogens sollten die Knorpelzellen selbst Hexosenphosphorsäureester liefern; durch Phosphatabspaltung mittels der Tätigkeit der Phosphatase und Zufuhr von Ca aus der Gewebsflüssigkeit würde dann die Möglichkeit einer Ablagerung von unlöslichem Calciumphosphat gegeben sein. Es läßt sich denken, daß die verkalkungshemmende Wirkung des Fluors (Osteoporose) durch eine Hemmung des zweiten Mechanismus, der Ausfällung der Knochensalze, entsteht. Das bei der Osteosklerose beobachtete histologische Bild lenkt noch mehr die Gedanken auf eine Beeinflussung des zweiten Mechanismus hin, da das charakteristische daran eine erhöhte, unordentliche und zum Teil heterotope Ablagerung der Kalksalze ist. Fluor scheint demnach eine Doppelwirkung auf die Ossifikationsprozesse im Knochen auszuüben, nämlich teils eine Hemmung (Osteoporose), teils eine Stimulation (Osteosklerose). Der letztere Prozeß wurde bisher nur an ausgewachsenen Individuen und bei relativ geringen Dosen Fluor beobachtet. Die verschiedentliche

---

[1] KAHLSON, G., u. B. UVNÄS: Zit. S. 6.
[2] LIPMANN, F.: Zit. S. 30.
[3] ROBISON, R.: Zit. S. 6 (Literatur im übrigen bei FOLLEY u. KAY: Zit. S. 6).
[4] HARRIS, H. A.: Nature **130**, 996 (1932).

Reaktion des Knochengewebes kann deshalb von der Fluorkonzentration abhängen, aber auch von Verhältnissen, die mit dem Wachstum in Verbindung stehen. Der Verkalkungsprozeß des Zahnes ist für Fluor elektiv empfindlich; es wird hier stets eine Hemmung, auch bei Dosen gefunden, die Osteosklerose erzeugen. Die Möglichkeit kann nicht von der Hand gewiesen werden, daß Fluor auf die Knochenphosphatase einwirkt. Zwar ist die alkalische Phosphatase dem Fluorid gegenüber unempfindlich, aber es stellt sich doch eine Inaktivierung ein, wenn das Fluor eine begrenzte Zeit in saurem Milieu wirkt (BELFANTI und Mitarbeiter[1]). Änderungen des Säuregrades können vielleicht während der Ossifikationsprozesse entstehen. Es muß betont werden, daß die Wirkung von Fluor auf das Knochen- und Zahngewebe wahrscheinlich mehr als die Beeinflussung eines einzelnen enzymatischen Prozesses umfaßt. Zugleich mit den Verkalkungsanomalien beobachtet man Desorganisation von Osteoblasten und Ameloblasten, was auf eine einschneidende Zellwirkung schließen läßt. Auf Grund der ausgesprochenen Wirkung von Fluor auf den Verkalkungsprozeß muß die Möglichkeit erwogen werden, ob die unter normalen Verhältnissen aufgenommene, geringe Menge Fluor eine Rolle spielen kann, z. B. als Katalysator bei der Fällung der Ca-Salze im Knochen.

Verschiedene Beobachtungen deuten darauf hin, daß eine gewisse *Beziehung zwischen Fluor und der Schilddrüse* besteht. Aufnahme von mäßigen oder kleinen Fluormengen durch längere Zeit verursacht Hypertrophie der Schilddrüse, obschon nicht konstant (S. 38). Nach der Theorie GOLDEMBERGS[2] entsteht der endemische Kropf und Kretinismus durch vermehrte Fluoraufnahme mit dem Trinkwasser, möglicherweise von einem relativen Jodmangel begünstigt. Soviel man weiß, kommt der Kropf nicht besonders häufig in Gegenden vor, in denen der erhöhte Fluorgehalt des Trinkwassers die spezifischen Zahnveränderungen hervorruft.

Die Aufnahme von Fluorverbindungen ruft nach GOLDEMBERG und GÖRLITZER eine Herabsetzung des Grundumsatzes bei normalen Ratten und Mäusen hervor. PHILLIPS konnte keine Veränderung des Grundumsatzes an Ratten und Meerschweinchen feststellen, die täglich bis zu 60 mg NaF pro Kilogramm einbekamen (S. 34). GOLDEMBERG hat die Behandlung von Basedow mit Fluorverbindungen eingeführt; dabei wird der Stoffwechsel herabgesetzt und die thyreotoxischen Symptome schwinden angeblich. Diese Resultate werden von verschiedener Seite bestätigt (S. 62). GOLDEMBERG[3] nimmt an, daß Fluor Thyroxin inaktiviert und Gewebsfermente, vor allem Oxidasen, hemmt. Der Fluorgehalt des Serums, der normalerweise 100—120 γ pro 100 ccm beträgt, ist bei thyreotoxischen Zuständen nur 50—80 γ (KRAFT und MAY[4]). Bei niedrigem Stoffwechsel ist das Blutfluor besonders hoch (GOLDEMBERG und SCHRAIBER[5]). Die Wirkung von Thyroxin auf die Metamorphose der Amphibienlarven von *Bufo vulgaris* wird durch NaF und besonders durch Fluortyrosin, einer organischen Fluorverbindung, die nach LITZKA eine ausgesprochene antithyreotoxische Wirkung hat, aufgehoben (S. 54). Auf eine Beziehung zwischen Fluor und Schilddrüse weist auch der Umstand hin, daß bei der experimentellen Fluorvergiftung eine bedeutende Ablagerung von Fluor in der Drüse vor sich geht (CHANG und Mitarbeiter, S. 22). Fluor ersetzt wahrscheinlich das Jod im Thyroxin. Dafür spricht

---

[1] BELFANTI, S., A. CONTARDI u. A. ERCOLI: Zit. S. 6.
[2] GOLDEMBERG, L.: Semana méd. **26**, 213 (1919); **28**, 628 (1921); **30**, 1305 (1923) — J. Physiol. et Path. gén. **25**, 65 (1927).
[3] GOLDEMBERG, L.: Semana méd. **39** (1932).
[4] KRAFT, K., u. R. MAY: Zit. S. 15.
[5] GOLDEMBERG, L., u. J. SCHRAIBER: C. r. Soc. Biol. Paris **120**, 816 (1935).

auch, daß Fluor gegen den durch Überdosierung mit Jod entstandenen hyperthyreotischen Zustand besonders wirksam zu sein scheint; MAY[1] meint geradezu von einem Antagonismus zwischen Jod und Fluor im Organismus reden zu können.

Im Widerstreit zu den obenerwähnten Beobachtungen über die antithyreotoxische Wirkung des Fluors befinden sich verschiedene Untersuchungen von amerikanischer Seite. SEEVERS und BRAUN[2] konnten nicht das Auftreten der giftigen Wirkung von getrockneter Thyreoideasubstanz bei Kaninchen verhindern, denen gleichzeitig täglich intravenöse Injektionen von 5—10 mg NaF pro Kilogramm gegeben wurden. Die histologische Untersuchung der Schilddrüse ergab das gleiche Bild wie bei Tieren, die nur Thyreoideasubstanz bekamen. PHILLIPS und Mitarbeiter[3] fanden in Versuchen mit Ratten und jungen Hühnern, daß ungiftige Dosen von getrockneter Thyreoideasubstanz bei gleichzeitiger Aufnahme von NaF in Mengen, die an und für sich nicht den Grundumsatz beeinflußten, unbedingt toxisch wurden. Als Möglichkeiten eines Zusammenspiels von Fluor und Schilddrüse werden Bildung eines aktiveren, fluorsubstituierten Thyroxins oder hemmende Wirkung von Fluor auf die antithyreoidalen Hormone genannt.

PHILLIPS[4] hat darauf hingewiesen, daß eine *Beziehung zwischen Vitamin C und der chronischen Fluorvergiftung* besteht. Meerschweinchen, die Vitamin C-arme Kost bekamen und täglich mit 25—30 mg Fluor (als NaF) pro Kilogramm intoxikiert wurden, zeigten Symptome von Skorbut, selbst wenn sie mehrfach die gewöhnliche antiskorbutische Dosis Apfelsinensaft bekamen. Bei Rindern, die Jahre hindurch mit fluorhaltigem Phosphorit vergiftet waren, erwies sich der Gehalt an Vitamin C in Niere, Leber, Hypophysenvorderlappen und Nebennierenrinde als erhöht. Im letzteren Gewebe war die celluläre Atmung verändert, indem die Totalrespiration verringert und die anaerobe Phase stark vermehrt war (PHILLIPS und STARE[5]). Der Vitamin C-Gehalt von Nebennieren und Hypophysenvorderlappen vermehrte sich bei fluorvergifteten Ratten; gleichzeitig nahm das Gewicht der Nebennieren zu (PHILLIPS und CHANG[6]). Die Symptome bei Skorbut und chronischer Fluorvergiftung sind sich bis zu einem gewissen Grad ähnlich. Bei beiden Zuständen ist die Nebenniere hypertrophisch, der Ascorbinsäuregehalt ist erhöht und die Sauerstoffaufnahme des Drüsengewebes bis auf die Hälfte des normalen reduziert. Bei beiden Syndromen wird der Gehalt an Indophenoloxidase in der Leber herabgesetzt, während der Gehalt an Glutathion erhöht ist. Versuche an Meerschweinchen lassen darauf schließen, daß Fluor entweder die Ascorbinsäure inaktiviert oder, was wahrscheinlicher klingt, daß es eine spezifische hemmende Wirkung auf ein Enzymsystem ausübt, in das die Ascorbinsäure eingegliedert ist (PHILLIPS, STARE und ELVEHJEM[7]).

Diese Untersuchungen könnten den Schluß zulassen, daß Fluor Skorbut erzeugt und daß zumindest ein Teil der Symptome bei chronischer Fluorvergiftung einem Vitamin C-Mangel zugeschrieben werden müssen. Es lassen sich jedoch weder die klinischen Symptome noch die Zahn- und Knochenveränderungen ohne weiteres als skorbutisch identifizieren. Ratten, die NaF-haltige, Vitamin C-arme Kost bekamen, wurden außerordentlich skorbutisch, bevor sich typische Anzeichen

---

[1] MAY, W.: Klin. Wschr. **14**, 790 (1935); **16**, 562 (1937).
[2] SEEVERS, M. H., u. H. A. BRAUN: Proc. Soc. exper. Biol. a. Med. **33**, 228 (1935).
[3] PHILLIPS, P. H., E. H. ENGLISH u. E. B. HART: Amer. J. Physiol. **113**, 441 (1935) — J. Nutrit. **10**, 399 (1935) — S. auch Amer. J. Physiol. **117**, 155 (1936).
[4] PHILLIPS, P. H.: J. of biol. Chem. **100**, LXXIX (1933).
[5] PHILLIPS, P. H., u. F. J. STARE: J. of biol. Chem. **104**, 351 (1934).
[6] PHILLIPS, P. H., u. C. Y. CHANG: J. of biol. Chem. **105**, 405 (1934).
[7] PHILLIPS, P. H., F. J. STARE u. C. A. ELVEJHEM: J. of biol. Chem. **106**, 41 (1934).

von schwerer Fluorvergiftung entwickelten (SMITH[1]). Die Zahnveränderungen bei Vitamin C-Mangel und bei Fluorvergiftung weichen stark voneinander ab. Vitamin C-Mangel ruft im Knochengewebe Schwund des kollagenen Gewebes und eine vermehrte degenerative, amorphe Verkalkung hervor (HÖJER[2]). Bei der von Fluor verursachten Osteoporose ist der Kollagengehalt des osteoiden Gewebes nicht merklich verringert und die Verkalkung ist zwar degenerativ, aber vermindert und nicht erhöht. ÖHNELL und Mitarbeiter[3] haben gezeigt, daß die Verkalkungsstörungen bei Skorbut und bei Fluorvergiftung entgegengesetzt sind und sich bis zu einem gewissen Grad gegenseitig aufheben. Die körnige Kalkfällung war jedoch sehr ausgesprochen bei fluorvergifteten Meerschweinchen, die zugleich Anzeichen von Skorbut aufwiesen, fehlte aber bei fluorvergifteten Meerschweinchen, die normale Kost bekamen. Dies deutet darauf hin, daß ein relativer Vitamin C-Mangel eine Rolle bei der eigentümlichen Kalkfällung spielt und daß er den variierenden Grad dieser Erscheinung erklären kann. Die klinischen Symptome sowohl bei den experimentellen als auch bei den spontanen Vergiftungen lenken die Aufmerksamkeit aber auch auf andere Avitaminosen, ohne daß es dabei möglich wäre, eine Identifikation vorzunehmen. Die Augenveränderungen (jedenfalls der Ratte) könnten auf einen A-Mangel deuten, die Hautveränderungen auf einen B_2-Mangel.

Es ist höchst wahrscheinlich, daß die Symptome der Fluorvergiftung eine komplizierte Pathogenese haben, und daß das Hauptgewicht auf eine universelle Beeinflussung von enzymatischen Prozessen gelegt werden muß. Daß die Beeinflussung des Kohlehydratstoffwechsels allein keine Hauptrolle spielt, geht daraus hervor, daß ein reichlicher Gehalt der Nahrung an Kohlehydraten und Kohlehydratabbauprodukten auf die toxische Wirkung des Fluors keinen Einfluß nimmt; das gleiche gilt vom Fettgehalt (PHILLIPS und HART[4]). Ohne Zusammenhang mit der Entwicklung der giftigen Symptome war auch der Gehalt der Kost an Protein. In Rattenversuchen ergab 0,1% NaF in der Kost keinen Unterschied in der Verdaulichkeit des Proteins oder in der N-Retention (SMITH[1]). Nebst der Enzymwirkung können auch andere Mechanismen eine Rolle spielen, z. B. Ca-Fällung, direkte Protoplasmawirkung, Blockierung von Zellmembranen und Veränderungen von kolloid-chemischen Verhältnissen.

Wenn die Fluorwirkung eine gewisse Grenze nicht überschreitet, sind die Veränderungen insoweit reparabel, als das vergiftete Tier, sobald die Fluoraufnahme aufhört, das Wachstum von neuem fortsetzen und das normale Gewicht erreichen kann. Wird jedoch dieser Grenzwert überschritten, dann hinterläßt die Vergiftung eine relative Wachstumshemmung, die sich nicht mehr ausgleichen läßt (SOLLMANN und Mitarbeiter[5]).

CHANELES[6] hat die Hypothese aufgestellt, daß Fluor seine Wirkung auf den Ca-Stoffwechsel durch eine Beeinflussung der Nebenschilddrüsen ausübt. Als Stütze dieser Hypothese wird angeführt, daß die Schneidezähne von parathyrektomierten Ratten Veränderungen erhalten, die an die Folgen der Fluoraufnahme erinnern (ERDHEIM[7], TOYOFUKU[8], HAMMET[9]). Diese Zahnveränderungen scheinen immerhin unspezifisch zu sein, insoweit ähnliches auch dort beobachtet werden

---

[1] SMITH, M. C.: J. dent. Res. 15, 281 (1936).
[2] HÖJER, J. A.: Acta paediatr. 3 (Stockh.), Suppl. (1924).
[3] ÖHNELL, H., G. WESTIN u. A. HJÄRRE: Zit. S. 43.
[4] PHILLIPS, P. H., u. E. B. HART: J. of biol. Chem. 109, 657 (1935).
[5] SOLLMANN, T., O. H. SCHETTLER u. N. C. WETZEL: Zit. S. 35.
[6] CHANELES, J.: Zit. S. 38.
[7] ERDHEIM, J.: Frankf. Z. Path. 7, 175, 238 u. 295 (1911).
[8] TOYOFUKU, T.: Frankf. Z. Path. 7, 249 (1911).
[9] HAMMET, F. S.: Amer. J. Physiol. 62, 197 (1922).

kann, wo der Organismus kein Ca abzulagern vermag (Ca-Mangel, Rachitis, Osteogenesis imperfecta u. a.). Histologisch nehmen die durch Fluor entstandenen Zahnveränderungen eine Sonderstellung ein (SCHOUR und SMITH[1]). Die Knochenveränderungen bei Hypo- und Hyperfunktion der Nebenschilddrüsen lassen sich nicht mit denen der Fluorvergiftung identifizieren. Untersuchungen über die Nebenschilddrüsen bei chronischer Fluorvergiftung haben wie auf S. 39 erwähnt, kein eindeutiges Resultat ergeben.

HUPKA und LUY[2] meinten, daß Fluor wesentlich als Säure (HF) wirkte, und daß Ca aus dem Knochensystem mobilisiert wurde, um die Säure zu neutralisieren. Diese Auffassung ist sicher nicht richtig, da danach manche Wirkungen des Fluors unverständlich würden (z. B. die Wirkung auf die Zahnbildung in kleinen Dosen). Das bei der Säurenverfütterung von Pflanzenfressern beobachtete Knochenleiden (HEISS[3], STOELTZNER[4], DE NITO[5]), unterscheidet sich von dem der Fluorvergiftung. Andererseits würde eine gleichzeitige Säureaufnahme vermutlich die Fluorvergiftung beschleunigen, vor allem bei Pflanzenfressern.

15. Therapeutische Anwendung von Fluorverbindungen.

Im Vergleich zu den übrigen Halogenen hat Fluor nur eine geringe Rolle in der Therapie gespielt. Die meisten Anwendungen, die im Laufe der Zeiten versucht wurden, beruhen auf einer schwachen, zuweilen geradezu falschen Grundlage und beziehen sich oft auf Krankheiten, bei denen der Erfolg der Behandlung schwer zu beurteilen ist.

Lungentuberkulose. Nach CHEVY[6] hat die Anwendung von Flußsäuredämpfen gegen Lungentuberkulose ihren Ursprung in der Erfahrung, daß Arbeiter französischer Glashütten, wenn sie ein Lungenleiden hatten, vorzugsweise Beschäftigung beim Glasätzen mittels Flußsäure suchten; dadurch kam man in den 80er Jahren auf den Gedanken, Lungentuberkulose mit Inhalation von fluorwasserstoffhaltiger Luft zu behandeln. Die hervorragenden Ergebnisse, von denen anfangs berichtet wurde, waren offenbar allzu optimistisch beurteilt; bald wurde es wieder still um diese Methode. Versuche, die Therapie experimentell zu stützen, ergaben negative oder unsichere Resultate. Später haben CASARES und GOLDEMBERG ohne überzeugenden Erfolg versucht, Lungentuberkulose mit intravenösen Injektionen von Natriumfluorid zu behandeln; die giftigen Nebenwirkungen wurden schon besprochen (S. 25).

Knochen, Zähne. Mit rein spekulativer Begründung empfahl CRICHTON-BROWNE[7] im Jahre 1892, Schwangeren und Kindern fluorhaltige Nahrungsmittel zu geben, um der Caries entgegenzuarbeiten; da Fluor sich in den Zähnen vorfindet, müßte das Element von Bedeutung für ihre Widerstandskraft sein. Ähnliche Vorstellungen hatte BRISSEMORET[8] in bezug auf das Knochensystem und riet auf Grund derselben eine stärkende Therapie mit Verabreichung von Calciumfluorid an. In der Homöopathie spielt diese Behandlung auch heute noch eine Rolle. Auf Grund der produktiven Knochenveränderungen am Menschen bei der Kryolithvergiftung deuteten FLEMMING MØLLER und GUDJONSSON[9] die Möglichkeit einer Behandlung von rarefizierenden Knochenleiden mit Fluorverbin-

---

[1] SCHOUR, J., u. M. C. SMITH: Zit. S. 34.
[2] HUPKA, E., u. P. LUY: Arch. Tierheilk. **60**, 21 (1929).
[3] HEISS, E.: Z. Biol. **12**, 151 (1876).
[4] STOELTZNER, W.: Virchows Arch. **147**, 430 (1897).
[5] DE NITO: Riv. Pat. sper. **3**, 36 (1928).
[6] CHEVY, E.: Bull. gén. thér. **109**, 108 (1885).
[7] CRICHTON-BROWNE, J.: Lancet **1892** II, 6.
[8] BRISSEMORET, M. A.: Bull. gén. thér. **156**, 147 (1908).
[9] MØLLER, P. FLEMMING u. S. V. GUDJONSSON: Zit. S. 3.

dungen an. Man hat jedoch noch keine Erfahrungen in dieser Beziehung gesammelt. BRAŠOVAN und SERDARUŠIĆ[1] haben an Kaninchen die Heilung des Radius nach Resektion untersucht. Tägliche intravenöse Injektion von 0,03 g/kg NaF hatte abnorm frühzeitigen und dichten Callus, sowie ausgebreitete periostale Ablagerungen zur Folge.

Hyperthyreoidismus. Im Jahre 1881 versuchte WOAKES[2] Kropf mit kleinen Mengen peroral verabreichter Flußsäure zu behandeln. GOLDEMBERG[3] hat im Jahre 1930 diese Behandlung gegen Hyperthyreoidismus wieder eingeführt; er wendet teils intravenöse Injektion von NaF (jedesmal 0,04—0,06 g, in Intervallen von etlichen Tagen wurden insgesamt bis zu 1 g verabreicht), teils perorale Eingabe an. Heilende Wirkung wurde selbst bei schweren Fällen beobachtet, wo sonstige Therapie wirkungslos verblieb. Die Behandlung wurde auch anderweitig versucht, angeblich mit gutem Erfolg[4].

GÖRLITZER[5] verwendet flußsäurehaltige Bäder und ist der Meinung, daß das undissoziierte HF-Molekül die intakte Haut durchdringen kann. In neuester Zeit hat MAY[6] gute Ergebnisse mit der weniger giftigen Verbindung Fluortyrosin erzielt. Die theoretische und experimentelle Grundlage dieser Anwendung von Fluorverbindungen wurde S. 58 besprochen.

Die anderweitigen therapeutischen Verwertungen von Fluorverbindungen sind sehr verschiedenartig und ohne besonderes Interesse. Wegen des schädlichen Einflusses von Fluor auf die Zahnbildung muß es als kontraindiziert angesehen werden, Fluorverbindungen intern an Kinder, Schwangere und stillende Frauen zu verabreichen.

---

[1] BRAŠOVAN, R., u. J. SERDARUŠIĆ: Arch. klin. Chir. **184**, 170 (1935).
[2] WOAKES, E.: Lancet **1881**, 448.
[3] GOLDEMBERG, L.: Zit. S. 25. [4] GOLDEMBERG, L.: Semana méd. **41**, 1273 (1934).
[5] GÖRLITZER, V.: Zit. S. 18. [6] MAY, W.: Zit. S. 59.

Kreislaufwirksame Gewebsprodukte[1].

Von

R. RIGLER-Frankfurt a. M.-Höchst.

Mit 5 Abbildungen.

Einleitung.

Die bekannte Beeinflussung der Arbeitsweise isolierter Organe auf chemischem Wege hat vor langem schon an die Möglichkeit einer Regelung der Organtätigkeit durch vom Körper selbst erzeugte Stoffe (sogen. Wirkstoffe) denken lassen. Sofern man von Hormonen im klassischen Sinn absieht, war aber die Existenz solcher nur an der Stelle ihrer Wirksamkeit entstehender und auf sie beschränkter Treib- und Hemmstoffe zunächst eine rein hypothetische. Erst seit der auf O. LOEWI zurückgehenden vorbildlich gewordenen Demonstration der Übertragbarkeit des Effekts von Vagus- und Sympathicusreizung mit dem Ventrikelinhalt eines Spenderherzens auf ein Testherz und dem Nachweis des Auftretens hochwirksamer Stoffe bei der anaphylaktischen Gewebsreaktion durch H. H. DALE ist die Vorstellung einer humoral (im Gegensatz zu hormonal) erfolgenden Regelung der Organtätigkeit als hinreichend begründet anzusehen. Die weitere Entwicklung des Problems nimmt, durch Zufälligkeiten beeinflußt, anscheinend einen umgekehrten Verlauf. Die Veranlassung, nach Wirkstoffen zu suchen, geht nicht von irgendwelchen physiologischen Phänomenen aus, sondern eine ständig zunehmende Zahl neuer im Gewebe entdeckter Substanzen mit pharmakodynamischen Eigenschaften wirft immer dringlicher die Frage nach deren Bedeutung für den Organismus auf. Der Lösung dieser Frage stehen aber mannigfache Schwierigkeiten entgegen. Nicht die kleinste davon ist die häufig im Tierversuch zu beobachtende Ähnlichkeit der Wirkung dieser Substanzen. Dadurch wird aber die Feststellung und Abgrenzung ihres physiologischen Geltungsbereiches sehr erschwert. Eine nicht wesentlich geringere Schwierigkeit bereitet ferner ihre gegenseitige Unterscheidung. Bei ihrer Definierung ist man häufig aus Mangel an Kenntnis ihres chemischen Aufbaus allein auf das Ergebnis der pharmakologischen Analyse angewiesen, wobei keineswegs in jedem Fall mit völliger Sicherheit feststellbar ist, ob die an verschiedenen Testobjekten beobachteten Wirkungen auch wirklich auf ein und denselben Stoff zurückgehen. Um so wichtiger sind genaue Angaben der Art ihrer Gewinnung und Herkunft, ihrer Löslichkeit, Fällbarkeit, Adsorbierbarkeit, ihres Verhaltens gegen Membranen, Temperatureinflüsse, Bestrahlungen, Fermente und Reagentien. Diese Angaben sind leider nicht immer in genügender Ausführlichkeit vorhanden. Auch können sie

---

[1] *Zusammenfassende Darstellungen:* GADDUM: Gefäßerweiternde Stoffe der Gewebe. Leipzig 1936. — WERLE: Körpereigene kreislaufaktive Stoffe. Hand. d. Biochem., Erg.-Werk 3 (1936). — DALE: Kreislaufwirkungen körpereigener Stoffe. Verh. dtsch. Ges. inn. Med. **1932** — Vasodepressorische Stoffe. Verh. dtsch. Ges. Kreislaufforsch. **1937**. — RIGLER u. ROTHBERGER: Pharmakologie der Gefäße und des Kreislaufes. Handb. d. norm. u. path. Physiol. **18** (1932). — RIGLER: Körpereigene Wirkstoffe. Erg. Hyg. **16** (1934).

unter Umständen irreführend sein. So scheint beispielsweise die Angabe der Alkaliempfindlichkeit der blutdrucksenkenden Wirkung eines Gewebsextraktes die Anwesenheit von Histamin auszuschließen, da chemisch reines Histamin alkaliresistent ist. In eigenen Versuchen ließ sich nachweisen, daß diese Eigenschaft schon in Gegenwart von Traubenzucker nicht mehr zutrifft. Hierbei handelt es sich allem Anschein nach um eine Kettenreaktion, indem es unter dem Alkalieinfluß zunächst zu Veränderungen des Glucosemoleküls kommt, das sekundär mit Histamin reagiert. Die Angaben der Stabilität sowie der übrigen chemischen Eigenschaften beziehen sich daher zunächst nur auf einen bestimmten Reinheitsgrad. Schlüsse auf die chemische Konstitution lassen sich aus ihnen nur in seltenen Fällen ziehen. Nach all dem scheint sich eine Lösung der oben angeschnittenen Frage der Zusammengehörigkeit von physiologischer Wirkung und neu entdecktem Gewebsprodukt mit pharmakodynamischen Eigenschaften nur in jenen Fällen vorzubereiten, wo eine chemische Identifizierung der Wirkstoffe gelungen ist. Sieht man von Histamin und Acetylcholin ab, die an anderer Stelle des Handbuchs abgehandelt werden, so bleibt von Wirkstoffen mit bekanntgewordener chemischer Konstitution nur die Adenosingruppe übrig. Sie soll daher an erster Stelle behandelt werden. Ihr folgen die übrigen kreislaufwirksamen Gewebsstoffe mit noch ungeklärter chemischer Konstitution, beginnend mit den aus Säugetierblut gewonnenen, in einer willkürlichen, etwa dem Umfang des vorhandenen Untersuchungsmaterials entsprechenden Reihenfolge.

Die Adenosingruppe.

Sie umfaßt mehrere Körper mit ähnlicher pharmakologischer Wirkung. Der einfachst gebaute ist das aus einer säurehydrolysierbaren Verbindung der Purinbase Adenin mit der Pentose d-Ribose bestehende Nucleosid Adenosin. Seine chemische Struktur ist folgende:

$$\begin{array}{c} N=C\cdot NH_2 \\ | \quad | \\ HC \quad C—N \\ \| \quad \| \quad \diagdown CH \quad\quad OH \;\; OH \\ N—C—N——CH—CH—CH—CH—CH_2OH \\ \lfloor\!—\!—\!—O\!—\!—\!—\!\rfloor \end{array}$$

Adenosin läßt sich aus verschiedenen esterartigen Verbindungen mit Phosphorsäure, den sogen. Adeninnucleotiden, durch ammoniakalische Druckhydrolyse sowie nach BREDERECK, BEUCHELT und RICHTER[1] auf fermentativem Weg mittels Emulsins darstellen. Das einfachste Adeninnucleotid ist die in 2 isomeren Modifikationen auftretende Adenosinmonophosphorsäure (Adenylsäure). Außerdem gibt es eine Adenosindi- und eine Adenosintriphosphorsäure (letztere auch Adenylpyrophosphorsäure genannt), während das Vorkommen einer Di-Adenosinpenta-phosphorsäure (Herznucleotid) neuerdings abgelehnt und für ein Gemisch der eben angeführten Verbindungen erklärt wird. Dagegen gelang KIESSLING und MEYERHOF[2] vor kurzem aus Hefe die Darstellung einer Dinucleotidpyrophosphorsäure, die bei alkalischer Verseifung in 1 Mol Adenylpyrophosphorsäure und 1 Mol Adenylsäure zerfällt. Die beiden Modifikationen der Adenosinmonophosphorsäure sind die Muskel- und die Hefe-Adenylsäure (synonyme Bezeichnungen der ersteren sind: Adenylsäure, t-Adenylsäure, Erg-Adenylsäure[3]; der letzteren: Adeninnucleotid, h-Adenylsäure, Syn-Adenylsäure[3]). Sie unterscheiden sich außer durch die pharmakologische Wirkung durch die Stellung

---
[1] BREDERECK, BEUCHELT u. RICHTER: Hoppe-Seylers Z. **244**, 102 (1936).
[2] KISSLING u. MEYERHOF: Naturwiss. **23**, 13 (1938).
[3] LINDNER: Hoppe-Seylers Z. **218**, 12 (1933).

Die Adenosingruppe.

des Phosphorsäurerestes am Ribosemolekül. Bei der Muskeladenylsäure erfolgt die Verknüpfung am endständigen 5., bei der Hefeadenylsäure am 3. Kohlenstoffatom der Ribose. Die Struktur der Muskeladenylsäure ist folgende:

$$
\begin{array}{c}
\text{N}=\text{C}\cdot\text{NH}_2 \\
|\quad | \\
\text{C}\quad\text{C}-\text{N} \\
\|\quad\|\quad\diagdown\text{CH} \qquad \text{OH}\;\;\text{OH}\qquad\qquad\qquad\text{OH}\\
\text{N}-\text{C}-\text{N}\quad\quad\text{CH}-\text{CH}-\text{CH}-\text{CH}-\text{CH}_2-\text{O}-\text{P}-\text{OH}\\
\qquad\quad\;\underline{\quad\quad\text{O}\quad\quad}\qquad\qquad\qquad\quad\;\;\|\\
\qquad\qquad\qquad\qquad\qquad\qquad\qquad\qquad\qquad\quad\;\;\text{O}
\end{array}
$$

Muskeladenylsäure vermag ferner mit Nicotinsäureamid-ribose-phosphorsäure (Pyridinnucleotid) 2 durch ihren Phosphorsäuregehalt und die physiologische Wirkung voneinander verschiedene Dinucleotide zu bilden: 1. die Co-Zymase (v. EULER) mit 2 Phosphorsäureresten; 2. das Co-Ferment (WARBURG) mit 3 Phosphorsäureresten. Adenosin, Muskeladenylsäure und deren höhere Phosphorsäurehomologen lassen sich auf fermentativem und chemischem Wege desaminieren, wobei Inosin und die entsprechenden Inosinphosphorsäuren entstehen. Während die Muskeladenylsäure bei der Hydrolyse der Adenosindi- und -triphosphorsäure sowie der Dinucleotidpyrophosphorsäure, der Co-Zymase und des Co-Ferments entsteht, tritt die Hefeadenylsäure bei der Spaltung bestimmter Polynucleotide, und zwar der Hefe- und der Pankreasnucleinsäure auf. Die Hefenucleinsäure setzt sich aus 4 verschiedenen, über Phosphorsäurebrücken miteinander verbundenen Mononucleotiden zusammen. 2 hiervon enthalten Purinbasen (Adenin und Guanin), die beiden übrigen Pyrimidinbasen (Uracil und Cytosin). Die entsprechenden Nucleotide heißen (abgesehen von der schon erwähnten Hefeadenylsäure): Guanylsäure, Uridylsäure und Citidylsäure. Die chemische Struktur dieser Hefenucleinsäure ist nach LEVENE und TIPSON[1] folgende (die gestrichelten Linien entsprechen den Spaltstellen bei der alkalischen Hydrolyse):

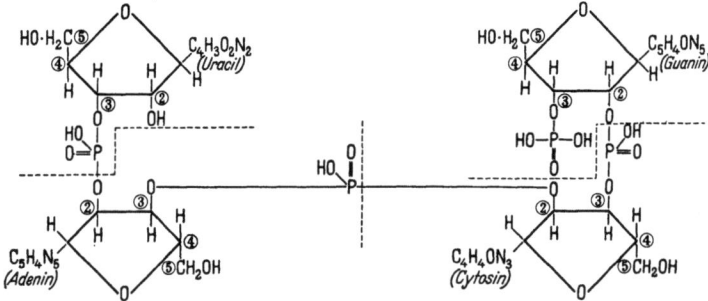

Abb. 1. Ribose-nucleinsäure ($C_{36}H_{49}O_{29}N_{15}P_4$).

Die Pankreasnucleinsäure stellt ein Pentanucleotid aus den gleichen Mononucleotiden wie die Hefenucleinsäure und einem zusätzlichen Guanylsäurerest dar. Außer den beiden gibt es noch eine dritte Nucleinsäure, die sogen. Thymonucleinsäure. Sie setzt sich wie die Hefenucleinsäure aus 4 Mononucleotiden zusammen. In 2 Punkten unterscheidet sie sich aber von den vorhergehenden Nucleinsäuren: 1. im Aufbau des Zuckers, der nicht d-Ribose, sondern d-2-Desoxyribose (syn. Bez. Ribodesose, Thyminose) ist; 2. an Stelle des Uracils tritt die Pyrimidinbase Thymin. Die übrigen Basen sind dieselben wie in der Hefenucleinsäure. Die chemische Struktur der Thymonucleinsäure ist nach LEVENE folgende

---

[1] LEVENE u. TIPSON: J. of biol Chemie **109**, 623 (1935).

(s. Abb. 2; die Bruchstellen bei der alkalischen Hydrolyse sind durch gestrichelte Linien angegeben).

Die angeführten Verbindungen stellen normale Zellbestandteile oder deren Disintegrationsprodukte dar und sind hinsichtlich ihres Vorkommens an kein bestimmtes Gewebe oder Organ gebunden. Die Thymonucleinsäure (Ribodesoxy-nucleinsäure) scheint nach dem Ausfall der FEULGENschen Nuclealreaktion ausschließlich dem Kernchromatin zu entstammen, weshalb auch vorgeschlagen wurde, sie Chromatin-nucleinsäure zu nennen. Dagegen sind die in Pankreas, Leber und Milz anzutreffenden Nucleinsäuren vom Typus der Hefenucleinsäure mit Ribose als Zucker (Ribose-nucleinsäuren) Bestandteile des Cytoplasmas (Cytoplasmanucleinsäuren). Die den Nucleotiden, welche durch Nucleinsäurespaltung entstehen, nur bedingt an die Seite zu stellende Adenylpyrophosphor- bzw. Muskeladenylsäure ist ebenso wie die Co-Zymase und das Co-Ferment als Bestandteil eines Kohlehydrat spaltenden Enzymkomplexes überall da anzutreffen, wo Glykogen verschwindet und Milchsäure entsteht.

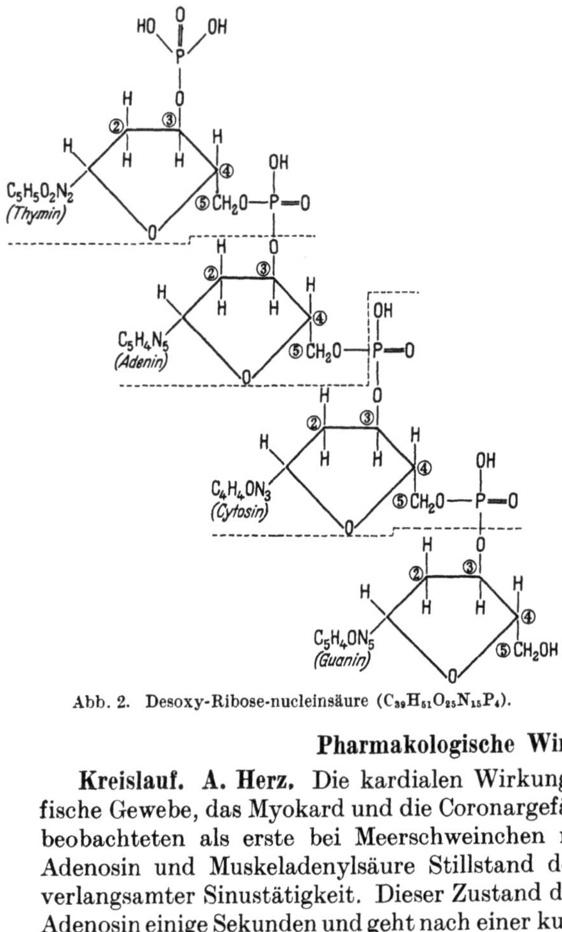

Abb. 2. Desoxy-Ribose-nucleinsäure ($C_{39}H_{51}O_{25}N_{15}P_4$).

Pharmakologische Wirkungen.

Kreislauf. A. Herz. Die kardialen Wirkungen erstrecken sich auf das spezifische Gewebe, das Myokard und die Coronargefäße. DRURY und SZENT-GYÖRGYI[1] beobachteten als erste bei Meerschweinchen nach intravenöser Injektion von Adenosin und Muskeladenylsäure Stillstand der Herzkammern bei gleichzeitig verlangsamter Sinustätigkeit. Dieser Zustand dauert bei Verwendung von 0,1 mg Adenosin einige Sekunden und geht nach einer kurzdauernden Phase von partiellem Block alsbald in den Normalrhythmus über. Er läßt sich am unterkühlten Tier durch geringere Dosen als am normaltemperierten herbeiführen (s. Abb. 3), wird durch Atropin nicht aufgehoben, wohl aber durch cholinergische Mittel verstärkt. Nach DRURY[2] ist die Adenylpyrophosphorsäure in der Herbeiführung dieses Blocks wirksamer als das Adenosin bzw. die letzterem bei Berücksichtigung des größeren Molekulargewichtes etwa gleichkommende Muskeladenylsäure. Die Dauer des Herzblocks am atropinisierten Meerschweinchen läßt sich nach BENNET und DRURY[3] zur Schätzung des Gehaltes von Gewebsextrakten an Adenosin bzw. Muskeladenylsäure verwenden. Hefeadenylsäure ist erst in etwa 50fach höherer Dosierung wirksam. Selbst dann kommt es aber nur für wenige Sekunden zum Stillstand der Kammern. Daran schließt sich allerdings ein über 1 Minute dauerndes

---

[1] DRURY u. SZENT-GYÖRGYI: J. of Physiol. **68**, 213 (1929).
[2] DRURY: Physiologic. Reviews **16**, 292 (1936) (unveröffentl. Versuche).
[3] BENNET u. DRURY: J. of Physiol. **72**, 288 (1931).

Stadium von 2:1 Block an. Auch Adenin besitzt nur eine sehr geringe Wirksamkeit am Meerschweinchenherzen. Als gänzlich ohne Einfluß auf die Überleitung an diesem Herzen erwiesen sich Hefenucleinsäure, Thymonucleinsäure, Inosinsäure, Guanylsäure, Guanosin und Guanin. Unter der Einwirkung von Adenosin tritt der Herzblock auch am isolierten und künstlich durchströmten Meerschweinchenherzen ein. GILLESPIE[1] gibt an, auch am isolierten Kaninchenherzen nach Verwendung von Adenosintriphosphorsäure, Inosintriphosphorsäure, Adenylsäure, Inosinsäure und Adenosin, nicht aber nach Adenin und Hypoxanthin Rhythmus- bzw. Überleitungsstörungen beobachtet zu haben. Dabei war die Adenosintriphosphorsäure 10 mal stärker wirksam als die Inosintriphosphorsäure, die erstere außerdem der Adenylsäure und dieser wieder dem Adenosin überlegen. Vorwegnehmend sei erwähnt, daß sich die Intensität der coronargefäßerweiternden Wirkung der aufgezählten Substanzen in diesem Versuch zur Stärke ihres Einflusses auf das spezifische Gewebe umgekehrt verhielt: als stärkstes coronargefäßerweiterndes Mittel erwies sich Adenosin, erheblich schwächer war Adenosintriphosphorsäure. Nach GILLESPIE steht damit die klinische Bevorzugung des Adenosins vor den übrigen Adenosinderivaten in Einklang, da es den größeren Spielraum zwischen der bereits die Kranzgefäße erweiternden und der noch keine Überleitungsstörungen verursachenden Dosis aufweist. In Versuchen von WEDD[2], ebenfalls am isolierten Kaninchenherzen, wurde die Schlagzahl durch Adenosin und Muskeladenylsäure herabgesetzt, durch Hefeadenylsäure unbeeinflußt gelassen. Am Herzen des Menschen wurde das Auftreten von Überleitungsstörungen mit gelegentlichem Kammersystolenausfall nach intravenöser Injektion von 50 mg Adenosin von HONEY, RITSCHIE und THOMSON[3] beobachtet. Zu einer bloßen Herabsetzung der Pulsfrequenz ohne die Erscheinungen des Blocks kam es in klinischen Versuchen von ROTHMANN[4] mit Muskeladenylsäure, von der allerdings keine so erheblichen Mengen gegeben wurden. Mit der gleichen Substanz beobachtete HARTMANN[5] nach anfänglicher Pulsfrequenzzunahme eine Abnahme der Herzschlagfolge, zu der sich gelegentlich Rhythmusstörungen gesellten. Ähnlich findet RICHARDS[6] den Herzschlag nach intravenöser Injektion von Adenosin, Hefe- und Muskeladenylsäure beim Menschen zumeist beschleunigt, zugleich aber die Überleitung in einem Viertel der Fälle verschlechtert. Zum Unterschied von Mensch und Meerschweinchen überwiegt bei den übrigen untersuchten Lebewesen (Hund, Katze, Kaninchen, Ratte, Frosch) die Hemmung des primären Reizbildungszentrums durch Adenosinverbindungen jene des reizleitenden und sekundären reizerzeugenden Systems, so daß es zu Sinusbradykardie, unter Umständen auch zu A-V-Rhythmus, hingegen kaum zu länger dauerndem Kammerstillstand

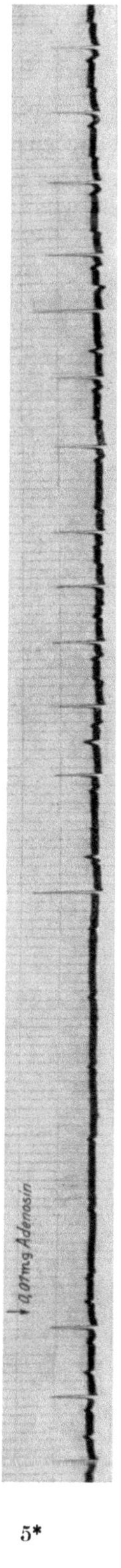

Abb. 3. Meerschweinchen: 120 g, Urethannarkose. Temperatur rectal 34° C, Adenosin 0,01 mg i.v.

[1] GILLESPIE: J. of Physiol. **80**, 345 (1934).
[2] WEDD: J. of Pharmacol. **41**, 355 (1931).
[3] HONEY, RITSCHIE u. THOMSON: Quart. J. Med. **23**, 485 (1930).
[4] ROTHMANN: Naunyn-Schmiedebergs Arch. **155**, 129 (1930).
[5] HARTMANN: Z. klin. Med. **121**, 424 (1932).
[6] RICHARDS: J. of Physiol. **81**, 10 P. (1934).

infolge Blockierung der Erregungswelle an der Vorhof-Kammergrenze kommt. A—V-Rhythmus tritt nach DRURY[1] beispielsweise bei der Ratte nach intravenöser Injektion von Muskeladenylsäure oder Citidylsäure auf. Am Meerschweinchenherzen ist die Citidylsäure im übrigen ohne Einfluß auf die Überleitung. An Vitamin B_1-frei ernährten Ratten mit bereits etwas unter der Norm liegenden Herzfrequenz führt, wie Abb. 4 zeigt, die Injektion von Adenosin oder Muskeladenylsäure zu einer unter den gleichen Versuchsbedingungen an normalen Tieren nicht auftretenden, sehr erheblichen und lange anhaltenden Pulsverlangsamung. BIRCH und MAPSON[2], die diesen Versuch ausführten, fanden außerdem bei Vitamin B_1-frei ernährten Ratten ein vermindertes Desaminierungsvermögen gegenüber Adenylsäure und erklären damit deren intensive und lange anhaltende Wirkung. Der depressive Einfluß des Adenosins auf das reizbildende Gewebe geht auch aus Versuchen von WEDD und FENN[3] an abgetrennten, in Ringerlösung suspendierten und automatisch schlagenden Vorhöfen der verschiedensten Tiere hervor. Am Froschherzen kommt es zu einer vorübergehenden

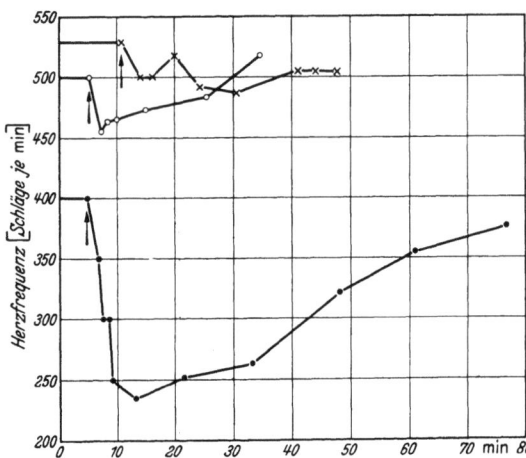

Abb. 4. Wirkung von 3 mg Muskeladenylsäure auf die Herzfrequenz einer Vitamin B_1-frei ernährten Ratte (—·—); desselben Tieres 18 Stunden nach Vitamin B_1-Zufuhr (—×—), einer normal gefütterten Kontrollratte (—o—); die Pfeile geben den Zeitpunkt der Injektion an.

Unterdrückung der Sinustätigkeit, wobei sich Adenosin gegenüber Muskel- und Hefeadenylsäure gewichtsmäßig als 3mal stärker erwies. Das Adenosin und seine Derivate wirken hier nach Art von Potentialgiften. OSTERN und PARNAS[4] haben auf Grund dieser Ergebnisse das Froschherz zur Feststellung der in Gewebsauszügen vorhandenen Adenosin- und Adenylsäuremengen verwendet.

Außer den Wirkungen auf das spezifische Gewebe besitzt das Adenosin und seine Derivate auch solche auf das Myokard. Diese kommen, soweit es sich um Warmblüterherzen handelt, am reinsten an isolierten, in Ringerlösung suspendierten, automatisch schlagenden oder rhythmisch gereizten Vorhöfen zur Geltung, weil sie sich hier unabhängig von den gleichzeitig einsetzenden Veränderungen der Coronardurchblutung auswirken können. An Objekten dieser Art beobachteten WEDD und FENN[3] nach Adenosin und Hefeadenylsäure ausschließlich Abnahme, niemals aber Zunahme der Hubhöhen; zugleich wiesen Refraktärperiode und Systolendauer eine deutliche Verkürzung auf. Die Abnahme der Stärke der Vorhofskontraktionen läßt sich nach DRURY und SZENT-GYÖRGYI[5] auch am in situ befindlichen Säugetierherzen beobachten, dagegen war unter den gleichen Bedingungen kein Einfluß auf die Ventrikelmuskulatur festzustellen. Am coronargefäßlosen Froschherzen überwiegt der schädigende Einfluß auf die

---

[1] DRURY: J. of Physiol. **76**, 15 P. (1932).
[2] BIRCH u. MAPSON: Nature **138**, 27 (1936).
[3] WEDD u. FENN: J. of Pharmacol. **47**, 365 (1933).
[4] OSTERN u. PARNAS: Biochem. Z. **248**, 389 (1932).
[5] DRURY u. SZENT-GYÖRGYI: Zit. S. 66.

Reizbildung jenen auf die Muskulatur, was die Beurteilung einer allfälligen inotropen Wirkung erschwert. Zum Unterschied von Adenosin und zum Teil auch von Muskeladenylsäure beobachteten LINDNER und RIGLER[1] am durch Sauerstoffmangel erschöpften Froschherzen mit adenylpyrophosphorsaurem Calcium noch in der Verdünnung 1 : 10 Millionen eine deutliche Zunahme der Kontraktionen. Ähnliche Befunde veröffentlichten PARNAS und OSTERN[2]. Auch FLÖSSNER[3] hat eine Reihe von Derivaten der Hefe- und der Thymonucleinsäure auf ihre Wirkung am Froschherzen geprüft. Im teilweisen Gegensatz zu anderen Autoren gibt er bei einigen von ihnen wie bei den Adenylsäuren aus Hefe- und aus Thymonucleinsäure sowie bei Adenosin positiv inotrope Wirkungen an. Von WEDD und FENN[4] wurde in einigen Fällen ein stimulierender Einfluß von Adenosin auf die Sauerstoffaufnahme des Froschherzens beobachtet. Am isolierten, nach LANGENDORFF durchströmten Säugetierherzen kommt es unter dem Einfluß von Adenosin und seinen verschiedenen Phosphorsäureestern in Dosen, die noch ohne Einfluß auf den Rhythmus sind, zu einer deutlichen Verbesserung der Kontraktionsleistung. Nach WEDD und FENN rührt dieser Leistungszuwachs in der Hauptsache von der gleichzeitigen Erhöhung des Coronardurchflusses und der damit verbundenen besseren Sauerstoffversorgung des Herzmuskels her. Doch hält DRURY[5] namentlich bei den phosphorsäurehaltigen Adenosinverbindungen auch eine unmittelbare positiv inotrope Wirkung für möglich.

Nach Untersuchungen von DRURY und SZENT-GYÖRGYI[6], WEDD[7], RIGLER und SCHAUMANN[8], LINDNER und RIGLER[1], WEDD und DRURY[9] wirken Adenosin sowie Muskeladenylsäure und Adenylpyrophosphorsäure an den Coronargefäßen sämtlicher untersuchter Säugetiere, nach RIGLER[10] auch denen von Vögeln und Reptilien erweiternd. Nach WEDD sowie WEDD und DRURY besitzen auch die Hefe-Adenylsäure und die Hefe-Citidylsäure coronargefäßerweiternde Eigenschaften. Die Coronargefäße scheinen auf die genannten Substanzen leichter anzusprechen als die Gefäße anderer Teile des Körpers. BENNET und DRURY[11] fanden bei Hefe- und Thymonucleinsäure nur eine unsichere, bei Inosinsäure überhaupt keine Wirkung auf die Kranzgefäße. Auch Guanosin ist wirkungslos und Guanylsäure verengt sogar die Kranzgefäße (DRURY[5] und JURASCHEK[12]). Nach GARD[13] sowie HILDEBRANDT und MÜGGE[14] kommt auch der EULERschen Co-Zymase eine coronargefäßerweiternde Wirkung zu.

B. Gefäße und Blutdruck. Die Gefäßwirkung des Adenosins und seiner Phosphorsäureester ist von Organ zu Organ verschieden. Während an den Gefäßen der Skeletmuskulatur ähnlich wie an den Kranzgefäßen ausschließlich Erweiterung beobachtet (BENNET und DRURY[11], SCHOEDEL[15], FLEISCH und WEGER[16])

---

[1] LINDNER u. RIGLER: Pflügers Arch. **226**, 697 (1931).
[2] PARNAS u. OSTERN: Klin. Wschr. **1932**, 1551.
[3] FLÖSSNER: Naunyn-Schmiedebergs Arch. **174**, 245 (1934).
[4] WEDD u. FENN: Zit. S. 68.
[5] DRURY: J. Physiol. **74**, 147 (1932).
[6] DRURY u. SZENT-GYÖRGYI: Zit. S. 66.
[7] WEDD: Zit. S. 67.
[8] RIGLER u. SCHAUMANN: Klin. Wschr. **1930**, 1728.
[9] WEDD u. DRURY: J. of Pharmacol. **50**, 157 (1934).
[10] RIGLER: Naunyn-Schmiedebergs Arch. **167**, 54 (1932).
[11] BENNET u. DRURY: Zit. S. 66.
[12] JURASCHEK: Naunyn-Schmiedebergs Arch. **167**, 451 (1932).
[13] GARD: Hoppe-Sylers Z. **196**, 65 (1931).
[14] HILDEBRANDT u. MÜGGE: Klin. Wschr. **1931**, 1131.
[15] SCHOEDEL: Pflügers Arch. **236**, 190 (1935).
[16] FLEISCH u. WEGER: Pflügers Arch. **239**, 362 (1937).

und sogar eine Beziehung dieser Wirkung zur physiologischen Hyperämie des arbeitenden Muskels wahrscheinlich gemacht werden konnte (RIGLER[1]), reagieren die Lungengefäße nach GADDUM und HOLTZ[2] nur auf kleine Adenosinmengen mit Erweiterung, auf große hingegen mit Verengerung (nach BENNET und DRURY nur mit Verengerung). MARCOU[3] stellte an isoliert durchströmten Nieren- und Milzgefäßen ausschließlich Verengerung fest. Die konstringierende Wirkung ist aber in keinem Fall sehr erheblich. Die Gefäße des Kaninchenohres werden nach BENNET und DRURY durch Adenosin dilatiert. Nach FLEISCH und WEGER soll die gefäßerweiternde Wirkung der Adenosintriphosphorsäure an der künstlich durchbluteten hinteren Extremität von Katzen und Hunden die gleichartige Wirkung der Muskeladenylsäure um das Hundertfache übertreffen.

Die Prüfung des Adenosins und seiner Derivate auf die Wirkung am Blutdruck verschiedener Laboratoriumstiere ergab bei der Katze eine geringere Empfindlichkeit für Adenosin und Hefeadenylsäure als für Muskeladenylsäure, während Hund, Kaninchen und Affe auf sämtliche 3 Substanzen ungefähr mit der gleichen Senkung antworten. Bei der Hefeadenylsäure erfolgt jedoch die Senkung und besonders der Blutdruckwiederanstieg deutlich protrahierter als beim Adenosin und bei der Muskeladenylsäure. Als Ursache der Blutdrucksenkung glauben BENNET und DRURY[1] die gefäßdilatierende Wirkung des Adenosins ansprechen zu müssen, während sie dessen Einfluß auf die Herztätigkeit hierfür als zu gering betrachten. Am Blutdruck des Kaninchens sind nach BENNET und DRURY Adenin, Inosinsäure, Guanosin und Guanin, nach v. EULER[4] und JURASCHEK[5] auch Guanylsäure nicht oder fast nicht wirksam. GILLESPIE[6] beobachtete am Kaninchen die Wirkung von Adenylpyrophosphorsäure, Adenylsäure, Inosinsäure, Adenosin, Adenin und Hyopxanthin. Bei der Adenylpyrophosphorsäure ging der Senkung eine kurze Steigerung voraus, die bei in kurzen Zeitabständen aufeinanderfolgenden Injektionen mitunter den einzigen Effekt darstellte; bei der Adenylsäure und beim Adenosin fehlte diese initiale Steigerung. Die Desaminierungsprodukte sind praktisch ohne Einwirkung auf den Blutdruck. FLÖSSNER[7] untersuchte ebenfalls die Blutdruckwirkung einiger Nucleinsäurederivate bei verschiedenen Tieren. Seine Ergebnisse weichen von den bisher angeführten in einigen Punkten ab. So wird über Blutdrucksenkung nach Guanylsäure, Inosinsäure, Guanosin, Inosin, Guanin berichtet, Stoffe, die von den übrigen Autoren möglicherweise wegen Verwendung geringerer Dosen als unwirksam befunden wurden.

Glattmuskelige Organe. Am *Uterus* des Meerschweinchens wirken Adenosin, Muskel- und Hefeadenylsäure, Co-Zymase sowie Adenylpyrophosphorsäure kontraktionsfördernd (ZIPF[8], BENNET und DRURY, v. EULER und GADDUM[9], GILLESPIE[6]). Nach DEUTICKE[10] und GILLESPIE nimmt die Stärke der Wirkung mit der Zahl der Phosphorsäureradikale im Molekül der Adenosinverbindung zu. BENNET und DRURY finden am selben Testobjekt allerdings Adenosin wirksamer als Muskel- und Hefeadenylsäure. Der Meerschweinchenuterus reagiert nach DEUTICKE auf Adenosin mit einer Refraktärperiode, innerhalb der Unempfindlichkeit

---

[1] RIGLER: Zit. S. 69.
[2] GADDUM u. HOLTZ: J. of Physiol. **77**, 139 (1933).
[3] MARCOU: C. r. Soc. Biol. Paris **109**, 788 u. 985 (1932).
[4] v. EULER: Naunyn-Schmiedebergs Arch. **167**, 171 (1932).
[5] JURASCHEK: Zit. S. 69.
[6] GILLESPIE: Zit. S. 67.   [7] FLÖSSNER: Zit. S. 69.
[8] ZIPF: Naunyn-Schmiedebergs Arch. **160**, 579 (1931).
[9] v. EULER u. GADDUM: J. of Physiol. **72**, 74 (1931).
[10] DEUTICKE: Pflügers Arch. **230**, 537 (1932).

gegen eine erneute Adenosineinwirkung besteht. Nach FLÖSSNER[1] spricht der Meerschweinchenuterus auch auf Guanylsäure, Inosinsäure, Guanosin, Inosin, Xanthin, Adenin und Hypoxanthin mit Verkürzung an, was allerdings für Inosinsäure von DEUTICKE und für Guanylsäure von v. EULER[2] nicht beobachtet werden konnte. Nach DRURY[3] bewirkt Guanylsäure sogar Erschlaffung des Meerschweinchenuterus. Die Uteri von Hund, Katze, Kaninchen und Ratte werden durch Adenosin zur Erschlaffung gebracht (BARSOUM und GADDUM[4]).

Über hemmende Wirkungen des Adenosins auf die Bewegungen des *Darms* am ganzen Tier (Katze) sowie am herausgeschnittenen Organ berichteten zuerst DRURY und SZENT-GYÖRGYI[5]. ZIPF[6] fand dasselbe mit Hefe- und Muskeladenylsäure, v. EULER und GADDUM[7] mit Co-Zymase. Nach GILLESPIE[8] besitzt Adenylpyrophosphorsäure am isolierten Darm eine von den übrigen Adenosinverbindungen etwas verschiedene Wirkung, indem sie namentlich bei Verwendung höherer Dosen und herabgesetztem Darmtonus nach einer kurzdauernden Hemmung eine nicht unbeträchtliche Kontraktion herbeiführt. FLÖSSNER[1] beobachtete mit Muskel- und Hefeadenylsäure, ferner aber auch mit Guanylsäure und Guanosin am isolierten Kaninchen- und Meerschweinchendarm in der Hauptsache nur hemmende Effekte, JURASCHEK[9] mit Guanylsäure am Kaninchendünndarm dagegen Erregung. Die hemmende Wirkung des Adenosin läßt sich auch am Reptilien- und Vogeldarm beobachten (BARSOUM und GADDUM[4]). Am Rectalcoecum des Huhns ist sie so ausgesprochen, daß dieses Organ von BARSOUM und GADDUM zur Auswertung von Organextrakten, welche Adenosinverbindungen enthalten, herangezogen wurde. Beim Meerschweinchen wird außer dem Darm auch die Muskulatur des Magens (BARSOUM und GADDUM) und der Gallenblase (BENNET und DRURY) sowie des Trachealbaumes (BENNET und DRURY) durch Adenosin zur Erschlaffung gebracht. Nach LENDLE[10] wirken an der dekapitierten Katze, deren Bronchien durch Pilocarpin in den Krampfzustand versetzt sind, Muskel- und Hefeadenylsäure nur mäßig spasmolytisch, etwas stärker dagegen ein bestimmtes Nucleinsäurepräparat.

Muskulatur. Eine charakteristische Wirkung des Adenosins auf die Tätigkeit der quergestreiften Muskulatur konnte nicht beobachtet werden (DRURY und SZENT-GYÖRGYI).

Sekretorische Organe. Ein Einfluß von Adenosin wurde weder auf die Sekretion von Speichel noch von Magensaft (VANDOLAH[11]), Galle (BENNET und DRURY) oder Harn (DRURY und SZENT-GYÖRGYI) festgestellt.

Wärmehaushalt. Die subcutane Injektion von 50—100 mg Adenosin führt beim Meerschweinchen zu einer 6—8stündigen, erheblichen Temperatursenkung (BENNET und DRURY).

Blutbild. Adenosin und Guanosin rufen in Gaben von 50—100 mg am Kaninchen bei subcutaner und intraperitonealer Einspritzung eine mäßige Leukocytose hervor, der eine kurzdauernde Leukopenie vorangeht. Die Veränderung betrifft ausschließlich die polymorphkernigen neutrophilen Leukocyten. Bei intravenöser Injektion von Adenosin kommt es nur zu einer Leukopenie. Mit

---

[1] FLÖSSNER: Zit. S. 69.   [2] v. EULER: Zit. S. 70.
[3] DRURY: Zit. S. 69.
[4] BARSOUM u. GADDUM: J. of Physiol. **85**, 1 (1935).
[5] DRURY u. SZENT-GYÖRGYI: Zit. S. 66.
[6] ZIPF: Zit. S. 70.   [7] v. EULER u. GADDUM: Zit. S. 70.
[8] GILLESPIE: Zit. S. 67.   [9] JURASCHEK: Zit. S. 69.
[10] LENDLE: Naunyn-Schmiedebergs Arch. **187**, 371 (1937).
[11] VANDOLAH: Proc. Soc. exper. Biol. a. Med. **31**, 28 (1933).

Adenylsäure beobachteten DOAN, ZERFAS, WARREN und AMES[1] auch bei intravenöser Injektion Leukocytose. Bei der Instillation von Lösungen von Adenosin-, Muskel- oder Hefeadenylsäure, Guanosin in den Bindehautsack des Kaninchenauges kommt es zu einer lokalen Anhäufung von Leukocyten (BENNET und DRURY). Guanylsäure besitzt diese Wirkung nicht (DRURY[2]). Daß Nucleinsäuren Leukocytose verursachen können, ist schon seit langem bekannt und bedarf hier keiner näheren Erörterung.

Kreislaufwirksame Stoffe im Blut.

Im Blut kommen Stoffe von sehr ausgesprochener Kreislaufwirksamkeit vor. Ihre Gegenwart wird aber durch eine besondere Bindungsart maskiert, welche sie für die Gefäße und den Kreislauf normalerweise inert macht. Es genügen indessen die Veränderungen, welche das Blut beim Defibrinieren, bei der Hämolyse, ja sogar beim einfachen Stehenlassen erleidet, um sie aus ihrer Bindung zu lösen und damit pharmakologisch nachweisbar zu machen. Ein solcher Stoff ist beispielsweise das Histamin. Sein biologischer Nachweis im Blut gelingt mittels der von CODE[3] verbesserten und weiter ausgebauten Methode von BARSOUM und GADDUM[4], der neben hoher Empfindlichkeit auch ein hoher Grad von Spezifität zu eigen ist. Mit Hilfe dieser Methode läßt sich der Histamingehalt des Blutes quantitativ bestimmen. Nach CODE und MACDONALD[5] schwankte bei 103 untersuchten Studierenden der Universität der Histamingehalt zwischen $0,018\,\gamma$ und $0,078\,\gamma$ je Kubikzentimeter Blut. Möglicherweise gibt es 2 Normaltypen, von denen der eine einen durchschnittlichen Bluthistamingehalt von $0,03\,\gamma/\text{ccm}$, der andere einen doppelt so hohen besitzt. Bei wiederholten Untersuchungen innerhalb eines Zeitraumes von wenigen Tagen bis zu mehreren Monaten zeigten gesunde Versuchspersonen eine bemerkenswerte Konstanz ihres Bluthistamingehaltes, wogegen ein Patient mit schweren Verbrennungen zwar noch am 1. Tag nach dem Unfall einen normalen Bluthistaminwert von $0,037\,\gamma/\text{ccm}$, am 11. Tag aber bereits einen solchen von $0,14\,\gamma/\text{ccm}$ aufwies. Neuerdings gibt RIESSER[6] für den Histamingehalt des Blutes gesunder, in Davos lebender Menschen erheblich höhere Werte an. Ob die unterschiedliche Höhenlage hierbei eine Rolle spielt, wurde nicht geprüft. Bezüglich der Herkunft des Histamins aus den verschiedenen Teilen des Blutes beobachteten schon BARSOUM und GADDUM[4], daß der Histaminwert in den zelligen Elementen des Kaninchenblutes 6mal höher als im Plasma ist. ANREP und BARSOUM[7] geben für das gleiche Blut sogar Verhältniszahlen von 18 : 1 an. Beim Menschen beträgt die Relation nach BARSOUM und SMIRK[8] 10 bis 60 : 1. Neuerdings wurde der Befund, demzufolge das Histamin in der Hauptsache in den zelligen Elementen enthalten ist, durch CODES Untersuchungen über die spezielle Art dieser Zellen ergänzt. CODE[9] wies nach, daß im nicht durch Defibrinieren veränderten, ungeronnenen Menschen-, Hunde-, Pferde-, Rinder- und Ziegenblut 70—100% der Histaminwirksamkeit in der beim Zentrifugieren zwischen Erythrocyten und Plasma sich ausbildenden, aus Leukocyten und Blutplättchen bestehenden Schicht anzutreffen sind. Bei eingehender Untersuchung

---

[1] DOAN, ZERFAS, WARREN u. AMES: J. of exper. Med. **47**, 403 (1928).
[2] DRURY: Zit. S. 69.
[3] CODE, J. of Physiol. **89**, 257 (1937).
[4] BARSOUM u. GADDUM: Zit. S. 71.
[5] CODE u. MACDONALD: Lancet **1937**, Sept. 25.
[6] RIESSER: Naunyn-Schmiedebergs Arch. **187**, 1 (1937).
[7] ANREP u. BARSOUM: J. of Physiol. **85**, 36 P (1935).
[8] BARSOUM u. SMIRK: Clin. Sci. **2**, 353 (1936).
[9] CODE: J. of Physiol. **90**, 349 u. 485 (1937).

des Kaninchenblutes ergab sich, daß nach erfolgter Gerinnung die Histaminwirksamkeit quantitativ im Serum zu finden ist, ohne daß sich der Histamingehalt des Gesamtblutes geändert hätte. Der Gerinnungsprozeß führt somit zum Übertritt des bisher in den Zellen festgehaltenen Histamins in die wäßrige Phase des Blutes. Entgegen den Erwartungen lieferten Extrakte aus Blutplättchen vom Pferd und vom Menschen sehr wenig oder gar kein Histamin. CODE möchte auch beim Kaninchen die Blutblättchen als Histaminquelle ausschließen; dagegen glaubt MINARD[1], 450 γ Histamin je Gramm in ihnen nachgewiesen zu haben. Auch LE SOURD und PAGNIER[2], sowie ROSKAM[3] sehen in ihnen den Ausgangsort blutdrucksenkender Substanzen. Nach CODE besteht die Schwierigkeit und damit die Fehlermöglichkeit bei den sehr hohe Zentrifugiergeschwindigkeiten erfordernden Trennungsversuchen in der besonders großen Fragilität der Kaninchenleukocyten, die die Gewinnung eines leukocytenfragmentfreien Blutblättchensedimentes nicht mit Sicherheit zuläßt. Somit bleiben die weißen Blutkörperchen als Träger des Bluthistamins übrig, und es ergibt sich die Frage nach der Art dieser weißen Blutzellen. Die Lymphocyten sind nicht Transporteure des Bluthistamins, wie Versuche mit Blut von an lymphatischer Leukämie Erkrankten ergaben, dergleichen nicht die Monocyten. Dagegen wies das Blut von an myeloischer Leukämie Erkrankten bis zu 300mal mehr Histamin auf. Schon früher hatte GUTTENTAG[4] den Gehalt eines alkoholischen Extraktes aus myeloischem Blut an darmwirksamen, histaminartigen Substanzen um das 30—40fache gegenüber der Norm erhöht gefunden. Unter den verschiedenen Formen von granulierten Leukocyten scheinen die eosinophil granulierten besonders histaminreich zu sein. Der hohe Histamingehalt des Kaninchenblutes hängt möglicherweise mit dem besonderen Reichtum dieses Blutes an eosinophil gekörnten Zellen, den hier die Stelle der Neutrophilen einnehmenden Pseudoeosinophilen, zusammen. Unter Vermeidung allzu eingreifender chemischer Methoden gelang es CODE und ING[5], aus den Leukocyten des Kaninchenblutes Histamin in krystalliner Form darzustellen und durch die chemische Analyse als solches zu beweisen, womit die Angaben von ZIPF und HÜLSMEYER[6] denen zufolge im Blut von keiner Tierart, auch nicht in dem von Kaninchen Histamin enthalten ist, widerlegt erscheinen. Zu verwandten Ergebnissen bezüglich des Auftretens von Histamin im Blutserum kam auch TARRAS-WAHLBERG[7]. Eine Zusammenstellung der von CODE in verschiedenen Blutsorten im Durchschnitt nachgewiesenen Histaminmengen möge diesen Absatz beschließen (s. folgende Zusammenstellung).

Kaninchen	2,13 γ/ccm	Pferd	0,05 γ/ccm
Ziege	0,16 γ/ccm	Mensch	0,02—0,08 γ/ccm
Rind	0,05 γ/ccm	Hund	meist $< 0,01$ γ/ccm

Auf einzelne Ähnlichkeiten in der pharmakologischen Wirkung der Blutgifte mit der des Histamins hatte schon O'CONNOR[8] aufmerksam gemacht. Mit dem endgültigen Nachweis dieses Amins im Blut durch CODE lassen sich auch die nun schon etliche Jahre zurückliegenden Angaben von CANNON und

---

[1] MINARD: Amer. J. Physiol. **119**, 375 (1937).
[2] LE SOURD u. PAGNIER: C. r. Soc. Biol. **74**, 1259 (1913).
[3] ROSKAM: Arch. internat. Méd. expér. **1**, 577 (1925).
[4] GUTTENTAG: Naunyn-Schmiedebergs Arch. **162**, 727 (1931).
[5] CODE u. ING: J. of Physiol. **90**, 501 (1937).
[6] ZIPF u. HÜLSMEYER: Naunyn-Schmiedebergs Arch. **173**, 1 (1933).
[7] TARRAS-WAHLBERG: Skand. Arch. Physiol. (Berl. u. Lpz.) **73**, Suppl. (1936).
[8] O'CONNOR: Münch. med. Wschr. **1911**, Nr 27 — Naunyn-Schmiedebergs Arch. **67**, 195 (1912).

DE LA PAZ[1], DITTLER[2] GUGGENHEIM und LÖFFLER[3] über das Vorkommen einer darmerregenden kochbeständigen, dialysierbaren und alkohollöslichen Substanz im Serum von Mensch und Tier, vor allem aber im Kaninchenserum in beste Übereinstimmung bringen. Auch bei dem von JANEWAY, RICHARDSON und PARK[4] aus defibriniertem Blut bzw. Serum gewonnenen krystalloiden Stoff, welcher isolierte Arterienringe von Ochsencarotiden zur Kontraktion brachte, kann es sich um Histamin gehandelt haben, obgleich die Autoren selbst eine Identität mit Thromboplastin für möglich und seine Herkunft aus Blutplättchen für erwiesen ansehen.

Da Histamin, und zwar schon in sehr niedrigen Konzentrationen, die Gefäße des isolierten, mit Ringerlösung durchströmten Kaninchenohrs verengt, dürfte seine Beteiligung an der von ROSTOWZEW[5] am KRAWKOWschen Gefäßpräparat mit Kaninchenserum und Plasma erhaltenen Durchflußsperre sehr nahe liegen. Ähnliches gilt auch von Versuchen am isolierten Kaninchenherzen, dessen Gefäße gleichfalls auf Histamin mit Verengerung antworten. Nach CUSHUY und GUNN[6], STEWART und HARVEY[7], YANAGAWA[8], CLARK[9], HERRICK und MARKOWITZ[10] wirkt Serum bzw. defibriniertes Blut auf das isolierte Kaninchenherz durch Erzeugung eines Coronarspasmus toxisch. Es liegen indessen noch keine ausführlichen neueren Untersuchungen zu der Frage vor, ob diese Wirkung allein auf den Histamingehalt der verwendeten Sera oder auch noch auf andere Stoffe zurückzuführen ist. Auf die vasoconstrictorische Eigenschaft des Serums wird weiter unten noch ausführlich eingegangen werden.

Von kreislaufwirksamen Stoffen sind außer Histamin noch verschiedene Adenosinverbindungen im Blut enthalten. FISKE[11] konnte z. B. Adenosintriphosphorsäure nachweisen. Nach WARBURG und CHRISTIAN[12] gelingt es, aus Erythrocyten in einem Arbeitsgang 3 Nucleotide zu isolieren, und zwar 1. das Diphospho-Pyridinnucleotid (EULERS Co-Zymase), 2. das Triphospho-Pyridinnucleotid (WARBURGS Co-Ferment) und 3. das phosphorylierende Adeninnucleotid, welches entweder die LOHMANNsche Adenosintriphosphorsäure oder die OSTERNsche Di-Adenosin-Pentaphosphorsäure ist (siehe den einleitenden Absatz über die Chemie der Adenosinverbindungen). Über die pharmakologische Wirkung dieser Substanzen wurde bereits berichtet. Hier interessieren sie deshalb, weil ZIPF[13] und Mitarbeiter in mehreren ausführlichen Untersuchungen wahrscheinlich machen konnten, daß ein Teil der pharmakologischen Wirksamkeit von frisch gewonnenem Serum, so z. B. die Blutdrucksenkung am Kaninchen, auf der Anwesenheit von Adeninnucleotid beruht. In einigen Versuchen stellten BARSOUM und GADDUM fest, daß das Adenosinäquivalent von Hundeblut beim Gerinnen (aber auch beim Schütteln des mit Citrat versetzten Blutes) zunimmt. Wurde dem Tier vor der Blutentnahme ein die Gerinnung verhinderndes Mittel injiziert, so blieb die Zunahme aus.

---

[1] CANNON u. DE LA PAZ: Amer. J. Physiol. **28**, 64 (1911).
[2] DITTLER: Pflügers Arch. **157**, 453 (1914) — Z. Biol. **68**, 223 (1918).
[3] GUGGENHEIM u. LÖFFLER: Biochem. Z. **72**, 325 (1916).
[4] JANEWAY, RICHARDSON u. PARK: Arch. int. Med. **21**, 565 (1918).
[5] ROSTOWZEW: Bakter. I Orig. **103**, 300 (1927).
[6] CUSHNY u. GUNN: J. of Pharmacol. **5**, 1 (1913/14).
[7] STEWART u. HARVEY: J. of exper. Med. **16**, 103 (1912).
[8] YANAGAVA: J. of Pharmacol. **8**, 89 (1916).
[9] CLARK: J. of Physiol. **54**, 267 (1920/21).
[10] HERRICK u. MARKOWITZ: Amer. J. Physiol. **88**, 698 (1929).
[11] FISKE: Proc. nat. Acad. Sci. U.S.A. **20**, 25 (1934).
[12] WARBURG u. CHRISTIAN: Biochem. Z. **287**, 291 (1936).
[13] ZIPF: Naunyn-Schmiedebergs Arch. **157**, 95 u. 97 (1930); **160**, 579 (1931); **167**, 621 (1932). — ZIPF u. WAGENFELD: Naunyn-Schmiedebergs Arch. **150**, 70 u. 91 (1930).

In der pharmakologischen Wirkung der beiden Substanzen, Adeninnucleotid und Histamin, spiegelt sich zum Teil wieder, was FREUND[1] seinerzeit mit Früh- und Spätgift des defibrinierten Blutes bezeichnet hat. Die Frage, ob noch weitere kreislaufwirksamen Stoffe im Blut bei der Gerinnung entstehen, scheint bejaht werden zu müssen. Zwar läßt sich der von O'CONNOR[2], PICK und HANDOVSKY[3], TRENDELENBURG[4], CLARK[5], FREUND[6], HEYMANN[7], BORGERT und KEITEL[8], HAAKE[9] u. a. untersuchte Serumstoff nicht, wie gelegentlich angegeben wurde, wegen der vasoconstrictorischen Wirkung am LÄWEN-TRENDELENBURGschen Froschgefäßpräparat von Histamin unterscheiden, denn dieses kann nach ROTHLIN[10], CLARK[11] und eigenen Versuchen auch hier constrictorisch wirken. Aber es ist in Anbetracht des außerordentlich verschiedenen Bluthistamingehaltes der einzelnen Tierspezies und ihrer im Gegensatz hierzu ziemlich gleichmäßig entwickelten Fähigkeit zur Vasokonstriktinbildung nicht wahrscheinlich, daß es sich hier nur um das Freiwerden von Histamin handeln könnte. Außerdem gibt es Testobjekte, wie das isolierte, mit Ringerlösung durchspülte Ratten- und Katzenherz, deren Kranzgefäße auf Histamin und Adrenalin mit Erweiterung, auf Serum hingegen mit Verengerung antworten. Gleichwohl dürfte die an isolierten Gefäßstreifen und an mit Ringerlösung durchspülten, isolierten Ohren, Extremitäten, Nieren von Warmblütern beobachtete vasoconstrictorische und durchflußvermindernde Eigenschaft mancher Sera zu einem Teil auf deren Histamingehalt beruhen. Daß der gefäßverengernde Serumstoff nicht Adrenalin ist, wies O'CONNOR als erster nach. Kürzlich teilten aber HEYMANS, BOUCKAERT und MORAES[12] mit, daß es durch Ergotamin zu einer ähnlichen Umkehr der gefäßverengernden Wirkung des Serums in eine dilatierende kommt, wie dies bei Adrenalin der Fall ist, und SIMON[13] will beobachtet haben, daß nach intravenöser Injektion von 2—24 Stunden altem Katzenserum an dekapitierten Ratten eine auch nach mehrmaliger Applikation sich unverändert entwickelnde Blutdrucksteigerung auftritt, die durch Cocain verstärkt und durch Ergotamin abgeschwächt bzw. ins Gegenteil verkehrt wird. Neuerdings zieht FREUND[14] auf Grund des Ausfalls bestimmter Farbreaktionen das Tyramin als constrictorischen Serumstoff in Betracht, doch scheint nach eingehenden Untersuchungen von MULLER[15] und ENGER und ARNOLD[16] Tyramin zumindestens im Blut normaler Menschen nicht vorzukommen.

Die vasoconstrictorische Wirkung des defibrinierten Blutes tritt bekanntlich bei vielen Durchströmungsversuchen als störendes Moment auf. Sie war schon

---

[1] FREUND: Naunyn-Schmiedebergs Arch. **86**, 266 (1920); **88**, 39 (1920); **91**, 272 (1921).
[2] O'CONNOR: Münch. med. Wschr. **1911**, Nr 27 — Naunyn-Schmiedebergs Arch. **67**, 195 (1912).
[3] PICK u. HANDOVSKY: Naunyn-Schmiedebergs Arch. **71**, 62 (1913).
[4] TRENDELENBURG: Münch. med. Wschr. **1911**, Nr 36 — Naunyn-Schmiedebergs Arch. **79**, 154 (1915).
[5] CLARK: Zit. S. 74.
[6] FREUND: Naunyn-Schmiedebergs Arch. **86**, 266 (1920).
[7] HEYMANN: Naunyn-Schmiedebergs Arch. **125**, 77 (1927).
[8] BORGERT u. KEITEL: Biochem. Z. **175**, 1 (1926).
[9] HAAKE: Naunyn-Schmiedebergs Arch. **150**, 119 (1930).
[10] ROTHLIN, Biochem. Z. **111**, 299 (1920).
[11] CLARK: J. of Pharmacol. **23**, 45 (1924).
[12] HEYMANS, BONEKAERT u. MERAES: Arch. internat. Pharmacodynamie **43**, 468 (1932).
[13] SIMON: Naunyn-Schmiedebergs Arch. **187**, 678 (1937).
[14] FREUND: Naunyn-Schmiedebergs Arch. **180**, 189 (1936).
[15] MULLER: C. r. Soc. Biol. Paris **123**, 128 (1936).
[16] ENGER u. ARNOLD: Dtsch. klin. Med. **131**, 759 (1937).

den älteren Physiologen (LUDWIG und SCHMIDT[1], MOSSO[2], BERNSTEIN[3], PFAFF und TYRODE[4], BATELLI[5]) geläufig. Außerdem hatten bereits STEVENS und LEE[6], sowie BRODIE[7] auf die Bedeutung des Gerinnungsvorganges für die Entstehung der gefäßwirksamen Substanz hingewiesen. Bestätigungen dieses Punktes einschließlich des Beweises der Verschiedenheit des gefäßverengernden Serumstoffs von Adrenalin erbrachten die Untersuchungen von O'CONNOR[8], TRENDELENBURG[9], STEWART und HARVEY[10], JANEWAY und PARK[11], SCHULTZ[12], KAHN[13], KAUFMANN[14], STEWART und ZUCKER[15], um nur die wichtigsten Autoren zu nennen. Auf die Blutplättchen bzw. die Formelemente des Blutes als Ausgangspunkt der gefäßwirksamen Substanzen verwiesen schon O'CONNOR[8], ZUCKER und STEWARD[16], JANEWAY, RICHARDSON und PARK[17], HIROSE[18] FREUND[19] u. a. In neuerer Zeit beobachteten STARLING und VERNEY[20], daß defibriniertes Hundeblut seine an der Hundeniere deutlich in Erscheinung tretende gefäßverengernde Wirkung beim Passieren der Lunge verliert. Damit ist zum erstenmal ein Organ bekanntgeworden, welches die beim Defibrinieren auftretenden kreislaufschädigenden Stoffe zu beseitigen vermag. HEMINGWAY[21] versuchte, die Lunge durch eine Vorrichtung zu ersetzen, bei der das Blut zur Erleichterung des Gasaustausches durch schnell rotierende Körper auf eine möglichst große Oberfläche ausgebreitet wurde. In der mit diesem Blut durchströmten Niere trat alsbald Gefäßverengerung auf, die erst wieder verschwand, als der Oxygenator durch die natürliche Lunge ersetzt wurde. HEMINGWAY nimmt als Ursache der vasoconstrictorischen Wirkung eine mechanische Schädigung des Blutes an. Daß mechanische Schädigungen des Blutes, aber auch andere zu Hämolyse führende Eingriffe das Auftreten gefäßwirksamer Stoffe im Gefolge haben, geht auch aus Versuchen von HIRSCHFELD und MODRAKOWSKI[22], PHEMISTER und HANDY[23], FLEISCH, sowie FLEISCH und WEGER[24] hervor.

Eine besondere Eigenschaft des frisch defibrinierten Blutes muß noch erwähnt werden, daß nämlich selbst körpereigenes Blut, unmittelbar nach dem Defibrinieren reinjiziert, bei Kaninchen tödlich wirkt. Nach FREUND[25] bestehen hierbei Beziehungen zum Gerinnungsvorgang, denn nach der Vorbehandlung der Tiere mit gerinnungshemmenden Mitteln wie Heparin kommt es nicht zum tödlichen

---

[1] LUDWIG u. SCHMIDT: Arb. physiol. Anstalt Leipzig **1868**, 1.
[2] MOSSO: Arb. physiol. Anstalt Leipzig **9**, 156 (1874).
[3] BERNSTEIN: Pflügers Arch. **15**, 575 (1877).
[4] PFAFF u. VEJNA-TYRODE: Naunyn-Schmiedebergs Arch. **49**, 324 (1903).
[5] BATELLI: J. Physiol. et Path. gén. **7**, 625 u. 651 (1905).
[6] STEVENS u. LEE: Stud. biol. Lab. John Hopkins Univ. **3**, 99 (1884).
[7] BRODIE: J. of Physiol. **29**, 266 (1903).
[8] O'CONNOR: Zit. S. 75.   [9] TRENDELENBURG: Zit. S. 75.
[10] STEWART u. HARVEY: Zit. S. 74.
[11] JANEWAY u. PARK: J. of exper. Med. **16**, 541 (1912).
[12] SCHULTZ: Bull. 80, Hyg. Lab., U. S. P. H. and M.-H. S. **1912**, 37.
[13] KAHN: Pflügers Arch. **144**, 251 (1912).
[14] KAUFMANN: Zbl. Physiol. **27**, 527 (1913).
[15] STEWART u. ZUCKER: J. of exper. Med. **17**, 152 u. 174 (1913).
[16] ZUCKER u. STEWART: Zbl. Physiol. **27**, 85 (1913).
[17] JANEWAY, RICHARDSON u. PARK: Zit. S. 74.
[18] HIROSE: Arch. int. Med. **21**, 604 (1918).
[19] FREUND: Naunyn-Schmiedebergs Arch. **86**, 266 (1920).
[20] STARLING u. VERNEY: Proc. roy. Soc. Lond., Ser. B **97**, 321 (1924/25).
[21] HEMINGWAY: J. of Physiol. **72**, 344 (1931).
[22] HIRSCHFELD u. MODRAKOWSKI: Münch. med. Wschr. **1911**, Nr 28.
[23] PHEMISTER u. HANDY: J. of Physiol. **64**, 155 (1927/28).
[24] FLEISCH: Pflügers Arch. **239**, 345 (1938). — FLEISCH u. WEGER: Pflügers Arch. **239**, 476 (1938).
[25] FREUND: Naunyn-Schmiedebergs Arch. **180**, 189 (1936).

Shock. Diese akut tödliche Wirkung tritt aber nur bei der Reinjektion des eben frisch defibrinierten Blutes ein. Sind seit dem Defibrinieren etwa 15 Minuten vergangen, so überleben viele Tiere, bei einem $^1/_2$ stündigem Intervall fast alle, obschon die in Blutdrucksenkung bestehende Frühgiftwirkung erhalten ist. Letztere kann also nicht die Ursache des letalen Ausganges sein. LENGGENHAGER[1] vermochte nun wahrscheinlich zu machen, daß es sich hierbei um die Wirkung von Thrombin handelt, welches beim Defibrinieren des Blutes gebildet wird, aber alsbald in das stabilere inaktive Metathrombin übergeht. Es verursacht bei intravenöser Einspritzung intravasale Gerinnung mit Embolisierung der verschiedensten Organe.

Außer den bei der Gerinnung entstehenden, unmittelbar an der Gefäßwand angreifenden Substanzen, lassen sich nach PAGE[2] aus menschlichem Plasma Stoffe gewinnen, welche eine erregende Wirkung auf das Gefäßnervenzentrum ausüben. Diese Stoffe sind lose an Plasmakolloide gebunden, von denen sie sich durch Alkohol trennen lassen. Die eiweiß- und lipoidfreien Extrakte wirken an narkotisierten und beiderseits vagotomierten Katzen, deren Gefäßnervenzentrum zuvor auf seine Erregbarkeit durch Einatmen eines 10% CO_2 enthaltenden Luftgemisches geprüft worden war, blutdrucksteigernd. Dabei erwies sich die Empfindlichkeit der Testtiere gegenüber der Kohlensäure und den pressorischen Substanzen als gleichlaufend, während die gegen unmittelbar an der Gefäßwand angreifende Mittel wie Adrenalin und Pitressin hiervon verschieden waren. Die Blutdruckwirkung dieser zentral angreifenden Plasmastoffe wird weder durch Ergotoxin noch durch Cocain, Atropin oder beiderseitige Nebennierenentfernung beeinflußt, wohl aber durch Durchtrennung des Gehirns unterhalb des Tentoriums unterbunden. Bei wiederholter Einspritzung tritt keine Tachyphylaxie ein. Nach PAGE treten die gleichen oder ähnlich wirkende Stoffe auch im Liquor auf.

Kreislaufwirksame Stoffe im Liquor cerebrospinalis.

Abgesehen von dem von verschiedenen Seiten, in letzter Zeit z. B. von DELEONARDI[3] geführten Nachweis von kreislaufwirksamem Hypophysenhinterlappenstoff im Liquor cerebrospinalis interessiert hier vor allem das Vorkommen solcher Substanzen, die nicht zu den Hormonen im engeren Sinne zählen. Hierher gehört beispielsweise das Acetylcholin, dessen Nachweis im Liquor bei Einhaltung bestimmter Versuchsbedingungen FELDBERG und SCHRIEVER[4] gelungen ist. Aus Liquor von Mensch, Hund, Katze und Ziege läßt sich nach PAGE[5] ein Extrakt gewinnen, welcher an narkotisierten Katzen bei intravenöser Injektion Erregung des Vasomoren-, aber auch des Vaguszentrums bewirkt.

Kreislaufwirksame Stoffe im Speichel.

Im Katzenspeichel, der durch Chorda-Tympani-Reizung oder Pilocarpin gewonnen wird, ist ein blutdrucksenkender Stoff, und zwar nach einer ursprünglichen Ansicht von SECKER[6] Acetylcholin enthalten. GIBBS[7] sowie FELDBERG und GUIMARAIS[8] konnten trotz prinzipieller Bestätigung des Phänomens die Gegenwart von Acetylcholin nicht nachweisen. Auch SECKER[9] hat seine Anschauung

---

[1] LENGGENHAGER: Mitt. Grenzgeb. Med. u. Chir. **44**, 175 (1936).
[2] PAGE: J. of exper. Med. **61**, 67 (1935).
[3] DELEONARDI: Aep **180**, 135 (1936).
[4] FELDBERG u. SCHRIEVER: J. of Physiol. **86**, 277 (1936).
[5] PAGE: Science (N. Y.) **1935 II**, 550 — Amer. J. Physiol. **120**, 392 (1937).
[6] SECKER: J. of Physiol. **81**, 81; **82**, 293 (1934).
[7] GIBBS: J. of Physiol. **84**, 33 (1935).
[8] FELDBERG u. GUIMARAIS: J. of Physiol. **85**, 15 (1935).
[9] SECKER: J. of Physiol. **86**, 22 (1936).

nunmehr geändert. Aus der Wirksamkeit des Speichels am Kaninchenblutdruck sowie der Unwirksamkeit am Meerschweinchendarm folgt, daß es sich nicht um Histamin handeln kann, vielmehr beruht nach WERLE und RODEN[1] die blutdrucksenkende Wirkung des Speichels auf dessen Gehalt an Kallikrein. Zu ähnlichen Schlußfolgerungen kommen UNGAR und PARROT[2], sowie KORÁNYI, SZENES und HATZ[3]. Nach GUIMARÃIS[4] enthält der Saft der Bauchspeicheldrüse blutdrucksenkende Stoffe von ähnlich chemischer Beschaffenheit wie jene des Submaxillarisspeichels. Nach WERLE[5] soll es sich auch hierbei um Kallikrein handeln. Allerdings soll dieses Kallikrein vorwiegend in kreislaufunwirksamer Form sezerniert und erst durch die Berührung mit der Darmschleimhaut aktiviert werden. Über Kallikrein siehe Näheres im folgenden Kapitel. Im Submaxillarspeicheldrüsenextrakt von Ratten wollen KOEPF und MEZEN[6] einen bisher unbekannten blutdrucksenkenden Stoff nachgewiesen haben.

Kreislaufwirksame Stoffe in Sperma, Prostata- und Samenblasensekret (Prostaglandin und Vesiglandin).

Über blutdrucksenkende, darm- und uteruserregende Substanzen im Sperma, sowie im Sekret und in Extrakten von Prostata und Samenblase berichteten GOLDBLATT[7] und EULER[8]. Letzterer Autor unterscheidet wegen nachweisbarer Unterschiede der aus diesem Ausgangsmaterial gewonnenen Wirkstoffe in chemischer und biologischer Hinsicht zwischen 2 von ihm Prostaglandin und Vesiglandin genannten Substanzen.

Darstellung und Eigenschaften des Prostaglandins. Prostaglandin ist im Sekret und in Extrakten von menschlicher Prostata und menschlicher Samenblase sowie von Schafsamenblasen enthalten. Es konnte hingegen nicht im Ejakulat von Pferden und Rindern und auch nicht im Samenblasensekret von Schweinen nachgewiesen werden. Prostaglandin läßt sich aus dem Inhalt menschlicher Samenblasen auf folgendem Weg gewinnen: Versetzen der Samenblasenflüssigkeit mit dem 3—5fachen Volumen Alkohol oder Aceton unter Beifügung von etwas Salzsäure bis zur schwach sauren Reaktion, Einengung des daraus hergestellten Filtrats im Vakuum, Trocknung des Rückstandes, der sodann mit absolutem Alkohol ausgezogen wird. Die alkoholische Lösung wird mit getrocknetem Äther versetzt, wobei ein in der Hauptsache aus Cholin bestehender Niederschlag ausfällt, nach dessen Entfernung die alkoholisch-ätherische Lösung eingedampft wird. Aufnahme des Rückstandes mit Wasser, Filtrieren und Einstellen der klaren Lösung zur Erhöhung der Haltbarkeit auf p_H 4. Prostaglandin ist dialysierbar und löslich in Wasser, Alkohol, Aceton, Äther, Chloroform und Eisessig. Zwischen p_H 1 und 7 wird es bei 100° in 20 Minuten nicht angegriffen, wohl aber unter den gleichen Bedingungen in 1-n HCl und 1-n NaOH. Es ist ferner gegen freies Halogen empfindlich. Im THEORELLschen Kataphoreseapparat wandert Prostaglandin bei p_H 6,54 mit einer Geschwindigkeit von $5,4 \cdot 10^{-5}$ cm sec^{-1} volt^{-1} zur Anode. Prostaglandin stellt somit eine Säure dar. Eine weitgehend gereinigte Lösung wies eine deutliche Absorption bei 2750 Å auf.

---

[1] WERLE u. RODEN: Biochem. Z. **286**, 213 (1936).
[2] UNGAR u. PARROT: C. r. Soc. Biol. Paris **122**, 1052 (1936).
[3] KORÁNYI, SZENES u. HATZ: Dtsch. med. Wschr. **1937** I, 55.
[4] GUIMARÃIS: J. of Physiol. **86**, 95 (1936).
[5] WERLE: Biochem. Z. **269**, 415 (1934); **290**, 129 (1937).
[6] KOEPF u. MEZEN: J. of Pharmacol. **60**, 407 (1937).
[7] GOLDBLATT: Chem. a. Ind. **52**, 1056 (1933) — J. of Physiol. **84**, 208 (1935).
[8] EULER: Naunyn-Schmiedebergs Arch. **175**, 78 (1934) — Klin. Wschr. **1935**, 1182 — J. of Physiol. **81**, 21 P. (1935); **88**, 213 (1937).

Wirkung des Prostaglandins auf Kreislauf und glattmuskelige Organe.
Menschliches Sperma bewirkt schon in Mengen von 0,05 ccm intravenös injiziert beim atropinisierten Kaninchen lang dauernden Blutdruckabfall. Auch bei Hund und Katze senkt Prostaglandin den Blutdruck. Eine Änderung der Herzfrequenz, der Kardiometerkurve oder der Blutdruckamplitude wurde dabei nicht beobachtet. Am isolierten Kaninchenherzen erwies sich Prostaglandin ohne Einfluß auf Frequenz und Ausmaß der Kontraktionen. Dagegen reagiert das isolierte Froschherz auch auf verdünnte Prostaglandinlösungen mit Frequenzzunahme und systolische Einstellung der Verkürzungen. An den Froschbeingefäßen wirkt Prostaglandin erweiternd. Bei sämtlichen untersuchten Tieren (Kaninchen, Meerschweinchen, Ratte, Maus, Eichhörnchen) wurde die an herausgeschnittenen Stücken beobachtete Darmtätigkeit stimuliert, was sich in einer Zunahme sowohl des Tonus als auch der Pendelbewegungen ausdrückte. Bei Mäusen kommt es wenige Minuten nach subcutaner Injektion entsprechender Prostaglandinmengen zu dünnflüssigen Darmentleerungen. Auch die Tragsäcke sämtlicher untersuchter Tiere (Kuh, Kaninchen, Meerschweinchen, Ratten) und ebenso Streifen aus menschlichem Uterus reagieren in vitro auf Prostaglandin mit mehr oder minder starker Kontraktion. Alle bisher aufgezählten biologischen Wirkungen des Prostaglandins sind atropinunempfindlich.

Darstellung und Eigenschaften des Vesiglandins weisen denjenigen des Prostaglandins gegenüber so wenig Verschiedenheiten auf, daß sich ein ausführliches Eingehen erübrigt. Die maximale Stabilität des Vesiglandins gegen 20 Minuten dauerndes Kochen liegt bei p_H 4; bei p_H 1 wird unter den eben angeführten Bedingungen Vesiglandin im Gegensatz zu Prostaglandin zerstört. Vesiglandin wurde bisher nur im Samen und in Extrakten aus der Prostata und der Glandula vesicalis von Affen (Macacus rhesus) nachgewiesen.

Wirkung des Vesiglandins auf den Kreislauf. Ebenso wie Prostaglandin senkt Vesiglandin den Blutdruck des atropinisierten Kaninchens. Eines der wichtigsten biologischen Unterscheidungsmerkmale des Vesiglandins vom Prostaglandin ist nach EULER die Unwirksamkeit des ersteren am isolierten Darm und Uterus vom Kaninchen. Eine von EULER aufgestellte Vergleichstabelle der chemischen und biologischen Eigenschaften von Prostaglandin und Vesiglandin mit anderen ähnlich wirkenden Substanzen soll die Orientierung erleichtern.

Substanz	Dialysierbar	Löslich in				Max. Stabilität bei 100° p_H	Biologische Reaktion beim Kaninchen			Einfluß von Atropin
		Wasser	Alkohol	Aceton	Äther		Blutdruck	isolierter Dünndarm	isolierter Uterus	
Kallikrein . . .	—	+	—	—	—	*	—**	0	0	0
Adenosin . . .	+	+	—	—	—	7—14	—	—	+	0
Acetylcholin . .	+	+	+	(—)	—	4	—	+	+	+
Histamin . . .	+	+	+	(—)	—	0—7	(+)	0	0	0
Substanz P . .	+	+	+	(+)	—	1—7	—	+	+	0
Prostaglandin .	+	+	+	+	+	1—7	—**	+**	+	0
Vesiglandin . .	+	+	+	+	+	4	—**	0	0	0

* Nicht stabil bei 100°.   ** Protrahierte Wirkung.

Kreislaufwirksame Stoffe im Harn.
A. Kallikrein.

Neben geringen Cholin-, Histamin- und Adenosinmengen, die hier nicht weiter interessieren, gibt es im Harn noch Stoffe von kolloider Beschaffenheit mit sehr ausgeprägter Kreislaufwirkung. Hier ist in erster Linie das durch die Untersuchungen von FREY, KRAUT, BAUER, SCHULTZ und WERLE[1] bekanntgewordene Kallikrein zu erwähnen, ein hochmolekularer, thermolabiler Körper, empfindlich gegen stärkere Säuren, Alkalien und Oxydationsmittel, als dessen Quellgebiet FREY das Pankreas ansieht.

Darstellung. Kallikrein wird nach KRAUT, FREY, BAUER und SCHULTZ[2] aus phosphatfreiem, mit 10% Alkohol versetztem Menschenharn durch Fällung mit Uranylacetat und sich daran anschließende folgende Arbeitsgänge dargestellt: Elution des Niederschlags mit Diammonphosphatlösung, Entfernung des Phosphatüberschusses durch Magnesiamixtur, Entfernung der permeablen Stoffe durch Dialyse, Adsorption des Kallikreins an frisch gefällte Benzoesäure durch Eingießen einer konzentrierten alkoholischen Benzoesäurelösung in die wäßrige kallikreinhaltige Lösung. Sammlung des Niederschlags und Trennung der Adsorption durch Elution der Benzoesäure mittels Alkohols und Äthers. Eine weitere Reinigung ist über Adsorption an Kohle, Bleiphosphat oder Aluminiumhydroxyd möglich. Eine andere Art der Darstellung und Reinigung rührt von BISCHOFF und ELLIOT[3] her, die zur Abtrennung des Kolloids Konzentration im Vakuum, Dialyse, saure Fällung und fraktionierte alkoholische Fällung, schließlich selektive Adsorption an Zinkhydroxyd verwendeten. Das bisher reinste Präparat enthält nach KRAUT, FREY, WERLE und SCHULTZ[4] 3γ Trockensubstanz auf 1 Kallikreineinheit (entsprechend 5 ccm Harn), was einer 25000fachen Reinigung gegenüber dem Ausgangsmaterial gleichkommt.

Chemische und physikalische Eigenschaften. Alle bisherigen Versuche, das Kallikrein in eine bekannte Klasse organischer Verbindungen einzuordnen, sind gescheitert. Sein einziger ständiger Begleiter ist die PAULYsche Diazoreaktion auf Imidazole, doch ist keine Parallelität zwischen der Stärke ihres Ausfalls und der der physiologischen Wirkung zu erkennen. Nach BISCHOFF und ELLIOT[5] besitzen das Kallikrein und das ebenfalls aus dem Harn zu gewinnende Prolan eine Reihe gemeinsamer physikalischer Eigenschaften. In Rohextrakten fallen sie zusammen mit den Eiweißstoffen aus, in gereinigter Form sind sie gegenüber Proteinfällungsmittel stabil. Beide sind in 50proz. Alkohol löslich und dialysieren nicht. Sie werden ferner an die säureunlöslichen, natürlich vorkommenden Harnkolloide sowie an andere Adsorbentien leicht gebunden. In gereinigtem Zustand werden sie nur in Gegenwart von Elektrolyten durch 80proz. Alkohol ausgefällt. Kallikrein unterscheidet sich durch die leichtere Zerstörbarkeit bei $p_H < 4$ von Prolan. Rohe Kallikreinpräparate sind in wäßriger Lösung bei p_H 4,5—8,5 beliebig lange haltbar, während Prolan seine Wirksamkeit verliert. In hochgereinigtem Zustand ist allerdings auch Kallikrein in Lösung nur beschränkte Zeit haltbar. Kallikrein wird durch Methylieren, Acetylieren und Benzoylieren sowie durch Formaldehyd, Schwefelkohlenstoff und Phenylisocyanat inaktiviert. Auch ist es nach WERLE[6] gegen Schwefelwasserstoff, Jod, Wasserstoffsuperoxyd, ultraviolette Strahlen, Diazobenzolsulfosäure in sodaalkalischer und Natriumnitrit in schwach saurer Lösung nicht resistent. Um eine Substanz als Kallikrein ansprechen zu können, muß sie neben ihrer noch zu besprechenden physiologischen Wirkung nach KRAUT, FREY und SCHULTZ[7] folgende 3 Prüfungen bestehen:

---

[1] FREY u. KRAUT: Hoppe-Seylers Z. **157**, 32 (1926) — Naunyn-Schmiedebergs Arch. **133**, 1 (1928). — KRAUT, FREY u. BAUER: Hoppe-Seylers Z. **175**, 97 (1928). — KRAUT, FREY u. WERLE: Hoppe-Seylers Z. **189**, 97 (1930); **192**, 1 (1930). — FREY, KRAUT u. SCHULTZ: Naunyn-Schmiedebergs Arch. **158**, 334 (1930).

[2] KRAUT, FREY, BAUER u. SCHULTZ: Hoppe-Seylers Z. **205**, 99 (1932).

[3] BISCHOFF u. ELLIOT: J. of biol. Chem. **109**, 419 (1935).

[4] KRAUT, FREY, WERLE u. SCHULTZ: Hoppe-Seylers Z. **230**, 259 (1934).

[5] BISCHOFF u. ELLIOT: J. of biol. Chem. **117**, 7 (1937).

[6] WERLE: Biochem. Z. **287**, 235 (1936). — WERLE u. FLOSDORF: Biochem. Z. **296**, 282 (1938).

[7] KRAUT, FREY u. SCHULTZ: Hoppe-Seylers Z. **230**, 259 (1934).

1. Die Kochprobe, durch die das Kallikrein zerstört wird. Zu dieser Probe ist zu bemerken, daß im Harn Stoffe vorkommen, die das Kallikrein thermostabilisieren und erst durch eine lang dauernde Dialyse abgetrennt werden. Während sich für undialysierten Menschenharn die notwendige Kochdauer zur völligen Inaktivierung des Kallikreins wegen des Vorhandenseins von Thermostabilisatoren nicht genau angeben läßt, vermindert 24stündige Dialyse gegen fließendes Wasser die Kochbeständigkeit so sehr, daß 15 Minuten langes Kochen auf freier Flamme zur Zerstörung des Kallikreins ausreicht;

2. die Dialyse durch pflanzliche Membranen, bei welcher das Kallikrein innerhalb der Membran bleibt;

3. die Aufhebung der Kreislaufwirkung des Kallikreins (Inaktivierung) durch Zusatz von Blut oder Serum.

Auswertung. FREY und KRAUT bezeichnen als Einheit jene Menge, welche an der mittels des FRANK-PETTERschen Manometers geschriebenen Carotisdruckkurve eines mittelgroßen Hundes die Amplitude im Durchschnitt von sehr vielen Messungen um das 1,6fache steigert und den mittleren Blutdruck um etwa 40% senkt. Diese Wirkung wird im allgemeinen von 5 ccm menschlichem Harn hervorgerufen. Nach WEESE[1] scheidet die Katze als Testtier aus, da sie auf die ebenfalls im Harn vorhandenen blutdrucksenkenden, thermostabilen Substanzen viel stärker als auf Kallikrein reagiert, wodurch die Wirkung des letzteren verdeckt wird. Auch das Kaninchen soll für den Nachweis und die Auswertung des Kallikreins wegen seiner schwankenden Ansprechbarkeit und der geringen Widerstandsfähigkeit injiziertem Harn gegenüber ungeeignet sein. Zu besseren Ergebnissen mit dieser Tierart wollen ELLIOT und NUZUM[2] gekommen sein, indem sie unter Berücksichtigung der Veränderungen von Pulsamplitude und Blutdruck gegen ein Standardpräparat auswerten. Da der Gehalt des Harns an Kallikrein mit dem Alter des Individuums schwankt, finden sie 10—28 ihrer Einheiten einer 5 ccm Harn entsprechenden FREYschen Einheit gleich.

Vorkommen im Organismus und renale Ausscheidung. Am meisten Kallikrein enthält der Hundeharn, etwas weniger der von Menschen, Rindern und Schweinen, während der Harn von Pferden so gut wie frei davon ist. Außer im Harn kommt Kallikrein, wie schon erwähnt, noch im Pankreas, im Pankreassaft, im Mundspeichel sowie im Blut, wo es allerdings durch die Anlagerung eines Inaktivators größtenteils inaktiviert wird, vor. Im übrigen Körper ist es nur in verschwindenden Mengen enthalten. Nach ELLIOT und NUZUM[2] nimmt beim Menschen die Kallikreinausscheidung mit zunehmenden Lebensjahren ab. So beträgt die durchschnittliche Ausscheidung während einer 12stündigen Nachtperiode bei Personen unter 40 Jahren 3800 ± 680, bei Personen bis zu 60 Jahren 2773 ± 346 und bei solchen über 60 Jahren 1530 ± 286 Elliot-Einheiten. Die Kallikreinausscheidung ist vom Harnvolumen unabhängig, hingegen ist sie ähnlich wie die renale Exkretion des koktostabilen blutdrucksenkenden Prinzips von WOLLHEIM und LANGE[3] bei Patienten mit essentiellem Hochdruck herabgesetzt. Während nach SZAKÁLL[4] der Kallikreingehalt des Hundeharns von der Kostform stark beeinflußt wird, besteht bei der Kallikreinproduktion des Menschen keine derartige Abhängigkeit.

Inaktivierung. Die Inaktivierung des Kallikreins, d. h. seine Überführung in eine kreislaufunwirksame Form läßt sich durch Versetzen mit Blut bzw. Serum

---
[1] WEESE: Naunyn-Schmiedebergs Arch. **173**, 36 (1933).
[2] ELLIOT u. NUZUM: Endocrinology **18**, 462 (1934).
[3] WOLLHEIM u. LANGE: Dtsch. med. Wschr. **58**, 572 (1932).
[4] SZAKÁLL: zit. nach KRAUT, FREY, WERLE u. SCHULTZ: Hoppe-Seylers Z. **230**, 259 (1934).

sowie mit Extrakten aus verschiedenen Organen erreichen. Nach WERLE[1] überragt die Inaktivierungsfähigkeit des menschlichen Serums jene des Rinder-, Hunde-, Pferde- und Schweineserums, deren Inaktivierungsvermögen in der angegebenen Reihenfolge abnimmt. Der im Serum enthaltene Inaktivator durchdringt weder die Blutkörperchenwand, noch sonstige tierische oder pflanzliche Membranen. Er ist auch nicht ultrafiltrierbar. Von dem bereits erwähnten, nach KRAUT, FREY und WERLE[2] aus verschiedenen Organen (Lymph- und Ohrspeicheldrüsen, Milz, Leber und Rückenmark vom Rind, Milz von Schafen und Ziegen) erhältlichen sogen. Drüseninaktivator unterscheidet sich der Seruminaktivator durch seine Empfindlichkeit gegen Temperaturerhöhung sowie gegen Papain. Behandelt man den Seruminaktivator mit Aceton oder Alkohol, so wird er quantitativ zerstört, der Drüseninaktivator dagegen nicht. Auch unterscheidet sich der Kurvenverlauf für die p_H-Abhängigkeit der Inaktivierungsfähigkeit des Serums von demjenigen des Drüseninaktivators. Die Inaktivierungsfähigkeit des Serums durchläuft bei p_H 7,5 ein Optimum, die des Drüseninaktivators erreicht nach WERLE[1] im schwach alkalischen Gebiet eine Höchstgrenze, welche auch bei weiter ansteigender Alkalescenz bestehen bleibt. Pferdeserum enthält neben der eben beschriebenen, bei p_H 7,5 kallikreininaktivierenden Substanz noch eine im sauren Gebiet bei p_H 4,5—5,5 wirksame, die zugleich thermostabiler ist.

Die Zahl der Inaktivatoren im Serum scheint damit noch nicht erschöpft zu sein, denn neuerdings berichtet WERLE[3] von einem als Inaktivator II bezeichneten Serumhemmstoff, welcher zum Unterschied von dem aus den Untersuchungen von KRAUT, FREY und Mitarbeitern[4] bekanntgewordenen Seruminaktivator Kallikrein aus Harn oder Pankreas nicht zu inaktivieren vermag, sondern nur das im Blut enthaltene. Da sich auch im Verhalten gegen den Inaktivator aus Rinderlymphdrüsen Verschiedenheiten hinsichtlich der Inaktivierbarkeit zwischen dem im menschlichen Harn und dem im Hundeharn vorkommenden Kallikrein ergeben haben, wird man vom Kallikrein wohl in Hinkunft nicht mehr als einem einheitlichen Körper sprechen können. WERLE und HÜRTER[5] haben dem auch Rechnung getragen, indem sie unter Beibehaltung der Bezeichnung Kallikrein für jeden blutdrucksenkenden, adialysablen, gegen Kochen, Oxydationsmittel und UV.-Strahlen empfindlichen Stoff eine im Vogelpankreas und -kot vorkommende Substanz, die am Hund unwirksam ist und nur am Huhn blutdrucksenkend wirkt, Ornitho-Kallikrein nannten.

Wirkung auf den Kreislauf. Nach FREY und KRAUT[6], HOCHREIN und KELLER[7] kommt die Blutdrucksenkung durch eine Erweiterung der Lungen-, Hirn- und Extremitätengefäße zustande, während in den Splanchnicusgefäßen nur eine passive Abnahme der Blutfüllung zu beobachten ist. Nach SCHRETZENMAYR[8] soll allerdings die Abnahme des Strömungswiderstandes in der Hauptsache in den Splanchnicusgefäßen erfolgen. Bei erhaltenem Kreislauf läßt sich am Herzen eine Zunahme der Pulsamplitude, der Frequenz und damit auch des Minutenvolumens feststellen. Nach KRAYER und RÜHL[9] verursacht Kallikrein im ganzen Tier eine Abnahme des peripheren Widerstandes durch mäßige Erweiterung des peripheren Strombettes. Dadurch kommt es ebenso wie bei anderen in ähnlicher

---

[1] WERLE: Biochem. Z. **273**, 291 (1934).
[2] KRAUT, FREY u. WERLE: Hoppe-Seylers Z. **192**, 1 (1930).
[3] WERLE: Zit. S. 80.
[4] KRAUT, FREY u. BAUER: Hoppe-Seylers Z. **175**, 97 (1928). — WERLE: Biochem. Z. **273**, 291 (1934).
[5] WERLE u. HÜRTER: Biochem. Z. **285**, 175 (1936).
[6] FREY u. KRAUT: Naunyn-Schmiedebergs Arch. **133**, 1 (1928).
[7] HOCHREIN u. KELLER: Naunyn-Schmiedebergs Arch. **159**, 438 (1931).
[8] SCHRETZENMAYR: Naunyn-Schmiedebergs Arch. **176**, 160 (1934).
[9] KRAYER u. RÜHL: Naunyn-Schmiedebergs Arch. **162**, 70 (1931).

Art gefäßerweiternden Substanzen zu einer Vermehrung des Blutzuflusses zum Herzen. Auf diese Weise erklärt sich auch der Anstieg des Druckes in der Pulmonalarterie. Während KRAYER und RÜHL keine inotrope Wirkung am Hundeherzen in der STARLINGschen Versuchsanordnung beobachten konnten, geben FREY und KRAUT[1] sowie BISCHOFF und ELLIOT[2] an, verstärkte Kontraktionen und Vermehrung der Schlagzahl am isolierten Kaninchen- und Hundeherzen beobachtet zu haben. Hinsichtlich der Abgrenzung von anderen kreislaufwirksamen Substanzen, z. B. von Cholin oder Acetylcholin, ist es von Wichtigkeit, daß der Kreislaufeffekt auch am atropinisierten Tier zustande kommt. Kallikrein verursacht nach ELLIOT und NUZUM[3] beim Meerschweinchen keine Veränderung des Elektrokardiogramms. Sehr ausgesprochen ist die coronargefäßerweiternde Wirkung am Hundeherzen, welche von KRAYER und RÜHL, HOCHREIN und KELLER beobachtet wurde. Nach BISCHOFF und ELLIOT tritt sie auch am Kaninchenherzen auf. Die mit der Coronargefäßerweiterung einhergehende erhöhte Durchblutung des Herzens nach Kallikrein soll nach WIETHAUP[4] zu einer Herabsetzung der zum systolischen Herzstillstand erforderlichen Digitoxindosis führen. Während der Blutdrucksenkung kommt es beim Menschen nach REEKE und WERLE[5] zu einer Drucksteigerung im Liquor cerebrospinalis als Folge einer Erweiterung der Hirngefäße, an der nach BIETTI[6] im übrigen auch die Retinalgefäße Anteil haben. Der Einfluß des Kallikreins auf die Capillaren läßt sich nach SIVÓ und DOBOZY[7] sehr gut an der Gegenwirkung gegen den Ergotamingefäßkrampf am Hahnenkamm beobachten. Ob die von FREY, WERLE und SACKERS[8] beim Menschen gelegentlich nach Kallikreininjektion beobachtete starke Zunahme der Harnsekretion einen Hinweis auf eine Nierengefäßwirkung darstellt, ist noch nicht näher untersucht worden.

Wirkung auf glattmuskelige Organe. Kallikrein kontrahiert den isolierten Hundedünndarm, dagegen nicht den isolierten Meerschweinchendünndarm, wodurch es sich eindeutig von Histamin unterscheidet. Der isolierte menschliche Wurmfortsatz wird durch geringe Kallikreinmengen zur Kontraktion gebracht. Auch der isolierte Katzendünndarm ist sehr empfindlich. Dagegen ist der Kaninchendarm nur wenig durch Kallikrein beeinflußbar, wie sich auch Ratten- und Schweinedünndarm gegenüber Kallikrein als unempfindlich erweisen. Das Kallikrein weist noch insofern eine Besonderheit auf, als sich unmittelbar nach seiner Vermischung mit Serum nach WERLE[9] eine neue darm- und uteruskontrahierende Substanz bilden soll, die bei weiterer Einwirkung von Serum auf Kallikrein alsbald wieder verschwindet. Im Gegensatz zu Kallikrein ist diese neue Substanz am Meerschweinchendünndarm und Meerschweinchenuterus wirksam. Während Kallikrein durch kurzes Kochen bei neutraler Reaktion völlig zerstört wird, bleibt die neue Substanz dabei erhalten. Die neue Substanz wird zwar ebenso wie das Kallikrein durch Serum inaktiviert, doch sollen die dabei wirksamen Inaktivatoren voneinander verschieden sein. WERLE gibt an, daß der Inaktivator des Kallikreins viel hitzeempfindlicher ist als derjenige der neuen darm- und uterusaktiven Substanz. Kallikrein ist hochmolekular, die neue Darm- und Uterussubstanz dagegen niedermolekular.

---

[1] FREY u. KRAUT: Zit. S. 82.
[2] BISCHOFF u. ELLIOT: J. of biol. Chem. **100**, XVII (1933).
[3] ELLIOT u. NUZUM: J. of Pharmacol. **43**, 463 (1931).
[4] WIETHAUP: Naunyn-Schmiedebergs Arch. **168**, 554 (1932).
[5] REEKE u. WERLE: Z. exper. Med. **96**, 398 (1935).
[6] BIETTI: Klin. Mbl. Augenheilk. **87**, 618 (1931).
[7] SIVÓ u. DOBOZY: Klin. Wschr. **1934**, 1602.
[8] FREY, WERLE u. SACKERS: Z. exper. Med. **96**, 404 (1935).
[9] WERLE: Biochem. Z. **289**, 217 (1937).

Der isolierte Katzenuterus reagiert auf geringe Kallikreinmengen mit Kontraktion. Dagegen wird der Kaninchen- und Meerschweinchenuterus nicht erregt; wohl aber wird der Meerschweinchenuterus durch die beim Vermischen von Kallikrein mit Serum entstehende neue Substanz zur Kontraktion gebracht. Der virginelle sowie der nicht virginelle Uterus des Hundes wird durch Kallikrein nicht oder nur wenig beeinflußt.

Wirkung auf den Stoffwechsel. Von Stoffwechselwirkungen des Kallikreins stand eine Zeitlang die Einwirkung auf den Kohlehydrathaushalt zur Diskussion. Während FREY, KRAUT und WERLE[1] sowie HERBIG[2] zwar nicht bei gesunden Menschen und Tieren, wohl aber bei Diabetikern und pankreaslosen Hunden einen Einfluß auf den Nüchternblutzuckerspiegel feststellen konnten, berichten STRAUBE[3] und ALTENBURGER[4] über Blutzuckersenkungen auch bei gesunden Menschen. Nach SIVÓ und DOBOZY[5] beeinflußt Kallikrein die Wirkung des Adrenalins auf den Blutzucker antagonistisch, eine Angabe, der von BISCHOFF und ELLIOT[6] allerdings widersprochen wird.

Nach SZAKÁLL[7] steigt der Grundumsatz nach intravenöser Injektion größerer Kallikreinmengen, es tritt Fieber auf, die Alkalireserve des Blutes nimmt ab, die Harnacidität sinkt bei gleichzeitig vermehrter Harnbildung. NEFFLEN und SZAKÁLL[8] beobachteten ferner eine durch eine nachträgliche Mehrausscheidung kompensierte Unterbindung der renalen Phosphatausscheidung bei gleichzeitiger Diurese. Die N-Ausscheidung verlief in diesen Versuchen mit den Änderungen der Diurese parallel. Nach intravenöser Kallikreininjektion kommt es beim Menschen zur Leukopenie mit darauffolgender Leukocytose (FREY, WERLE und SACKERS[9]).

B. Depressan*.

Injiziert man gekochten menschlichen Harn in der Menge von 1—3 ccm einem 2—3 kg schweren atropinisierten Kaninchen in Urethan-, Chloralose- oder Äthernarkose, so sinkt der in der A. carotis gemessene Druck für 10—30 Minuten um 30—50 mm Hg ab. Danach steigt der Blutdruck wieder zur Ausgangshöhe an. WOLLHEIM[10] nennt den blutdrucksenkenden Stoff, der sich durch seine Kochbeständigkeit von Kallikrein unterscheidet, Depressan*.

Vorkommen. Depressan tritt besonders reichlich im Harn gravider Frauen auf, und zwar während der ganzen Dauer der Schwangerschaft. Dagegen fehlt es im Harn von Patienten mit essentieller Hypertonie. Eine gleichartige blutdrucksenkende Substanz läßt sich auch aus dem mittels Katheter gewonnenen Harn von Pferden darstellen. Hingegen gelang es nicht, Depressan im arteriellen Pferdeblut nachzuweisen. Auch der Hypophysenhinterlappen vom Rind enthält neben dem blutdrucksteigernden Vasopressin einen blutdrucksenkenden Stoff, welcher mit dem Depressan aus Harn in allen wesentlichen chemischen und physikalischen Eigenschaften identisch ist. Seine blutdrucksenkende Wirkung hält nur noch länger an. Der blutdrucksenkende Hypophysenhinterlappenstoff

---

[1] FREY, KRAUT u. WERLE: Klin. Wschr. **1932**, 846.
[2] HERBIG: Naunyn-Schmiedebergs Arch. **167**, 555 (1932).
[3] STRAUBE: Dtsch. Arch. klin. Med. **175**, 221 (1933).
[4] ALTENBURGER: Klin. Wschr. **1933**, 789.
[5] SIVÓ u. DOBOZY: Zit. S. 83.
[6] BISCHOFF u. ELLIOT: Zit. S. 83.
[7] SZAKÁLL: Naunyn-Schmiedebergs Arch. **166**, 301 (1932).
[8] NEFFLEN u. SZAKÁLL: Biochem. Z. **269**, 80 (1934).
[9] FREY, WERLE u. SACKERS: Zit. S. 83.
* Früher „Detonin" genannt.
[10] WOLLHEIM u. LANGE: Zit. S. 81. — WOLLHEIM: Acta med. scand. (Stockh.) **91**, 1 (1937).

ist säure- und alkaliresistenter als das Harndepressan. Gleichwohl hält WOLL-
HEIM beide Stoffe für wesensverwandt und erklärt die geringen Unterschiede
mit den Veränderungen, denen Hormone anscheinend generell bei ihrer Ausscheidung durch die Nieren ausgesetzt sind. Demnach wäre die Quelle des Harn-
depressans die Hypophyse.

Eigenschaften und Darstellung. Depressan verträgt Kochen für 5—10 Minuten bei neutraler Reaktion ohne Wirkungsverlust. Es wird durch Äthylalkohol,
Aceton und Ammoniumsulfat gefällt. In Äther, Chloroform und Alkohol von mehr
als 50% ist Depressan nicht löslich, wohl aber in Wasser und ebenso in 10proz.
Trichloressigsäure. Depressan ist nicht dialysabel und auch nicht an Kohle
adsorbierbar. Bei der Elektrokataphorese (0,1—0,2 Ampere, 100—110 Volt) in
einem fünfkammerigen Apparat bleibt es in den ersten 24 Stunden in der Mittelkammer, nach 48 Stunden ist eine geringe Wanderung zur Kathode und erst
nach 72 Stunden eine stärkere in dieser Richtung bemerkbar. Trotzdem ist auch
nach einer 92 Stunden dauernden Elektrokataphorese ein beträchtlicher Teil des
Depressans in der Mittelkammer verblieben. Die Vereinigung von Elektro-
dialyse bzw. Elektrokataphorese mit einer der angeführten Fällungen führt zu
haltbaren Trockenpräparaten. Eine 10proz. wässerige Lösung eines derartigen
Depressantrockenpräparates läßt sich nach Zusatz des gleichen Volumens n-HCl
etwa 5 Minuten ohne Wirkungsverlust kochen, dagegen hebt der entsprechende
Zusatz von n-NaOH den blutdrucksenkenden Effekt bei 100° nach $^1/_2$ Minute
auf. Depressan wird bei der Inkubierung mit Pepsin-Salzsäure zerstört. Trypsin
verändert dagegen auch bei Einhaltung der entsprechenden Versuchsbedingungen
die Wirksamkeit nicht. Desaminierung nach GADDUM und SCHILD mit $NaNO_2$
und H_2SO_4 verändert die depressorische Wirkung gleichfalls nicht. Diese Befunde
führen WOLLHEIM zu der Annahme, daß das Depressan in die Gruppe der Poly-
peptide gehört und dementsprechend ein großes Molekulargewicht besitzt. Die
Trockensubstanz enthält 8—9% N und 7% Asche. Es handelt sich demnach um
keineswegs sehr weitgehend gereinigte Präparate. Dies geht auch daraus hervor,
daß nach dem angegebenen Verfahren aus 1 l Normalharn 0,2—0,5 g, aus 1 l
Hypertonikerharn, der aber fast kein Depressan enthält, 0,1 g Trockensubstanz
dargestellt werden.

Wirkung auf den Kreislauf. Läßt man eine 10proz. wässerige Lösung des De-
pressantrockenpulvers mit der Geschwindigkeit von 1 ccm in 10—20 Minuten
in die Vene eines Kaninchens einlaufen, so sinkt der Blutdruck allmählich auf
20—30 mm Hg und verbleibt auch nach Beendigung der Infusion durch mehrere
Stunden auf dieser Höhe. 500 mg senken den Blutdruck des Kaninchens bei einer
einmaligen Injektion letal. Aus 1 g Hypophysenhinterlappen vom Rind läßt
sich ein Extrakt gewinnen, der den Blutdruck des atropinisierten Kaninchens
für mehr als 2 Stunden um 60—80 mm Hg herabsetzt. Die blutdrucksenkende
Wirkung des Depressans greift in der Peripherie an und läßt sich sehr deutlich auch am überlebenden Kaninchenohr nachweisen. Durchschneidung beider
Nn. vagi, Carotissinusausschaltung, Nebennierenentfernung sowie Evisceration
verändern den blutdrucksenkenden Effekt nicht. Nach Evisceration ist lediglich
der Wiederanstieg des Druckes verzögert. Arterielle Injektion wirkt gleich der
intravenösen. Eine Bindung der Substanz im Capillargebiet ist somit nicht anzu-
nehmen. An der Katze in Chloralose- und am Hund in Pernoctonnarkose bewirken
die 5—10fachen Depressanmengen die gleiche Blutdrucksenkung wie beim Kaninchen. Auch an decerebrierten Katzen tritt die Blutdrucksenkung ein. Depressan besitzt keine herzschädigende Wirkung. Auch bei erheblicher arterieller
Drucksenkung kommt es zu keiner Zunahme des in der V. jugularis gemessenen
Drucks, ebenso bleibt, von einem schnell vorübergehenden initialen Effekt

Substanz	100° neutral	100° + n/HCl	100° + n/NaOH	Alkohol	Äther	Aceton	Chloroform	Nach Desaminierung mit NaNO$_2$	Nach Kohleadsorption	Dialysierbar	Elektrodialyse	Kaninchenohr	Darm	Uterus
Histamin	+	+	−	löslich	nicht löslich			−	−	ja			Kontraktion	Erregung
Adenosinartige Substanzen	+	−	+	abs. Alk. nicht löslich	nicht löslich	fällbar							Hemmung	Erregung
Kallikrein	−	−	−	über 90% nicht löslich	nicht löslich	nicht löslich	nicht löslich			fast nicht		Erweiterung	Erregung	verschieden
Substanz P	+	+3′	−2′	löslich	nicht löslich	nicht löslich	löslich	+	+	leicht	zur Kathode zur Anode	Verengerung	Tonuszunahme	
Prostaglandin	+	+5′	−1′	löslich	nicht löslich	löslich	löslich						Erregung	Erregung
Depressan	+10′	+5′	−1/2′	fällbar	nicht löslich	fällbar	nicht löslich	+	+	nicht	zur Kathode nach 48 Stdn.	Erweiterung	−	−

+ wirksam, − unwirksam.

abgesehen, die Atemfrequenz und das Atemvolumen ungeändert. Nach KAHLSON[1] kommt es zu keiner Herabsetzung des Minutenvolumens. Nach Ansicht dieses Autors handelt es sich beim Depressan um ein Substanzgemisch, das in seinen verschiedenen Wirkungen auf den Kreislauf mit Ausnahme der am äthernarkotisierten Kaninchen eintretenden Blutdrucksenkung Ähnlichkeiten mit Histamin aufweist. Da sich damit die Frage nach der Abgrenzbarkeit des Kallikreins von anderen körpereigenen blutdrucksenkenden Stoffen ergibt, soll der besseren Übersicht halber hier eine von WOLLHEIM zusammengestellte Tabelle wiedergegeben werden.

Wirkung auf glattmuskelige Organe. Weder mit dem aus Harn noch mit dem aus Hypophysenhinterlappen gewonnenen Depressan gelang es, Wirkungen am Kaninchendünndarm oder am Meerschweinchenuterus nachzuweisen.

C. Urohypertensin.

ABELOUS und BARDIER[2] isolierten aus Harn einen in Alkohol und Äther löslichen blutdrucksteigernden Stoff, den sie Urohypertensin nannten. Nach BAIN[3] handelt es sich um Isoamylamin, dessen adsorptive Bindung an kolloidale Begleitstoffe im Harn vermutlich die beim Urohypertensin zu beobachtende

---

[1] KAHLSON: Skand. Arch. Physiol. (Berl. u. Lpz.) **77**, 271 (1937).
[2] ABELOUS u. BARDIER: J. Physiol. et Path. gén. **10**, 627 (1908).
[3] BAIN: Quart. J. exper. Physiol. **8**, 229 (1914).

schwere Dialysierbarkeit bedingt. Es ist nach GUGGENHEIM und LÖFFLER[1] jedoch zweifelhaft, ob es sich beim Isoamylamin um einen primär von der Niere ausgeschiedenen oder nur nachträglich im Harn gebildeten Körper handelt. Eine ausführliche, von P. TRENDELENBURG geschriebene Darstellung der pharmakologischen Eigenschaften des Isoamylamins findet sich in diesem Handbuch Bd. 1, S. 521. Von PAGE[2] wurde über die Anwesenheit einer den Blutdruck über das Zentralnervensystem steigernden, in Wasser, Aceton und Äthylacetat löslichen, in Alkohol und Äther unlöslichen Stoffes im Harn berichtet. Es handelt sich wohl um den gleichen oder einen sehr ähnlichen Stoff, wie PAGE[3] ihn auch aus dem Blutplasma isolierte.

Während, ausgenommen die Adenosingruppe, bisher die vorwiegend in flüssigen Medien des Körpers enthaltenen oder dort zuerst nachgewiesenen Wirkstoffe behandelt wurden, wendet sich die weitere Besprechung den fast ausschließlich aus Organen erhältlichen kreislaufwirksamen Stoffen zu, soweit sie sich von den anscheinend ubiquitär vorkommenden Substanzen Histamin, Cholin und Adenylsäure unterscheiden lassen. Die Aufeinanderfolge der Aufzählung ist eine willkürliche, da ein ordnendes Prinzip bisher nicht zu erkennen war.

Renin.

Mit diesem Namen haben TIGERSTEDT und BERGMANN[4] vor 40 Jahren einen Stoff belegt, der sich durch wäßrige Extraktion von Kaninchennieren gewinnen und am Kaninchen durch seine blutdrucksteigernde Wirkung bei intravenöser Injektion nachweisen ließ. Eine bestätigende Nachuntersuchung erfolgte zuerst durch SHAW[5], später durch BINGEL und STRAUSS[6]. In neuerer Zeit wurde die Substanz eingehend durch HESSEL[7] und seinen Arbeitskreis untersucht. Im Verlaufe autolytischer Prozesse kommt es in der Niere zur Entstehung einer vom Renin durch die Löslichkeitseigenschaften verschiedenen, den Blutdruck gleichfalls im steigernden Sinn beeinflussenden Substanz (HESSEL und HARTWICH), deren chemische Natur ebensowenig wie die des Renins bekannt ist.

Darstellung und Eigenschaften des Renins. Durch Behandlung frisch entnommener Nieren mit flüssiger Luft, Pulverisierung im hartgefrorenen Zustand und anschließender Acetonbehandlung läßt sich ein haltbares Trockenpulver gewinnen, aus dem das Renin mittels physiologischer Kochsalzlösung extrahiert werden kann. Zu weitgehend gereinigten Präparaten kommt man nach HESSEL durch Herstellung von Preßsäften, die filtriert und sodann dialysiert werden, um unwirksame Eiweißkörper zur Ausflockung zu bringen und gleichzeitig blutdrucksenkende dialysierbare Körper zu entfernen. Derartig vorgereinigte Preßsäfte werden bei einem durch Essigsäurezusatz erreichten p_H von 4,2—4,6 mit Kochsalz zur Gänze gesättigt. Die gesättigte Lösung bleibt bei 37° solange stehen, bis das Renin mit den ausgesalzten Eiweißkörpern zur Gänze ausgeflockt ist. Der gesammelte Niederschlag wird in Wasser aufgeschwemmt und durch Dialyse vom überschüssigen Kochsalz befreit. Bei einem Kochsalzgehalt von 2—5% geht Renin in Lösung und kann nunmehr durch Filtration von Ballast-

---

[1] GUGGENHEIM u. LÖFFLER: Biochem. Z. **72**, 325 (1916).
[2] PAGE: Proc. Soc. exper. Biol. a. Med. **32**, 302 (1934/35).
[3] PAGE: J. of exper. Med. **61**, 67 (1935).
[4] TIGERSTEDT u. BERGMANN: Skand. Arch. Physiol. (Berl. u. Lpz.) 8, 223 (1898).
[5] SHAW: Lancet **1906**, 1295 u. 1375.
[6] BINGEL u. STRAUSS: Dtsch. Arch. klin. Med. **96**, 476 (1909).
[7] HARTWICH u. HESSEL: Zbl. inn. Med. **53**, 612 (1932). — HESSEL u. HARTWICH: Zbl. inn. Med. **53**, 626 (1932). — THAUER: Zbl. inn. Med. **54**, 2 (1933). — HESSEL u. MAIER-HÜSER: Verh. dtsch. Ges. inn. Med. **46**, 347 (1934). — HESSEL: Klin. Wschr. **1938**, Nr 24.

stoffen gereinigt werden. Aus dem 2—5% Kochsalz enthaltenden Filtrat lassen sich erneut Ballaststoffe durch Ansäuern mit Milchsäure bis zur Erreichung von p_H 3,4 entfernen. Die weitere Reinigung erfolgt durch Adsorption an Kaolin bei schwach saurer und Elution bei schwach alkalischer Reaktion. Das Eluat läßt sich von den vorhandenen Elektrolyten und Pigmentstoffen durch Ultrafiltration befreien. Der Rückstand der Ultrafiltration wird getrocknet. Dabei bildet sich ein hellgraues amorphes Pulver, welches in Lösungen von Natriumbicarbonat und schwachen Säuren löslich ist, dagegen nicht in organischen Lösungsmitteln. Durch stärkere Mineralsäuren und Alkali, ebenso durch Erhitzen über 65° wird Renin zerstört. Es ist hochmolekular, nicht dialysierbar und nicht ultrafiltrierbar. Es wird durch hohe Elektrolytkonzentrationen und Eiweißfällungsmittel gefällt und gibt noch Eiweißreaktionen. Renin wird nicht von Sauerstoff zerstört, wohl aber durch Behandlung mit Kohlensäure, Wasserstoffsuperoxyd, Kaliumpermanganat und Formaldehyd. Ultraviolettbestrahlung schwächt seine Wirkung ab. Es wird ferner durch Pepsin und Trypsin inaktiviert.

Standardisierung. Nach intravenöser Injektion von Renin kommt es zu einer langsam einsetzenden, in 2—5 Minuten den Höhepunkt erreichenden und in 15—60 Minuten abklingenden Blutdrucksteigerung. Aus dieser Wirkung ergibt sich eine Auswertungsmöglichkeit des Renins, dessen Stärke nach HESSEL in Blutdruckeinheiten ausgedrückt werden kann. Unter einer Blutdruckeinheit versteht HESSEL jene Reninmenge, welche beim 10 kg schweren, mit Pernocton narkotisierten Hund den Blutdruck um 30 mm Hg steigert. Hierzu waren 0,1—0,2 mg des reinsten Trockenpräparates erforderlich.

Wirkung auf den Kreislauf. Die soeben geschilderte blutdrucksteigernde Wirkung tritt am Kaninchen anscheinend mit der gleichen Empfindlichkeit wie am Hund ein. Nur lassen sich bei ersterem Tier auch mit steigender Renindosis keine allzu hohen Blutdruckzunahmen erzielen. Die Katze scheint etwas weniger empfindlich zu reagieren. Bei der intramuskulären Injektion ist das 100fache und mehr zur Erzielung einer Blutdrucksteigerung erforderlich. Eine perorale Wirksamkeit besteht entsprechend der Empfindlichkeit des Renins gegen die Fermente des Magen-Darmtraktes nicht. Die Blutdruckwirkung beruht auf einem unmittelbaren Angriffspunkt an den Gefäßen; sie kommt dementsprechend auch nach Ausschaltung des Zentralnervensystems, der beiden Nebennieren sowie nach Nicotinlähmung der Sympathicusganglien zustande und läßt sich auch an den Gefäßen des Froschbeins, des Kaninchenohrs sowie an ausgeschnittenen Streifen der Arterie carotis und renalis vom Rind nachweisen. Eine Besonderheit der Blutdrucksteigerung ist die Erscheinung, daß sie erst nach Ablauf eines bestimmten zeitlichen Intervalls reproduzierbar ist, doch soll dies die Entstehung eines Dauerhochdrucks bei intravenöser Dauerinfusion nicht verhindern können. An der blutdrucksteigernden Wirkung scheinen sämtliche Gefäßbezirke beteiligt zu sein. An den Nieren hält nach Stromuhrversuchen von HESSEL die an der Durchblutungsverschlechterung erkenntliche Gefäßverengerung besonders lange an und überdauert die Blutdrucksteigerung. Auch die Gefäße des Augenhintergrundes verengern sich. Die blutdrucksteigernde Wirkung wird weder durch Ergotamin aufgehoben noch durch Cocain verstärkt. An Streifen aus der A. caronaris vom Rind läßt sich bei hohen Dosen eine dilatierende Wirkung beobachten. Die Herzfrequenz erfährt unter Renin keine wesentliche Veränderung, ebensowenig das Schlagvolumen. Die Tätigkeit des isolierten Froschherzens sowie des abgetrennten rechten Meerschweinchenvorhofs wird nach HESSEL auch durch konzentrierte Reninlösungen nicht beeinflußt. Im Elektrokardiogramm zeigt sich während der Blutdrucksteigerung keine Änderung der Überleitungszeit. Lediglich die Nachschwankung kann eine leichte Erhöhung aufweisen.

Wirkung auf die Atmung. Blutdrucksteigernde Dosen vertiefen und beschleunigen die Atmung.

Wirkung auf glattmuskelige Organe. Am isolierten Kaninchendünndarm und Meerschweinchendickdarm wirkt Renin tonussteigernd, doch sind hierzu verhältnismäßig große Dosen erforderlich. Nach HESSEL bleibt die tonisierende Darmwirkung des Renins auf gleiche Blutdruckwirkung bezogen um das 30fache hinter der des Vasopressins aus dem Hypophysenhinterlappen zurück. Am Darm in situ läßt sich während der Blutdrucksteigerung keine Tätigkeitsänderung beobachten. Renin ist ohne Einfluß auf den isolierten Kaninchen-, Meerschweinchen- und Rattenuterus. Es ist ferner auch ohne Einfluß auf die Bronchialmuskulatur, die Iris des Froschauges, die Pigmentzellen des Frosch- und Fischinteguments.

Wirkung auf Wasserhaushalt und Stoffwechsel. Renin wirkt an nichtnarkotisierten Kaninchen bei intravenöser Injektion diuresefördernd, was HESSEL in Anbetracht der herabgesetzten Nierendurchblutung mit einer Zunahme des Filtrationsdruckes erklärt. Ein Einfluß auf den Blutzucker wurde weder bei subcutaner noch bei intravenöser Verabfolgung des Renins beobachtet.

COLLIPs unspezifische blutdrucksteigernde Substanzen.

In Extrakten aus Muskel, Leber, Niere, Milz, Ovarien, Testes, Prostata, Magen, Thymus, Darm, Foeten, käuflichen Pepsin- und Pankreatinpräparaten sind nach COLLIP[1] Substanzen nachweisbar, die sich durch ihre chemischen und biologischen Eigenschaften von Adrenalin und Vasopressin abgrenzen lassen und die bei intravenöser (aber auch bei intramuskulärer und subcutaner) Injektion an Hund, Katze und Kaninchen den Blutdruck erhöhen.

Darstellung und Eigenschaften. Zerkleinerung des Gewebes und Extraktion mit neutralem oder besser mit CH_3COOH angesäuertem, kochendem Wasser durch 5 Minuten, Filtration und Einengung des Filtrates bei niedriger Temperatur im Vakuum. Unterbrechung des Prozesses zwecks mechanischer Abtrennung der ausgeschiedenen Fettsubstanzen und Entfernung der Lipoide durch Ausschütteln mit Äther, weitere Einengung im Vakuum bis zur sirupartigen Konsistenz. Wiederholte Extraktion des Konzentrats mit Aceton, Vereinigung der Acetonauszüge und Einengung im Vakuum. Dieses 2. Konzentrat wird abermals mit Aceton ausgeschüttelt, die Acetonauszüge vereinigt, der Aceton im Vakuum verjagt und der Rückstand in Wasser oder physiologischer Kochsalzlösung aufgenommen. Diese Lösung enthält allerdings neben pressorischen auch blutdrucksenkende Stoffe, zu deren Entfernung COLLIP folgenden Weg einschlägt. Das nach obigem Verfahren gereinigte Material wird in 98proz. Aceton aufgenommen, ein Volumsdrittel Äther und eine Spur Wasser hinzugefügt und nunmehr kräftig geschüttelt. Nach Trennung der Schichten enthält die Aceton-Äther-Mischung vorwiegend die pressorischen, die wäßrige Schicht dagegen neben pressorischen vor allem die blutdrucksenkenden Stoffe. Das pressorische Prinzip ist in absolutem Alkohol und in Aceton mit 1—3% H_2O, dagegen nicht in absolutem Aceton löslich. Es löst sich ferner in Mischungen von Alkohol und Aceton, Alkohol und Äther, Alkohol und Petroläther, sowie Aceton, Äther und Wasser. Aus Lösungen in absolutem Alkohol wird es durch Petroläther teilweise gefällt. Es läßt sich bei p_H 8 an Kohle adsorbieren und davon bei kongosaurer Reaktion wieder abtrennen. Wirkungsverlust, vermutlich durch Oxydation, tritt ein, wenn größere Mengen des wäßrigen Extraktes statt im Vakuum auf dem Wasserbad

---

[1] COLLIP: Trans. roy. Soc. Canada **22**, 181 (1928) — J. of Physiol. **66**, 416 (1928) — Amer. J. Physiol. **85**, 360 (1928).

eingeengt werden. Desgleichen tritt bei Behandlung mit Essigsäureanhydrid Wirkungsverlust ein. Wäßrige Lösungen des gereinigten pressorischen Prinzips lassen sich über freier Flamme bis zur fast völligen Verdampfung des Wassers ohne wesentliche Abnahme der blutdrucksteigernden Wirkung erhitzen. Schwefelsäure bis zu einer Konzentration von 5% zerstört die Wirkung nicht, ebensowenig Kochen mit Ammoniak oder verdünnter Natronlauge.

Wirkung auf den Kreislauf. Das wirksame Prinzip steigert den Blutdruck. Diese Blutdrucksteigerung, welche sich beliebig oft wiederholen läßt, unterscheidet sich von der durch Adrenalin hervorgerufenen durch ihren protrahierten Verlauf, von dem allerdings weniger der ansteigende als vorwiegend der abfallende Kurventeil betroffen ist. Mittels des Membranmanometers läßt sich während der Blutdrucksteigerung eine Zunahme des Pulsdruckes feststellen. Die Herzfrequenz kann leicht ansteigen. Das isolierte Katzenherz wird allerdings durch große Dosen hemmend beeinflußt. Atropin ist ohne Einfluß auf die Blutdrucksteigerung, Lähmung der Sympathicusganglien durch Nicotin verstärkt sie leicht. Der blutdrucksteigernde Effekt wird ferner durch kleine Ergotamingaben erhöht, durch große dagegen in einen senkenden verwandelt. Cocain hemmt die blutdrucksteigernde Wirkung sämtlicher Extrakte mit Ausnahme des aus Prostata gewonnenen, dessen Wirkung durch vorherige Cocainisierung nach Art des Adrenalins verstärkt wird. Daß es sich in letzterem Falle in der Tat um Adrenalin handelt, haben Versuche von Euler[1] und Oneto[2] wahrscheinlich gemacht.

Wirkung auf glattmuskelige Organe. Der isolierte virginelle Katzen- und Rattenuterus, ebenso der gravide Rattenuterus werden durch mäßige Mengen des blutdrucksteigernden Extraktes in ihrer Tätigkeit nicht beeinflußt. Größere Gaben hemmen jedoch. Ähnlich ist die Wirkung am isolierten Darm.

Stoffwechselwirkung. Beim Kaninchen wird der Blutzucker auch bei intravenöser Einspritzung der blutdrucksteigernden Extrakte nicht verändert.

NB. Im Anschluß an die eben besprochenen unspezifischen blutdrucksteigernden Stoffe muß noch kurz das *Sympathin* von Cannon und Bacq[3] erwähnt werden, obschon es nicht einen Gewebsbestandteil im bisherigen Sinn darstellt, sondern erst bei der Reizung sympathischer Nerven entsteht. Es sei hier nur daran erinnert, daß nach Bacq[4] eine Identität von Sympathin und l-Adrenalin sehr wahrscheinlich ist und die je nach der Organherkunft des Sympathins zu beobachtenden Wirkungsunterschiede, welche Cannon und Rosenblueth[5] zur Annahme eines Sympathin „inhibitory" und eines Sympathin „excitatory" führten, auf verschieden weit fortgeschrittener Oxydation des Brenzkatechinkörpers beruhen dürften[6]. Auch Loewi[7] identifiziert den Sympathicusstoff mit Adrenalin.

Euler-Gaddums Substanz P, der atropinfeste, gefäßerweiternde und darmerregende Wirkstoff aus Hirn und Darm.

Hierbei handelt es sich um eine von Euler, Gaddum und Schild[8] beschriebene, in der Hauptsache aus Hirn und Darmmuskulatur und in geringem Umfang auch aus glattmuskeligen Organen darstellbare Substanz, deren hervorstechendstes Merkmal die Fähigkeit ist, am atropinisierten Kaninchen den Blutdruck

---

[1] Euler: J. of Physiol. **81**, 102 (1934).
[2] Oneto: Pathologica (Genova) **29**, 61 (1937).
[3] Cannon u. Bacq: Amer. J. Physiol. **96**, 392 (1931).
[4] Bacq: Erg. Physiol. **37**, 82 (1935).
[5] Cannon u. Rosenblueth: Amer. J. Physiol. **104**, 557 (1933).
[6] Bacq: Z. Physiol. **92**, 28 P (1938).
[7] Loewi: Pflügers Arch. **237**, 504 (1936).
[8] v. Euler u. Gaddum: J. of Physiol. **72**, 74 (1931). — Gaddum u. Schild: J. of Physiol. **83**, 1 (1935). — v. Euler: Naunyn-Schmiedebergs Arch. **181**, 181 (1936).

zu senken und den atropinisierten Kaninchendünndarm zu erhöhter Tätigkeit anzuregen.

Darstellung und Eigenschaften. Die Bereitung wirksamer Extrakte kann auf 2 Arten erfolgen: A. Herstellung wirksamer Auszüge aus zerkleinertem Gewebe durch kurzdauerndes Kochen bei p_H 4 unter Salzsäurezusatz, Halbsättigung des Kochsaftes mit Ammonsulfat, Auflösung des Niederschlages in Wasser und Entfernung unwirksamer Begleitstoffe durch Alkohol; aus dem klaren alkoholischen Filtrat läßt sich eine weitere Reinigung mittels fraktionierter Ausfällung mit Aceton bewerkstelligen. B. Das zerkleinerte Gewebe wird mit Alkohol extrahiert, der Extrakt mit Schwefelsäure angesäuert, filtriert, eingeengt, mit Äther von Fettstoffen befreit und zu Sirup konzentriert. Nach Versetzen mit wasserfreiem Natriumcarbonat wird mit Methylalkohol extrahiert, der Alkohol verjagt und der Rückstand in Wasser aufgenommen. Lösungen dieser Art sind bei p_H 4—5 und niedriger Temperatur gut haltbar. Hinsichtlich der Löslichkeitseigenschaften ergibt sich zusammenfassend, daß Substanz P in Wasser, Eisessig und 80—90proz. Alkohol löslich ist, schwerer dagegen in absolutem Alkohol. In wasserhaltigem Aceton ist sie zum Teil löslich, dagegen wird sie von Äther, Petroläther, Benzol und Chloroform anscheinend nicht aufgenommen. Von Schwermetallsalzen wird sie unvollständig gefällt. Die Substanz ist leicht an Tierkohle, Lloyds Reagens und Fullererde adsorbierbar, sie ist ultrafiltrierbar und dialysiert durch Kollodium. Bei der Elektrokataphorese geht sie zur Kathode. Zwischen p_H 1—7 verträgt sie Kochen durch 20 Minuten, dagegen wird sie in normalalkalischer Lösung unter denselben Bedingungen im Gegensatz zu Adenosin völlig zerstört, ebenso wird sie durch Trypsin inaktiviert. Im Gegensatz zu Histamin und Adenosin tritt bei der Behandlung mit salpetriger Säure zwecks Desaminierung kein Unwirksamwerden ein. Aus dem Verhalten bei der Dialyse, Aussalzung, Alkohol-, Eisessig- und Acetonlöslichkeit läßt sich nach EULER der Schluß ziehen, daß es sich um eine Albumose handelt. Die bisher untersuchte

Wirkung auf den Kreislauf beschränkte sich in der Hauptsache auf den Blutdruckabfall bei atropinisierten Kaninchen, Katzen und Hunden. Veränderungen der Herzfrequenz ließen sich bei Kaninchen nicht feststellen. Die Blutdruckwirkung der Substanz P scheint nach EULER im Vergleich mit der Wirkung am isolierten Darm weniger hervortretend zu sein.

Wirkung auf glattmuskelige Organe. Unter der Einwirkung der Substanz P kommt es an isolierten Darmpräparaten von Kaninchen, Meerschweinchen, Ratte und Maus zu einer allmählichen Tonuszunahme, zugleich auch mitunter zu einer Vergrößerung der Pendelbewegungen. Der virginelle Uterus des Kaninchens und des Meerschweinchens erweist sich der Substanz P gegenüber als refraktär, dagegen reagieren die nicht virginellen Uteri der beiden Tierarten.

WEBER-NANNINGA-MAJORs krystallisierbare blutdrucksenkende Substanz aus Hirn.

Durch Untersuchungen von MAJOR und WEBER[1], MAJOR, NANNINGA und WEBER[2] war auf das Vorhandensein einer blutdrucksenkenden Substanz im Gehirn aufmerksam gemacht worden, welche sich von Histamin, Cholin, Acetylcholin, Adenosin, Adenylsäure und Substanz P durch folgende *Eigenschaften* unterscheiden soll: Blutdrucksenkung am Hund und am Kaninchen auch nach Atropin, Stabilität im sauren und alkalischen Bereich, Nichtfällbarkeit mit Silbersalzen im Alkalischen, Nichtfällbarkeit mit Phosphorwolframsäure, Fäll-

---

[1] MAJOR u. WEBER: J. of Pharmacol. **38**, 367 (1929); ibid. **40**, 247 (1930).
[2] MAJOR, NANNINGA u. WEBER: J. of Physiol. **76**, 487 (1932).

barkeit mit Quecksilbersalzen und Alkohol in alkalischer, nicht in saurer Lösung, fehlende Adsorbierbarkeit an Tierkohle in alkalischer Lösung, negative PAULY- und negative SAKAGUCHI-Reaktion. Gegen die aus diesen Beobachtungen gezogenen Schlußfolgerungen hat allerdings GADDUM[1] in seiner letzten Zusammenfassung eine Reihe von Einwendungen erhoben, aus denen die Schwierigkeiten ersichtlich werden, welche sich bei der pharmakologischen Analyse von Gewebsextrakten ergeben. Nunmehr wollen aber WEBER, NANNINGA und MAJOR[2] obigen Stoff zur Krystallisation gebracht haben. Eine chemische Analyse der Substanz steht allerdings noch aus. Das *Darstellungsverfahren* besteht in einer wiederholten Aufeinanderfolge von Alkoholextraktion, Behandlung mit einem Gemisch von 1 Teil konz. H_2SO_4 und 50 Teilen Alkohol und fraktionierter Fällung mit Äther. Der auf diese Weise erhaltene, aus nadelförmigen Krystallen bestehende Niederschlag ist in absolutem Alkohol leicht löslich und durch Äther daraus fällbar. $1/2$ mg dieser Substanz senkt den Blutdruck eines 12 kg schweren Hundes um 40 mm Hg; ihre Wirksamkeit ist somit keine sehr erhebliche.

FELIX-LANGEs „vierter" blutdrucksenkender Stoff.

Dieser von LANGE[3], FELIX und PUTZER-REYBEGG[4] aus verschiedenen Organen, hauptsächlich aus Niere und Gekröse gewonnene Stoff, welcher sich durch Säurefestigkeit und durch die blutdrucksenkende Wirkung an der atropinisierten Katze auszeichnet, stellt nach Untersuchungen von GADDUM und SCHILD[5] in der Hauptsache Histamin dar. Daneben konnten allerdings FELIX und SCHUELLER[6] in der Lysin-Monoaminsäurefraktion nach der Ausfällung von Cholin mit $KBiJ_4$ noch eine den Blutdruck am atropinisierten Kaninchen senkende Substanz nachweisen.

SANTENOISEs Vagotonin.

Obschon diesem Stoff von seinem ersten Beschreiber SANTENOISE[7] Hormonnatur zugesprochen wurde und er somit hier nicht aufgezählt zu werden brauchte, dürfte eine kurze Angabe über Gewinnung und Eigenschaften um so angebrachter erscheinen, als die einzige außerhalb des Arbeitskreises des Entdeckers in den letzten Jahren durchgeführte Nachprüfung (VIALE und MARTIN[8]) Zweifel am hormonalen Charakter geweckt haben. Es dürfte sich somit nur um einen unspezifischen Reizstoff handeln. Demgegenüber hält SANTENOISE[9] an der Anschauung fest, daß das Pankreas vermittels der Abgabe von Vagotonin an die Blutbahn die reflektorische Ansprechbarkeit und den Tonus des parasympathischen Systems regelt und dergestalt auch den Kreislauf beeinflußt. Die Mehrzahl der Versuche sind mit Auszügen aus Pankreas durchgeführt, doch beweist, wie GADDUM[1] jüngst darlegt, die Tatsache, daß Pankreasauszüge Änderungen in der Wirksamkeit gewisser Nerven hervorrufen, natürlich nicht, daß das Pankreas ein Hormon sezerniert, welches den Tonus dieser Nerven normalerweise kontrolliert. Als Beispiel führt GADDUM an, daß nach Injektion von Schilddrüsenextrakten ähnliche Veränderungen der Nervenfunktion beobachtet wurden, die anfänglich für spezifisch galten, bis spätere Kontrollversuche zeigten, daß Auszüge aus anderen Organen

---

[1] GADDUM: Gefäßerweiternde Stoffe der Gewebe. Leipzig 1936.
[2] WEBER, NANNINGA u. MAJOR: Proc. Soc. exper. Biol. a. Med. 30, 513 (1933).
[3] LANGE: Naunyn-Schmiedebergs Arch. 164, 402 (1932).
[4] FELIX u. v. PUTZER-REYBEGG: Naunyn-Schmiedebergs Arch. 164, 402 (1932).
[5] GADDUM u. SCHILD: J. of Physiol. 83, 1 (1935).
[6] FELIX u. SCHUELLER: Ber. Physiol. 81, 393 (1934).
[7] SANTENOISE: Soc. de Psychiatrie, 18 Octobre 1928; zit. nach C. r. Soc. Biol. Paris 115, 472 (1934).
[8] VIALE u. MARTIN: Boll. Soc. ital. Biol. sper. 8, 1197 (1933).
[9] SANTENOISE: C. r. Acad. Sci. Paris 194, 572 (1932) — Ann. de Physiol. 10, 944 (1934).

dieselben Änderungen hervorrufen können. Am sinnfälligsten aber drückt sich meines Erachtens die Möglichkeit einer unspezifischen Beeinflussung der Parasympathicuserregbarkeit in den von LUITHLEN und MOLITOR[1] mitgeteilten Beobachtungen aus, wonach selbst physiologische Kochsalzlösung bei intracutaner Injektion zu einer veränderten, und zwar gesteigerten Erregbarkeit des N. vagus führt.

Darstellung und Eigenschaften des Vagotonins. Die Darstellung des Vagotonins aus Pankreas und seine Abtrennung vom Insulin beruht auf der Eigenschaft, im Gegensatz zu Insulin in 80proz. Alkohol nur wenig löslich, andererseits in wäßriger Lösung nur bei Elektrolytgegenwart fällbar zu sein. Neutralsalze fällen Vagotonin und Insulin bei verschiedener Konzentration. Außerdem wird Vagotonin im Gegensatz zu Insulin durch Porzellanfilter zurückgehalten und selbst bei 40stündigem Aufenthalt in $n/_{10}$-Natronlauge nicht zerstört. In den letzten Jahren sind 2 ausführliche, alle Einzelheiten umfassende Darstellungen der Gewinnung von insulinfreiem Vagotonin von SANTENOISE und Mitarbeitern[2] veröffentlicht worden. Man erhält danach eine Substanz, von der $1/_{50}$ mg je Kilogramm subcutan gegeben, beim Kaninchen eine zweistündige Erhöhung des Tonus und der Erregbarkeit des Parasympathicus bewirkt. Nach SANTENOISE, BRIEN und STANKOFF[3] ist das Vagotonin eine Substanz von Eiweißnatur und gibt die typischen Proteinreaktionen. Es wird durch starke Säuren und Alkalien in der Kälte und beim Kochen zerstört. Um so auffälliger erscheint die Angabe, daß es bei enteraler Einverleibung wirksam sein soll.

Wirkung auf den Kreislauf und auf glattmuskelige Organe. Die Herzhemmung und die Darmmotilität, die durch Erhöhung des Augenbinnendruckes, durch elektrische Reizung des zentralen Endes des N. laryngeus sup., des N. depressor und des Sinusnerven auszulösen sind, werden durch Vagotonin verstärkt. Es kommt ferner nach Vagotonininjektion zu einer Verminderung der Puls- und Atemfrequenz, sowie zu einer langsam einsetzenden Blutdrucksenkung. Daneben sind Wirkungen des Vagotonins auf den Gehalt des Blutes an Formelementen, Glucose und Glutathion beschrieben worden. Diese Befunde bedürfen um so mehr der Nachprüfung, als sie mit wenigen Ausnahmen bisher nur von einem einzigen Arbeitskreis erhoben wurden.

GLEY-KISTHINIOS' Angioxyl

stellt einen aus Pankreas gewonnenen, am atropinisierten Kaninchen Blutdruckerniedrigung bewirkenden Extrakt dar[4]. Es scheint sich hierbei um ein Gemisch verschiedener blutdrucksenkender Stoffe zu handeln, unter denen sich auch Substanzen vorfinden, die bei intravenöser Injektion am Meerschweinchen nach Art des Adenosins, der Muskeladenylsäure und der Co-Zymase Herzblock verursachen (eigene Beobachtung). Aus der Thermostabilität der blutdrucksenkenden Wirkung geht hervor, daß entgegen ELLIOT und NUZUM[5] das Kallikrein an ihr keinen wesentlichen Anteil haben kann.

MARFORI-DE NITOs Lymphoganglin

sei hier noch in Kürze erwähnt als eine nach Angaben von MARFORI, DE NITO und AURISICCHIO[6] vorwiegend aus Lymphdrüsen erhältliche blutdrucksenkende Substanz, die möglicherweise mit dem Chlorhydrat des β-methylcholinphosphorsauren Calciums identisch ist.

---

[1] LUITHLEN u. MOLITOR: Naunyn-Schmiedebergs Arch. **108**, 248 (1925); **111**, 246; **114**, 47 (1926).
[2] SANTENOISE, FUCHS u. VIDACOVITCH: C. r. Soc. Biol. Paris **115**, 472 (1934). — SANTENOISE, BRIEN u. STANKOFF: C. r. Soc. Biol. Paris **121**, 1420 (1936).
[3] SANTENOISE, BRIEN u. STANKOFF: C. r. Soc. Biol. Paris **124**, 127 (1937).
[4] GLEY u. KISTHINIOS: C. r. Soc. Biol. Paris **99**, 1840 (1928); **100**, 90 (1929).
[5] ELLIOT u. NUZUM: Zit. S. 83.
[6] MARFORI, DE NITO u. AURISICCHIO: Biochem. Z. **270**, 219 (1934).

Kreislaufwirksame Stoffwechselprodukte des Muskels.

FLEISCH und WEGER[1] haben sich der verdienstvollen Aufgabe unterzogen, eine Reihe phosphorylierter Stoffwechselprodukte des Muskels sowie Histamin, Acetylcholin und [H˙] vergleichend auf ihre gefäßerweiternde Wirkung an der innervierten, mit arteigenem, unverdünntem Blut durchströmten Hinterextremität von Hunden und Katzen zu prüfen. Besser als eine eingehende Beschreibung

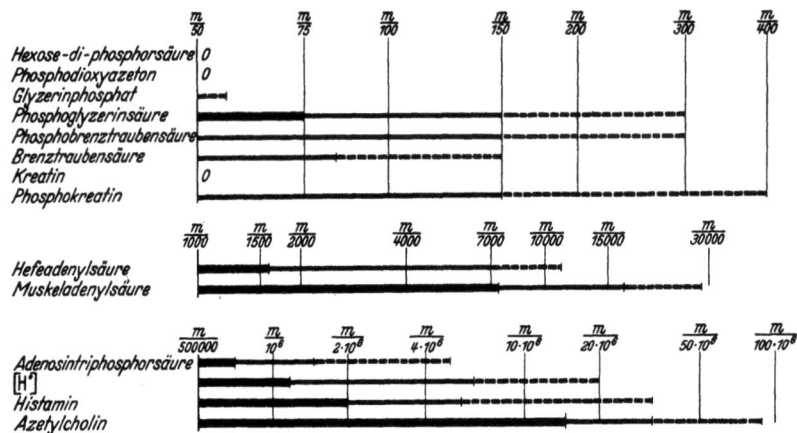

Abb. 5. Zusammenstellung der gefäßdilatatorischen Wirkungen. Die Abszissenbezeichnungen m/50 usw. bedeuten die Molarkonzentration des betreffenden Stoffes im arteriellen Blut. In Konzentrationen, bei denen eine dicke horizontale Linie vorhanden ist, bewirkt der betreffende Stoff Gefäßdilatationen über 100%, bei der dünn ausgezogenen Linie von 50—100% und bei der punktierten Linie von 20—50%.

gibt die vorstehende, der Arbeit von FLEISCH und WEGER entnommene Abbildung das Ergebnis der Untersuchung wieder. Aus ihm läßt sich vor allem die starke gefäßerweiternde Wirkung der Adenosintriphosphorsäure erkennen, auf die schon in dem Kapitel über die Kreislaufwirkung der Adenosingruppe eingegangen wurde. Nach DALE[2] scheiden vermutlich Histamin und Acetylcholin als Ursache der Arbeitshyperämie aus.

---

[1] FLEISCH u. WEGER: Pflügers Arch. **239**, 362 (1938).
[2] DALE: Vasodepressorische Stoffe. Verh. dtsch. Ges. Kreislaufforsch. **1937**.

Namenverzeichnis.

Abbott, G. B. s. C. S. Boruff 5.
Abelous u. Bardier 86.
Altenburger 84.
Ames s. Doan 72.
Ampola, G. 17.
Anrep u. Barsoum 72.
Armstrong, W. D. 5, 13.
Arnold s. Enger 75.
Arthus, M. 8, 29.
— u. A. Huber 5, 29.
— u. C. Pagés 28.
Askanazy, M. 51.
Aso, K. 17.
Aurisicchio s. Marfori 93.

Bacq 90.
— s. Cannon 90.
Bain 86.
Bardier s. Abelous 86.
Barnard, T. W. s. H. E. Shortt 49, 50.
Barsoum s. Anrep 72.
— u. Gaddum 71, 72.
— u. Smirk 72.
Bartholomew, R. P. 11.
Bartolucci, A. 3.
Basart, J. s. J. H. de Boer 5.
Batelli 76.
Bauer s. Kraut 80, 82.
—, J. T., P. A. Bishop u. W. A. Wolff 50.
Becker, J. E. s. E. V. McCollum 40, 42.
Behrens, H. 4.
Belfanti, S., A. Contarti u. A. Ercoli 6, 58.
Bennet u. Drury 66, 69, 70, 71.
Bergara, A. 35, 42, 44.
Bergmann s. Tigerstedt 87.
Berkessy, L. s. B. Purjesz 24.
Bernstein 76.
Bertrand, G. 17.
Berzelius, J. J. 13.
Bethke, R. M. s. C. H. Kick 36, 38, 40, 42.
—, C. H. Kick, B. H. Edgington u. O. H. Wilder 13, 22, 46.
—, C. H. Kick, T. J. Hill u. S. W. Chase 42, 44, 46.
Beuchelt s. Bredereck 64.
Bietti 83.

Bingel u. Strauss 87.
Birch u. Mapson 68.
Bischoff u. Elliot 80, 83, 84.
Bishop, P. A. 50.
— s. J. T. Bauer 50.
Black, G. V., u. F. S. McKay 3, 48.
Blaizot 25, 26, 27.
Blake 12.
de Boer, J. H. 4.
— u. J. Basart 5.
Bogdanovic, S. B. s. R. A. Pavlovic 34, 47.
Bohstedt, G. s. C. Y. Chang 13,, 14, 15, 22, 39.
— s. P. H. Phillips 23, 35, 36, 39, 42, 46.
— s. A. R. Lamb 36, 39.
Boissevain, C. H., u. W. F. Drea 13, 14, 15, 22, 23.
Bokorny, T. 17.
Bonekaert s. Heymans 75.
de Bonis, V. 19.
Bordet, J., u. O. Gengou 29.
Borgert u. Keitel 75.
Boruff, C. S., u. G. B. Abbott 5.
Botazzi, F., u. R. Onorato 19.
Bowes, J. H., u. M. M. Murray 13.
Boyd, J. I. s. J. H. Roe 29.
Brandl, J., u. H. Tappeiner 2, 21, 22, 23, 43, 45.
Brašovan, R., u. J. Serdarušić 62.
Braun, H. A. s. M. H. Seevers 59.
Breaux, R. P. s. H. T. Dean 41.
Bredemann, G., u. H. Radeloff 11.
Bredereck, Beuchelt u. Richter 64.
Breissemoret, M. A. 61.
Brezina, E. 19.
Bridges, R. W. s. H. V. Churchill 5.
Brien s. Santenoise 93.
Brinch, O., u. K. Roholm 23, 50.
Brodie 76.
Bröss, B. 36.
Buchner, G. D., J. H. Martin u. A. M. Peter 36.

Buchwald 4.
—, H. 20.
Bunting, R. W. s. E. V. McCollum 40, 42.

Calugareanu, D. 29.
Cameron, C. A. 20.
Cannon 73.
— u. Bacq 90.
— u. de la Paz 94.
— u. Rosenblueth 90.
Carber, R. H. 11.
Carlau, O. 37.
Carles, P. 15.
Carnot, A. 13, 14.
Casares, G. 25, 61.
Chaneles, J. 38, 42, 47, 55, 60.
Chang u. Mitarbeiter 58.
—, C. Y. s. P. H. Phillips 39, 59.
—, P. H. Phillips, E. B. Hart u. G. Bohstedt 13, 14, 15, 22, 39.
Charnot, A. 21, 23.
— s. M. Gaud 12, 23, 51.
Chase, S. W. s. R. M. Bethke 42, 44, 46.
Chevy, E. 61.
Cholak, J. s. W. Machle 19.
Christian s. Warburg 74.
Christiani, H. 3, 36, 38, 39, 44.
— u. R. Gautier 35, 37, 46.
Churchill, H. V. 49.
—, R. W. Bridges u. R. J. Rowley 5.
Clark 74, 75.
Clausmann, P. s. A. Gautier 12, 14, 15, 16, 17, 23, 24.
Clifford, W. M. 7.
Code 72.
— u. Ing 73.
— u. Macdonald 72.
Collip 89.
Contarti, A. s. S. Belfanti 6, 58.
Coppola, F. 53.
da Costa, J. M. 25.
Costantini, A. 37.
Cramér, H. s. H. Euler 10.
Crichton-Browne, J. 61.
Cruse, J. E. J., u. C. F. M. Rose 29.
Crzellitzer, A. 21, 25, 31, 32.
Cushny u. Gunn 74.

Dale 63, 94.
Dalla Volta, A. 26.
Daniels, A. L., u. M. K. Hutton 16.
Davy 2.
Dean, H. T. 49.
—, W. H. Sebrell, R. P. Breaux u. E. Elvove 41.
Deleonardi 77.
Derrien, E. s. J. Ville 29.
Deussen, E. 19.
Deuticke 70, 71.
Dickens, F., u. F. Simer 8.
Dittler 74.
Dittrich, W. 45.
Doan, Zerfas, Warren u. Ames 72.
Dobozy s. Sivó 83, 84.
Doby, G. 7.
Drea, W. F. s. C. H. Boissevain 13, 14, 15, 22, 23.
Drury 66, 68, 69, 70, 71, 72.
— s. Bennet 66, 69, 71.
— s. Wedd 69.
— u. Szent-Györgyi 66, 68, 69, 71.
Dulmes, A. H. s. C. D. Leake 5.
Duval, M. s. P. Portier 29.
Dyrenfurth u. F. Kipper 28.

Edgington, B. H. s. R. M. Bethke 13, 22, 46.
— s. C. H. Kick 36, 40, 42.
de Eds, F. 48.
— s. J. O. Thomas 48.
Edwards, L. F. s. R. A. Knouff 24.
Effronti, J. 7, 10.
Elliot s. Bischoff 80, 83, 84.
— u. Nuzum 81, 83, 93.
Elvejehm, C. A. s. P. H. Phillips 59.
Elvove, E. s. H. T. Dean 41.
Embden u. Mitarbeiter 8.
Enger u. Arnold 75.
English, E. H. s. P. H. Phillips 34, 59.
Ercoli, A. s. S. Belfanti 6, 58.
Erdheim, J. 60.
v. Euler 65, 70, 71, 78, 79, 90, 91.
— u. Gaddum 70, 71, 90.
Euler, H., u. H. Cramér 10.
Ewig, W. 8.

Feigl, F., u. P. Krumholz 4.
Feissly, R., Fried u. H. A. Oehrli 14.
Feldberg u. Guimaräis 77.
— u. Schriever 77.
Felix u. v. Putzer-Reyberg 92.
— u. Schueller 92.
Fenn u. Wedd 68, 69.
Fiske 74.

Fleisch 76.
— u. Weger 69, 70, 76, 94.
Flössner 69, 71.
Flosdorf s. Werle 80.
Flury 52.
—, F., u. F. Zernik 19, 20.
Foit, R. 26, 29, 30, 31, 33.
Folley, S. J., u. H. D. Kay 6, 57.
Forbes, E. B., J. O. Halversen, L. E. Morgan u. J. A. Schulz 46, 47.
—, G. H. Hunt, J. A. Schulz u. A. R. Winter 46.
— u. J. A. Schulz 46.
Frese, C. 21, 25.
Fresenius, R. s. H. Will 12.
Freund 75, 76.
Frey s. Kraut 80, 81, 82.
— u. Kraut 80, 81, 82, 83.
—, Kraut u. Schultz 80.
—, Kraut u. Werle 84.
—, Werle u. Sackers 83, 84.
Fried s. R. Feissly 15.
Friedenthal, H. 26, 32, 55.
Fuchs s. Santenoise 93.

Gadaskina, I. D., u. T. A. Stessel 22, 23.
Gaddum 63, 85, 92.
— s. Barsoum 71, 72.
— s. v. Euler 70, 71, 90.
— u. Holtz 70.
— u. Schild 90, 92.
Gard 69.
Gaud, M., A. Charnot u. M. Langlais 12, 23, 51.
Gautier, A. 17, 18, 24.
— u. P. Clausmann 12, 14, 15, 16, 17, 23, 24.
—, R., u. H. Christiani 35, 37, 46.
Gautrelet, J., u. H. Mallié 33.
Gay-Lassac 2.
Gehrke, M. s. W. Schoeller 53.
Geilmann, W. 4.
Gellerstedt 28.
Gengou, O. s. J. Bordet 29.
Gerschmann, R. 33.
Gibbs 77.
Gillespie 67, 70, 71.
Gley u. Kisthinios 93.
Gönczi, Kl. s. B. Purjesz 24.
Görlitzer, V. 18, 34, 62.
Goldblatt 78.
Goldemberg, L. 25, 26, 27, 34, 35, 36, 38, 40, 48, 58, 61, 62.
— u. J. Schraiber 15, 58.
Goldschmidt, V. M 1.
Gottdenker, F., u. C. J. Rothberger 31, 56.
Gottlieb, L., u. B. Grant 33.

de Graff, A. C. s. M. M. Loucks 56.
Grant, B. s. L. Gottlieb 33.
Greenwood, D. A., E. A. Hewitt u. V. E. Nelson 31, 32, 38.
— s. C. A. Kempf 21, 53.
Groenewald, J. W. s. P. J. du Toit 44.
v. Groer, F. 7.
Grützner, P. 9.
— s. M. Wachsmann 7.
Gudjonsson, Sk. V. 3, 49, 61.
Guggenheim u. Löffler 74, 87.
Guimaräis 78.
— s. Feldberg 77.
Gunn s. Cushny 74.
Gutman, A. B. s. K. Roholm 50.
—, E. B. 50.
Guttentag 73.
Gwin, C. M. 11.

Haake 75.
Hagen, S. Kühnel 4.
Halpin, J. G. s. H. M. Hauck 36, 39, 47, 48.
— s. P. H. Phillips 24.
Halversen, J. O. s. E. B. Forbes 45, 47.
Hammet, F. S. 60.
Handovsky 75.
Handy s. Phemister 76.
Harris, H. A. 57.
Hart, E. B. s. C. Y. Chang 13, 14, 15, 22, 39.
— s. A. R. Lamb 36, 39. 13, 14, 15, 22, 39.
— s. A. R. Lamb 36, 39.
— s. P. H. Phillips 23, 24, 34, 35, 36, 39, 42, 46, 59, 60.
—, H. Steenbock u. F. B. Morrison 35.
Hartmann 67.
Hartwich u. Hessel 87.
— s. Hessel 87.
Harvey s. Stewart 74, 76.
Hatz s. Korányi 78.
Hauck, H. M., H. Steenbock, J. T. Lowe u. J. B. Halpin 36, 39, 47, 48.
—, H. Steenbock u. H. T. Parsons 35, 36, 39, 40, 42, 46, 55.
Haurowitz, F. 29.
Hedström, H. 26.
Heidenhain, R. 9, 25.
Heiss, E. 61.
Hemingway 76.
Hennemann, W. 36.
Herbig 84.
d'Herelle, F. 10.
Herrick u. Markowitz 74.
Hessel 87, 89.
— s. Hartwich 87.

Namenverzeichnis.

Hessel u. Hartwich 87.
— u. Maier-Hüser 87.
Hewelke, O. 32, 40.
Hewitt, E. A. s. D. A. Greenwood 31, 32, 38.
Heymann 75.
Heymans, Bonekaert u. Meraes 75.
Hildebrandt u. Mügge 69.
Hill, T. J. s. R. M. Bethke 42, 44, 46.
Hinter, H. s. F. Plattner 6.
Hirose 76.
Hirschfeld u. Madrakowski 76.
Hjärre, A. s. H. Öhnell 43, 45, 60.
Hochrein u. Keller 82, 83.
Hockenyos, G. L. 12, 21.
Höjer, J. A. 60.
Hoff, F., u. F. May 15.
Holtz s. Gaddum 70.
Honey, Ritschie u. Thomson 67.
Horsford, E. N. 14.
Huber, A. s. M. Arthus 5, 29.
Hülsmeyer s. Zipf 73.
Hürter s. Werle 82.
Huffman, C. F. s. O. E. Reed 36, 42, 44.
Hunt, G. H. s. E. B. Forges 46.
Hupka, E., u. P. Luy 61.
Hutton, M. K. s. A. L. Daniels 16.

Ing s. Code 73.
Irish, O. J. s. J. H. Roe 29.

Jacoby, M. 7.
Janaud, L. 21.
Jancke, O. 11.
Janeway u. Park 76.
—, Richardson u. Park 74, 76.
Jodlbauer 16, 24.
— u. v. Stubenrauch 45.
—, A. 33, 47, 55.
Juraschek 69, 70, 71.

Kahlson 86.
—, G., u. B. Uvnäs 6, 57.
Kahn 76.
Karassik, V., V. Rochkow u. O. Winogradowa 30.
Kastle, J. H., u. A. S. Loevenhart 5.
Kaufmann 76.
Kay, H. D. 6.
— s. S. J. Folley 6, 57.
Keitel s. Borgert 75.
Keller s. Hochrein 82, 83.
Kempf, C. A., D. A. Greenwood u. V. E. Nelson 21, 53.
Kick, C. H. s. R. M. Bethke 13, 22, 42, 44, 46.

Kick,, R. M. Bethke u. B. H. Edgington 36, 40, 42.
—, R. M. Bethke u. P. R. Record 38.
Kiessling u. Meyerhof 64.
King, R. 28.
Kipper, F. s. Dyrenfurth 28.
Kisch, B. 9.
Kisthinios s. Gley 93.
Kitzmiller, K. s. W. Machle 19, 20.
Klement, R. 13, 14.
— u. G. Trömel 14.
Knouff, R. A., L. F. Edwards, D. W. Preston u. P. C. Kitchin 24.
de Kock, W., G. v. d. s. P. J. du Toit 44.
Koepf u. Mezen 78.
Kolipinski, L. 9.
Korányi, Szenes u. Hatz 78.
Kovács-Oskolás, M. s. B. Purjesz 24.
Kraft, K. 54.
— u. R. May 15, 58.
Krasnow, F., u. A. Serle 17.
Kraut s. Frey 80, 81, 82, 83, 84.
—, Frey u. Bauer 80, 82.
—, Frey, Bauer u. Schultz 80.
—, Frey u. Schultz 80.
—, Frey u. Werle 80, 82.
—, Frey, Werle u. Schultz 80, 81.
Krayer u. Rühl 82, 83.
Krimer, W. 25.
Krumholz, P. s. F. Feigl 4.
Küster, W., u. O. Neunhöffer 30.
Kurtzahn, G. s. H. Wieland 20, 26, 27, 55.

Lamb, A. R. s. P. H. Phillips 39.
—, P. H. Phillips, E. B. Hart u. G. Rohstedt 36, 39.
— s. J. A. Schulz 17, 35.
Lang, H. 7.
—, K. 53.
— s. B. Stuber 15, 30, 37.
—, S., u. H. Lang 7.
Lange 92.
— s. Wollheim 81, 84.
Langlais, M. s. M. Gaud 12, 23, 51.
Lantz, E. M. s. M. C. Smith 40, 42, 48, 49.
— u. M. C. Smith 3, 44, 46, 47, 55.
Leake, C. D. 26, 27.
—, A. H. Dulmas, D. N. Treweek u. A. S. Loevenhart 5.
— u. G. Ritchie 37.
Lee s. Stevens 76.

Lehmann, F. 4, 53.
Lendle 71.
Lenggenhager 77.
Levene u. Tipson 65.
Leverton, R. M. 27.
— s. M. C. Smith 41.
Lilleengen, K. 45.
Lindner 64.
— u. Rigler 69.
Lipmann, F. 5, 6, 8, 30, 32, 56, 57.
Litzka, G. 53, 54.
Loeb, J. 31, 32.
Loebel, R. O. 8.
Löffler s. Guggenheim 74, 87.
Loevenhart, A. S. s. J. H. Kastle 5.
— s. C. D. Leake 5.
— u. G. Peirce 5.
Loew, O. 10, 11, 56.
Loewe, S. 44.
Loewi 90.
Lohmann, K. 8.
Loucks, M. M., u. A. C. de Graff 56.
Lowe, J. T. s. H. M. Hauck 36, 39, 47, 48.
Ludwig u. Schmidt 76.
Luithlen u. Molitor 93.
Luy, P. s. E. Hupka 61.
— u. E. Thormählen 47, 48.

McClure, F. J., u. H. H. Mitchell 36, 40, 46, 47.
McCollum, E. V., u. G. R. Sharpless 16, 17, 23, 24.
—, S. Simmonds, J. E. Becker u. R. W. Bunting 40, 42.
Macdonald s. Code 72.
Machle, W., u. E. W. Scott 19, 20.
— u. K. Kitzmiller 19, 20.
—, F. Thamann, K. Kitzmiller u. J. Cholak 19.
McKay, F. S. s. G. V. Black 3, 48.
McRobert, G. R. s. H. E. Shortt 49, 50.
Madrakowski s. Hirschfeld 76.
Magenta, M. A. 26, 27, 33.
Maier-Hüser s. Hessel 87.
Major s. Weber 92.
—, Nanninga u. Weber 91.
— u. Weber 91.
Malan, A. J. s. P. J. du Toit 44.
Mallié, H. s. J. Gautrelet 33.
Mapson 68.
Marconi, S. 36, 40, 45.
Marcou 70.
Marcovitch. S. 11.
—, G. A. Shuey u. W. W. Stanley 11, 12.
Marfori, de Nito u. Aurisicchio 93.

Markowitz s. Herrick 74.
Marpmann 9.
Martin s. Viale 92.
—, J. H. s. G. D. Buchner 36.
Matthes, K. 6.
Maumené, E. 38.
May, F. s. F. Hoff 15.
—, R. s. K. Kraft 15, 58.
—, W. 54, 59, 62.
Maynard, L. A. s. G. Tolle 38.
Mayrhofer, A., C. Schneider u. A. Wasitzky 12.
Mazé, P. 16.
Mendel, L. B. s. T. B. Osborne 16.
Menzies, J. A. 29.
Meraes s. Heymans 75.
Meslans, M. 52.
Meyerhof s. Kiessling 64.
—, E. 8.
Mezen 78.
Middleton, J. 14, 15.
Minard 73.
Mitchell, H. H. s. F. J. Mc Clure 36, 40, 46, 47.
—, H. S., u. L. Schmidt 16.
Moissan, H. 2, 20, 52.
Molitor s. Luithlen 93.
Møller, P. Flemming, u. Sk. V. Gudjonsson 3, 49, 61.
Moraczewski 7.
Morgan, L. E. s. E. B. Forbes 46, 47.
Morichini 2, 13.
Morrison, F. B. s. E. B. Hart 35.
Mosso 76.
Mügge s. Hildebrandt 69.
Muehlberger, C. W. 25, 26, 27.
Müller, W. 25, 26.
— u. Blake 12.
Muller 75.
Murray, D. R. P. 6.
—, M. M. 23, 24.
— s. J. H. Bowes 13.

Nanninga s. Major 91.
— s. Weber 92.
Nasse, O. 9.
Nayar, A. S. M. s. H. E. Shortt 49, 50.
Nefflen u. Szakáll 84.
Nelson, V. E. s. D. A. Greenwood 31, 32, 38, 53.
— s. C. A. Kempf 21.
Neunhöffer, O. s. W. Küster 30.
Nicklès, J. 14.
de Nito, G. 26, 27, 31, 32, 61.
— s. Marfori 93.
Nuzum s. Elliot 81, 83, 93.

O'Connor 73, 75, 76.
Öhnell, H., G. Westin u. A. Hjärre 43, 45, 60.

Oehrli, H. A. s. R. Feissly 15.
Oneto 90.
Ono, N. 17.
Onorato, R. s. F. Botazzi 19.
Osborne, T. B., u. L. B. Mendel 16.
Ostern s. Parnas 69.
— u. Parnas 68.

Pachaly, W. 42.
Page 77, 87.
Pagés, C. s. M. Arthus 28.
Pagnier s. le Sourd 73.
Park s. Janeway 74, 76.
Parnas s. Ostern 68.
— u. Ostern 69.
Parrot u. Ungar 78.
Parsons, H. s. H. M. Hauck 35.
—, H. T. s. H. M. Hauck 36, 39, 40, 42, 46, 55.
Pavlovic, R. A., u. S. B. Bogdanovic 34, 47.
— u. D. M. Tihomirow 26, 39.
Pavy, F. W. 7.
de la Paz s. Cannon 74.
Peirce, G. 5.
— s. A. S. Loevenhart 5.
Perret 26, 27, 30.
Peter, A. M. s. G. D. Buchner 36.
Pfaff u. Vejna-Tyrode 76.
Phemister u. Handy 76.
Phillips, P. H. 47, 48, 59.
— s. C. Y. Chang 13, 14, 15, 22, 39, 59.
—, E. H. English u. E. B. Hart 34, 59.
—, J. G. Halpin u. E. B. Hart 24.
— u. E. B. Hart 60.
—, E. B. Hart u. G. Bohstedt 23, 25, 36, 39, 42, 46.
— u. A. R. Lamb 39.
— s. A. R. Lamb 36, 39.
— u. F. J. Stare 59.
—, F. J. Stare u. C. A. Elvejehm 59.
Pick u. Handovsky 75.
Pierron, A. s. P. Simonin 28.
Piettre, M., u. A. Vila 29.
Pighini, G. 38.
Plattner, F., u. H. Hinter 6.
Poppe, E. s. A. J. Vandevelde 7.
Portier, P., u. M. Duval 29.
Preston, D. W. s. R. A. Knouff 24.
Price, W. A. 11, 17, 47.
Purjesz, B., L. Berkessy, Kl. Gönczi u. M. Kovács-Oskolás 24.
v. Putzer-Reyberg s. Felix 92.

Rabuteau, A. P. A. 2, 24, 25.

Radeloff, H. s. G. Bredemann 11.
Record, P. R. s. C. H. Kick 38.
Reed, O. E., u. C. F. Huffman 36, 42, 44.
Reeke u. Werle 83.
Reid, E. 12.
Richards 67.
Richardson s. Janeway 74, 76.
Richter s. Bredereck 64.
Riesser 72.
Rigler 69, 70.
— s. Lindner 69.
— u. Schaumann 69.
—, R. 63.
— u. Rothberger 63.
Ripley, L. B. 11.
Risi, A. 30.
Ritchie, G. s. C. D. Leake 37.
Ritschie s. Honey 67.
Robison, R. 57.
— s. A. H. Rosenheim 6.
Rochkow, V., u. O. Wingradowa 30.
Rockwood, E. W. 7.
Roden s. Werle 78.
Roe, J. H., O. J. Irish u. J. I. Boyd 29.
Roholm, Kaj 1, 3, 13, 14, 20, 21, 23, 28, 35, 36, 40, 41, 42, 44, 45, 49, 51, 52.
— s. O. Brinch 23, 50.
—, A. B. Gutman u. E. B. Gutman 50.
Ronzani, E. 19.
Rose, C. F. M. s. J. E. J. Cruse 29.
Rosenblueth s. Cannon 90.
Rosenheim, A. H., u. R. Robison 6.
Roskam 73.
Rost, E. 3, 40, 42.
Rostowzew 74.
Rothberger s. A. Rigler 63.
—, C. J., u. F. Gottdenker 31, 56.
Rothlin 75.
Rothmann 67.
Rothschild, P. 6.
Rowley, R. J. s. H. V. Churchill 5.
Rühl s. Krayer 82, 83.
Ruhrah 16.

Sackers s. Frey 83, 84.
Salm-Horstmar 12, 16.
Sano, M. s. B. Stuber 30.
Santenoise 92.
—, Brien u. Stankoff 93.
—, Fuchs u. Vidacovitch 93.
Scharrer, K., u. W. Schropp 11.
Schaumann s. Rigler 69.
Scheele 2.

Schettler, O. H. s. T. Sollmann 35, 60.
Schild 85.
— s. Gaddum 90, 92.
Schlick, A. 55, 56.
Schmidt s. Ludwig 76.
—, L. s. H. S. Mitchell 16.
Schmitz-Dumond, W. 10.
Schneider, C. s. A. Mayrhofer 12.
Schoedel 69.
Schoeller, W., u. M. Gehrke 53.
Schour, J., u. M. C. Smith 34, 40, 41, 42, 61.
Schraiber, J. s. L. Goldemberg 15, 58.
Schretzenmayr 82.
Schriever s. Feldberg 77.
Schropp, W. s. K. Scharrer 11.
Schueller s. Felix 92.
Schultz 76.
— s. Frey 80.
— s. Kraut 80, 81.
Schulz, H. 2, 21, 24, 25, 26, 31, 32.
—, J. A. s. E. B. Forbes 46, 47.
— u. A. R. Lamb 17, 35.
Schwyzer, F. 37.
Scott, E. W. s. W. Machle 19, 20.
Sebrell, W. H. s. H. T. Dean 41.
Secker 77.
Seevers, M. H., u. H. A. Braun 59.
Serdarušić, J. s. R. Brašovan 62.
Serle, A. s. F. Krasnow 17.
Sertz, H. 10.
Sharpless, G. R. 21.
— u. E. V. McCollum 16, 17, 23, 24.
Shaw 87.
Shepard, H. H., u. R. H. Carter 11.
Shortt, H. E., G. R. McRobert, T. W. Barnard u. A. S. M. Nayar 49, 50.
Shuey, G. A. s. S. Marcovitch 11, 12.
Siegfried, A. 26.
Silliman jr., B. 15.
Šimer, F. s. F. Dickens 8.
Simmonds, S. s. E. V. Mc Collum 40, 42.
Simon 75.
Simonin, P., u. A. Pierron 28.
Sivó u. Dobozy 83, 84.
Slagsvold, L. 35, 42, 44, 51.
Smirk s. Barsoum 72.
Smith, H. V. 3, 24, 40, 49, 55.
—, M. C. 56, 60.

Smith u. E. M. Lantz 40, 42, 48.
— s. E. M. Lantz 44, 46, 47.
—, E. M. Lantz u. H. V. Smith 3, 40, 49, 55.
— u. R. M. Leverton 27, 41.
— s. J. Schour 34, 40, 41, 42, 60.
— u. H. V. Smith 24.
Smyth, H. F., u. H. F. Smyth 40.
Sollmann, T., O. H. Schettler u. N. C. Wetzel 35, 60.
Sonntag, G. 22.
le Sourd u. Pagnier 73.
Spéder 50.
Spencer, E. Y. s. O. J. Walker 49.
Stankoff s. Santenoise 93.
Stanley, W. W. s. S. Marcovitch 11, 12.
Stare, F. J. s. P. H. Phillips 59.
Starling u. Verney 76.
Steenbock, H. s. E. B. Hart 35.
— s. H. M. Hauck 35, 36, 39, 40, 42, 46, 47, 48, 55.
Stessel, T. A. s. I. D. Gadaskina 22, 23.
Stevens u. Lee 76.
Stewart s. Zucker 76.
— u. Harvey 74, 76.
— u. Zucker 76.
Stoelitzner, W. 61.
Straube 84.
Strauss s. Bingel 87.
v. Stubenrauch 40.
— s. Jodlbauer 45.
Stuber, B., u. K. Lang 15, 30, 37.
— u. M. Sano 30.
Stutzer, O. 1.
Suekawa, T. 30, 33.
— u. S. Takehiro 33.
Sutro, C. J. 44, 45.
Szakáll 81, 84.
— s. Nefflen 84.
Szenes s. Korányi 78.
Szent-Györgyi s. Drury 66, 68, 69, 71.

Takehiro, S. 33.
Tamman, G. 14, 17, 18, 24.
Tappeiner, H. 2, 8, 9, 24, 31, 32.
— s. J. Brandl 2, 21, 22, 23, 43, 45.
Tarras-Wahlberg 73.
Taylor, H. J. s. T. G. Thompson 1.
Terroine, E. F. 5.
Thamann, F. s. W. Machle 19.
Thauer 87.
Thénard 2.

Thomas, J. O., R. H. Wilson u. F. de Eds 48.
Thompson, T. G., u. H. J. Taylor 1.
Thomson s. Honey 67.
Thormählen, E. s. P. Luy 47, 48.
Tigerstedt u. Bergmann 87.
Tihomirow, D. M. 26.
— s. R. A. Pavlovic 39.
Tipson s. Levene 65.
du Toit, P. J., A. J. Malan, J. W. Groenewald u. G. v. d. W. de Kock 44.
Tolle, C., u. L. A. Maynard 38.
Toyofuku, T. 60.
Toyonaga, M. 29.
Treadwell 51.
Trendelenburg 75, 76.
—, P. 87.
Treweek, D. N. s. C. D. Leake 5.
Treyer, A. 7.
Trömel, G. s. R. Klement 14.

Uchiyama, S. 17.
Ungar u. Parrot 78.
Uvnäs, B. s. G. Kahlson 6, 57.

Valjavec, M. 31, 37.
Vandevelde, A. J., u. E. Poppe 7.
Vandolah 71.
Vejna-Tyrode s. Pfaff 76.
Velu, H. 3, 24, 42, 49, 51.
— u. G. Zottner 37.
Verney s. Starling 76.
Vernon, H. 8, 9.
—, H. M. 56.
Viale u. Martin 92.
Vidacovitch s. Santenoise 93.
Vila, A. s. M. Piettre 29.
Ville, J., u. E. Derrien 29.

Wachsmann, M., u. P. Grützner 7.
Waddel, L. 30, 32.
Wagenfeld s. Zipf 74.
Walker, O. J., u. E. Y. Spencer 49.
Warburg 65.
— u. Christian 74.
Warren s. Doan 72.
Wasitzky, A. s. A. Mayrhofer 12.
Weber s. Major 91.
—, Nanninga u. Major 92.
Wedd 67, 69.
— u. Drury 69.
— u. Fenn 68, 69.
Weese 81.
Weger s. Fleisch 69, 70, 76, 94.
Wehmer, C. 10.
Weinland, G. 9.

Weitzel, A. 7.
Werle 63, 78, 80, 82, 83.
— s. Frey 83, 84.
— s. Kraut 80, 81, 82.
— s. Reeke 83.
— u. Flosdorf 80.
— u. Hürter 82.
— u. Roden 78.
Westin, G. s. H. Öhnell 43, 45, 60.
Wetzel, N. C. s. T. Sollmann 35, 60.
Wieland, H., u. G. Kurtzahn 20, 26, 27, 55.
Wiethaupt 83.
Wilder, O. H. s. R. M. Bethke 13, 22, 46.

Will, H., u. R. Fresenius 12.
Willard, H. H., u. O. B. Winter 5.
Wilson, G. 2, 12, 14.
—, R. H. s. J. O. Thomas 48.
Winogradowa, O. 30.
Winter, A. R. s. E. B. Forbes 46.
—, O. B. s. H. H. Willard 5.
Wislicenus, H. 10.
Woakes, E. 62.
Wöber, A. 11.
Woelcker, A. 12.
Wohlgemuth, J. 7.
Wolff, W. A. s. J. T. Bauer 50.

Wollheim 85, 86.
— u. Lange 81, 84.

Yanagava 74.
Yant, W. P. 20, 52.

Zdarek, E. 14.
Zerfas s. Doan 72.
Zernik, F. s. F. Flury 19, 20.
Zipf 70, 71, 74.
— u. Hülsmeyer 73.
— u. Wagenfeld 74.
Zottner, G. s. H. Velu 37.
Zucker s. Stewart 76.
— u. Stewart 76.

Sachverzeichnis.

Acetylcholin, Vorkommen im Liquor cerebrospinalis 77.
Adenin
Wirkung auf Herz und Coronargefäße 67.
— auf Uterus 71.
Adeninnucleotid 64.
phosphorylierendes, Vorkommen in Erythrocyten 74.
Vergleich in der pharmakologischen Wirkung mit Histamin 75.
Adenosin 64.
Wirkung auf Blutbild 71.
— auf Blutgefäße und Blutdruck 69.
— auf Muskulatur von Darm, Magen, Gallenblase, Trachea, Bronchien 71.
— auf Uterus 70.
Adenosindiphosphorsäure 64.
Adenosingruppe, Stoffe der 64.
Wirkung auf Blutbild 71.
— auf Blutgefäße und Blutdruck 69.
— auf glattmuskelige Organe 70.
— auf Herz und Coronargefäße 66.
— auf quergestreifte Muskulatur, sekretorische Organe, Wärmehaushalt 71.
Adenosinmonophosphorsäure 64.
Adenosintriphosphorsäure 64.
Vorkommen im Blut 74.
Wirkung auf Gefäße und Blutdruck 70.
— auf Herz und Coronargefäße 67.
Adenylpyrophosphorsäure 64.
Wirkung auf Darm 71.
— auf Gefäße und Blutdruck 70.
— auf Herz und Coronargefäße 66.
— auf Uterus 70.
Adenylsäure 64.
Wirkung auf Blutbild 72.

Adenylsäure
Wirkung auf Gefäße und Blutdruck 70.
— auf Herz und Coronargefäße 67.
Äthylfluorid 52.
örtliche Wirkung 20.
Angioxyl 93.
Apatit 1.
Atmung in Geweben, Wirkung von Fluorid auf 8.
Atmung
Veränderung bei akuter Fluorvergiftung 25.
Wirkung, akute, von Fluorid auf 32.
— von Äthylfluorid auf 52.
— von Fluorbenzoesäuren auf 53.
— von Renin auf 89.
Bakterien, Wirkung von Fluorid auf 9.
Basedowsche Krankheit, Wirkung von Fluortyrosin bei 54, 58.
Blut
anorganische Bestandteile, Wirkung chronischer experimenteller Fluorvergiftung auf 46.
Fluorvorkommen im 14.
frisch defibriniertes, besondere Eigenschaften des 75.
Histaminvorkommen im 72
Kallikreininaktivierung durch Serum 82.
kreislaufwirksame Stoffe im 72.
Wirkung von Vagotonin auf 93.
Blutbild
Wirkung, akute, von Fluor auf 30.
— chronischer experimenteller Fluorvergiftung auf 37.
— von Stoffen der Adenosingruppe auf 71.
Blutdruck
Wirkung, akute, von Fluorid auf 31.
—, von Angioxyl auf 93.

Blutdruck
Wirkung von Depressan auf 85.
— von Euler-Gaddums Substanz P auf 91.
— von Kallikrein auf 82.
— von Lymphoganglin auf 93.
— von Prostaglandin auf 79.
— von Renin auf 88.
— von Stoffen der Adenosingruppe auf 69.
— von Vagotonin auf 93.
— von Vesiglandin auf 79.
— vom „vierten" blutdrucksenkenden Stoff nach Felix-Lange auf 92.
— von Weber-Nanninga-Majors Substanz auf 92.
Blutdrucksteigernde Substanzen, unspezifische, nach Collip 89.
Blutfarbstoff
Wirkung, akute, von Fluor auf 29, 30.
— chronischer experimenteller Fluorvergiftung auf 37.
Blutgefäße
Wirkung, akute, von Fluorid auf Vasomotorenzentrum 31.
— der Stoffe der Adenosingruppe auf 69.
— von Depressan auf 85.
— von Kallikrein auf 83.
— von Prostaglandin auf 79.
— von Renin auf 88.
Blutkoagulation
Wirkung, akute, von Fluoriden auf 28, 30.
— chronischer experimenteller Fluorvergiftung auf 37.
Blutkörperchen
Histaminvorkommen in den 73.
—, rote, Wirkung, akute, von Fluoriden auf 29, 30.
—, rote, Wirkung chronischer experimenteller Fluorvergiftung auf 37.

Blutkörperchen
 Vorkommen von Adenosinverbindungen in 74.
Blutkreislauf
 Wirkung der Stoffe der Adenosingruppe auf den 66.
 — von Collips unspezifischen blutdrucksteigernden Substanzen auf 90.
 — von Depressan auf 85.
 — von Kallikrein auf 82.
 — von Renin auf 88.
Blutkreislaufwirksame Stoffe im Blut 72.
 im Harn, Depressan 84.
 — —, Kallikrein 79.
 — —, Urohypertensin 86.
 im Liquor cerebrospinalis 77.
 in der Niere, Renin 87.
 im Speichel 77.
 in Sperma, Prostata und Samenblasensekret 78.
 im Stoffwechsel des Muskels 94.
Blutzucker
 Wirkung von Fluortyrosin auf 54.
 — von Kallikrein auf 84.
 —, akute, von Fluorid auf 33.
Bronchialmuskulatur
 Wirkung von Adenosin auf 71.
 — von Äthylfluorid auf 52.

Calciopriver Mechanismus der Fluorwirkung 55.
Calcium, adenylpyrophosphorsaures, Wirkung auf Herz 69.
Calciumfluorid
 tödliche Dosen 27.
 Vorkommen 2.
Calciumstoffwechsel, Wirkung chronischer experimenteller Fluorvergiftung auf 47.
Carcinomzelle, Glykolyse der, Wirkung von Fluoriden auf 8.
Cholinesterase, Wirkung von Fluoriden auf 6.
Chromatin-nucleinsäure 66.
Citidylsäure 65.
 Wirkung auf Herz und Coronargefäße 68.
Co-Ferment 65.
 Vorkommen in Erythrocyten 74.
Collips unspezifische blutdrucksteigernde Substanzen 89.

Coronargefäße
 Wirkung der Stoffe der Adenosingruppe auf die 66.
 — von Kallikrein auf 83.
Co-Zymase 65.
 Vorkommen in Erythrocyten 74.
 Wirkung auf Coronargefäße 69.
 — auf Darm 71.
 — auf Uterus 70.
Cytoplasmanucleinsäure 66.
Darm
 anatomische Veränderungen nach akuter Fluorvergiftung 25.
 örtliche Wirkung von Fluorverbindungen auf den 19.
 Resorption von Fluor 20.
 Vorkommen blutdrucksteigernder Substanzen nach Collip im 89.
 Wirkung chronischer experimenteller Fluorvergiftung auf den 36.
 — der Stoffe der Adenosingruppe auf 71.
 — von Fluorid auf isolierten 9.
Darmmuskulatur
 Euler-Gaddums Substanz P aus 90.
 Wirkung von Collips unspezifischen blutdrucksteigernden Substanzen auf 90.
 — von Kallikrein auf 83.
 — von Prostaglandin auf 79.
 — von Renin auf 89.
 — von Vagotonin auf 93.
Darmous 49, 50, 51.
Depressan
 Eigenschaften, Darstellung 85.
 Vorkommen 84.
 Wirkung auf Kreislauf 85.
Diabète insipide fluorique 25.
Di-Adenosin-penta-phosphorsäure 64.
Dichloridfluoräthan 52.
 örtliche Wirkung 20.
Dichlortetrafluoräthan 52.
 örtliche Wirkung 20.
p-p-Difluordiphenyl 53.
Dinucleotidpyrophosphorsäure 64.
Diphospho-Pyridinnucleotid, Vorkommen in Erythrocyten 74.

Drüsen
 endokrine, Wirkung chronischer experimenteller Fluorvergiftung auf 38.
 Wirkung, akute, von Fluor auf 32.
Enzyme
 Wirkung von Fluor auf, und Mechanismus der Fluorwirkung 56.
 — von Fluoriden auf 5.
Erbrechen bei akuter Fluorvergiftung 25.
Erg-Adenylsäure 64.
Ernährung, Notwendigkeit des Fluors in der 16.
Esterasen, Wirkung von Fluoriden auf 5.
Euler-Gaddums Substanz P 90.
Exostosenbildung bei chronischer experimenteller Fluorvergiftung 44.

Felix-Langes „vierter" blutdrucksenkender Stoff 92.
Flimmerepithel, Wirkung von Fluorid auf 9.
Fluor
 Geschichtliches 2.
 Möglichkeit einer physiologischen Rolle des 15.
 Nachweis 4.
 Resorption, Ablagerung, Ausscheidung 20.
 Vorkommen 1.
 — in der lebenden Substanz 12.
 — Wirkung, akute, auf einzelne Gewebe und Funktionen 28.
 — auf Enzyme, und Mechanismus der Fluorwirkung 56.
 —, Mechanismus der 54.
 —, örtliche, an Wirbeltieren 18.
Fluoracetanilid 53.
Fluoraluminate 4.
Fluorapatit 14.
Fluorbenzoesäuren 53.
Fluorbenzol 53.
Fluoride
 Chemie 4.
 Vorkommen 1.
 Wirkung auf Enzyme 5.
 — auf isoliertes tierisches Gewebe, Pflanzen und Insekten 9.
Fluorit, Vorkommen 1.
α-Fluornaphthalin 53.
Fluor-Methämoglobin 29.
Fluorose, chronische 35.
Fluortoluol 53.

Fluortyrosin 53.
Fluorverbindungen
  Chemie 3.
  organische, Wirkungen 52.
  therapeutische Anwendung 61.
  tödliche Dosen 26.
  Verwendung 2.
Fluorvergiftung
  akute 24.
  —, Wirkungsmechanismus 54.
  chronische experimentelle 34.
  durch organische Fluorverbindungen 52.
  spontane chronische 48.
Fluorwasserstoff 3.
  örtliche Wirkung 19.
Flußsäure 3.
Flußspat, Vorkommen 1.
Fortpflanzung, Wirkung chronischer experimenteller Fluorvergiftung auf die 35.

Gaddur 51.
Gärung, Wirkung von Fluorid auf bakterielle 10.
Galle, Vorkommen von Fluor in 14.
Gallenblasenmuskulatur, Wirkung von Adenosin auf 71.
Ganylsäure
  Wirkung auf Blutbild 72.
  — auf Coronargefäße 69.
  — auf Darm 71.
  — auf Gefäße und Blutdruck 70.
  — auf Uterus 71.
Gefäße s. Blutgefäße.
Gehirn
  akute Wirkung von Fluorid auf 32.
  Euler-Gaddums SubstanzP aus 90.
  Weber-Nanninga-Majors blutdrucksenkende Substanz aus 91.
  Vorkommen von Fluor im 14.
Gewebe
  Glykolyse im, Wirkung von Fluoriden auf 8.
  isoliertes, Wirkung von Fluoriden auf 9.
  — tierische, Vorkommen von Fluor in 14.
Gley-Kisthinios' Angioxyl 93.
Glykolyse
  des Muskels, Wirkung von Fluoriden auf 7.
  in anderen Geweben, Wirkung von Fluoriden auf 8.

Grundumsatz
  Wirkung, akute, von Fluorid auf 34.
  — von Fluor auf 58.
  — von Kallikrein auf 84.
Guanin, Wirkung auf Gefäße und Blutdruck 70.
Guanosin
  Wirkung auf Blutbild 71.
  — auf Darm 71.
  — auf Uterus 71.
Guanylsäure 65.

Haare, Vorkommen von Fluor in 14.
Hämophilie, Beziehungen zum Fluorgehalt des Blutes 38.
Harn
  Kallikreinausscheidung im 81.
  Veränderungen bei akuter Fluorvergiftung 25.
  Vorkommen kreislaufwirksamer Stoffe im 79.
  — von Depressan im 84.
  — von Fluor im 14.
  — von Urohypertensin im 86.
Haut, Wirkung von Fluorverbindungen auf die 18.
Hefe, Wirkung von Fluorid auf 10.
Hefeadenylsäure 64.
  Wirkung auf Blutbild 72.
  — auf Blutgefäße und Blutdruck 70.
  — auf Darm 71.
  — auf Herz und Coronargefäße 66.
  — auf Uterus 70.
Hefecitidylsäure, Wirkung auf Coronargefäße 69.
Hefenucleinsäure 65.
Herz
  Vorkommen von Fluor im 14.
  Wirkung, akute, von Fluorid auf 31.
  — der Stoffe der Adenosingruppe auf das 66.
  — von Kallikrein auf 83.
  — von Prostaglandin auf 79.
  — von Renin auf 88.
  — von Vagotonin auf 93.
Herznucleotid 64.
Hirn s. Gehirn.
Histamin
  Vergleich in der pharmakologischen Wirkung mit Adeninnucleotid 75.
  Vorkommen im Blut, Nachweis 72.

Histamin
  Wirkung auf Blutgefäße und Herz 74.
Hoden
  Vorkommen blutdrucksteigernder Substanzen nach Collip in 89.
  Wirkung von chronischer experimenteller Fluorvergiftung auf 39.
Hühnerei, Vorkommen von Fluor in 14.
Hydroxylapatit 14.
Hyperthyreoidismus, therapeutische Anwendung von Fluorverbindungen bei 62.
Hypophyse, Wirkung von chronischer experimenteller Fluorvergiftung auf 39.
Hypoxanthin, Wirkung auf Uterus 71.

Inosin 65.
  Wirkung auf Gefäße und Blutdruck 70.
  — auf Uterus 71.
Inosinsäure
  Wirkung auf Gefäße und Blutdruck 70.
  — auf Herz und Coronargefäße 67.
  — auf Uterus 71.
Inosintriphosphorsäure, Wirkung auf Herz und Coronargefäße 67.
Insekten, Wirkung von Fluoriden auf 11.
Isoamylamin 87.

Käse, Vorkommen von Fluor im 14.
Kalkstoffwechsel, Beziehungen der chronischen Fluorvergiftung zum 55.
Kallikrein 79.
  Auswertung 81.
  Darstellung und Eigenschaften 80.
  Inaktivierung 81.
  Vorkommen im Organismus, renale Ausscheidung 81.
  — im Speichel und im Pankreas 78.
  Wirkung auf glattmuskelige Organe 83.
  — auf Kreislauf 82.
  — auf Stoffwechsel 84.
Keimdrüsen, Wirkung chronischer experimenteller Fluorvergiftung auf 39.
Kieselflußsäure 4.
Knochen
  Ablagerung von Fluor in den 21.

Knochen
Fluorgehalt 2.
Vorkommen von Fluor in 13.
Knochengewebe
Wirkung chronischer experimenteller Fluorvergiftung auf 43.
— chronischer spontaner Fluorvergiftung auf 49, 51.
Knochenleiden, therapeutische Anwendung von Fluorverbindungen bei 61.
Knochenmark, Wirkung chronischer experimenteller Fluorvergiftung auf 37.
Knochenphosphatase, Wirkung von Fluoriden auf 6.
Knochenveränderungen bei Fluorvergiftung 54, 55.
Körpertemperatur
Veränderung bei akuter Fluorvergiftung 25.
Wirkung von Adenosin auf 71.
Körperwachstum, Notwendigkeit des Fluors für das 16.
Kohlehydrate s. a. Zuckerstoffwechsel.
Kohlehydratabbau im Gewebe, Wirkung von Fluor auf, und Mechanismus der Fluorwirkung 56.
Kohlehydrathydrolysierende Enzyme, Wirkung von Fluoriden auf 7.
Krämpfe bei akuter Fluorvergiftung 24.
Kreislauf s. Blutkreislauf.
Kryolith
tödliche Dosen 27.
Vorkommen 1.

Labfermentkoagulation der Milch, Wirkung von Fluoriden auf 7.
Leber
Vorkommen blutdrucksteigernder Substanzen nach Collip in 89.
— von Fluor in 14.
Wirkung chronischer experimenteller Fluorvergiftung auf die 37.
Leberlipase, Wirkung von Fluoriden auf 5.
Leukämie, Histamingehalt des Blutes bei 73.
Lipasen, Wirkung von Fluoriden auf 5.
Liquor cerebrospinalis, Vorkommen kreislaufwirksamer Stoffe im 77.

Lunge, Vorkommen von Fluor in 14.
Lungengefäße, Wirkung von Adenosin auf 70.
Lungentuberkulose, therapeutische Anwendung von Fluorverbindungen bei 61.
Lymphoganglin 93.

Magen
anatomische Veränderungen nach akuter Fluorvergiftung 25.
Vorkommen blutdrucksteigernder Substanzen nach Collip im 89.
Wirkung chronischer experimenteller Fluorvergiftung auf den 36.
—, örtliche, von Fluorverbindungen auf den 19.
— von Adenosin auf 71.
Marfori-de Nitos Lymphoganglin 93.
Methämoglobin, Verbindung mit Fluor 29.
Methylfluorid 52.
örtliche Wirkung 20.
Milch
Ausscheidung von Fluor mit der 23.
Labfermentkoagulation der, Wirkung von Fluoriden auf 7.
Vorkommen von Fluor in 14.
Milz
Vorkommen blutdrucksteigernder Substanzen nach Collip in 89.
— von Fluor in 14.
Wirkung chronischer experimenteller Fluorvergiftung auf 37.
Milzgefäße, Wirkung von Adenosin auf 70.
Mineralstoffwechsel
s. a. Stoffwechsel.
akute Wirkung von Fluorid auf 33.
Mottled teeth 48.
Muskeladenylsäure 64.
Wirkung auf Blutbild 72.
— auf Darm 71.
— auf Gefäße und Blutdruck 70.
— auf Herz und Coronargefäße 66.
— auf Uterus 70.
Muskelreizbarkeit, Wirkung von Fluoriden auf 9.
Muskulatur
fibrilläre Zuckungen bei akuter Fluorvergiftung 25.

Muskulatur
Glykolyse der, Wirkung von Fluoriden auf 7.
kreislaufwirksame Stoffwechselprodukte der 94.
Vorkommen blutdrucksteigernder Substanzen nach Collip in 89.
— von Fluor in 14.
Wirkung, akute, von Fluorid auf die 31.
Muskulatur, glatte
Wirkung der Euler-Gaddum-Substanz P auf 91.
— der Stoffe der Adenosingruppe auf 71.
— von Collips unspezifischen blutdrucksteigernden Substanzen auf 90.
— von Prostaglandin auf 79.
— von Renin auf 89.
— von Vagotonin auf 93.
Muskulatur, quergestreifte
Wirkung von Adenosin auf 71.

Nahrungsmittel, Vorkommen von Fluor in 14.
Narkotische Eigenschaften von Äthyl- und Methylfluorid 52.
Nebennieren, Wirkung von chronischer experimenteller Fluorvergiftung auf 39.
Nebenschilddrüsen
anatomische Veränderungen nach akuter Fluorvergiftung 26.
Beziehungen zwischen Fluorvergiftung und 60.
Wirkung von chronischer experimenteller Fluorvergiftung auf 39.
Nerven, motorische, Reizbarkeit, Wirkung von Fluorid auf 9.
Nervensystem
akute Wirkung von Fluorid auf Vasomotorenzentrum 31.
Lähmung des vasomotorischen Zentrums bei akuter Fluorvergiftung 24.
Zentral-, akute Wirkung von Fluorid auf 32.
Nieren
anatomische Veränderungen nach akuter Fluorvergiftung 26.
Ausscheidung von Fluor durch die 23.

Nieren
Funktion bei akuter Fluorvergiftung 25.
Vorkommen blutdrucksteigernder Substanzen nach Collip in 89.
— des „vierten" blutdrucksenkenden Stoffes nach Felix-Lange in 92.
— von Fluor in 14.
— von Renin 87.
Wirkung, akute, von Fluorid auf Funktion der 32.
— chronischer experimenteller Fluorvergiftung auf 40.
—, örtliche, von Fluorverbindungen auf 19.
Nierengefäße, Wirkung von Adenosin auf 70.

Ossifikationsprozeß
s. a. Knochen.
Wirkung von Fluor auf 57.
Osteomalacie bei chronischer spontaner Fluorvergiftung 51.
Osteoporose bei Fluorvergiftung 54.
Osteosklerose
bei chronischer experimenteller Fluorvergiftung 43.
bei chronischer spontaner Fluorvergiftung 49.
Ovarien
Vorkommen blutdrucksteigernder Substanzen nach Collip in 89.
Wirkung chronischer experimenteller Fluorvergiftung auf 39.

Pankreas
Vorkommen von Angioxyl im 93.
— von Kallikrein im 78.
— von Vagotonin im 93.
Pankreaslipase, Wirkung von Fluoriden auf 6.
Pankreasnukleinsäure 65.
Pankreatinpräparate, Vorkommen blutdrucksteigernder Substanzen nach Collip in 89.
Pepsinpräparate, Vorkommen blutdrucksteigernder Substanzen nach Collip in 89.
Pflanzen
Notwendigkeit des Fluors für die Entwicklung der 16.
Vorkommen von Fluor in 12.
Wirkung von Fluorid auf 10.

Phosphatase
Wirkung chronischer experimenteller Fluorvergiftung auf 48.
— von Fluoriden auf 6.
Phosphorit, Vorkommen 1.
Phosphorstoffwechsel, Wirkung chronischer experimenteller Fluorvergiftung auf 47.
Placenta, Ausscheidung von Fluor durch die 24.
Polyurie bei chronischer experimenteller Fluorvergiftung 40.
Prostaglandin
Darstellung und Eigenschaften 78.
Wirkung auf Kreislauf und glattmuskelige Organe 79.
Prostata
Vorkommen blutdrucksteigernder Substanzen nach Collip in 89.
— kreislaufwirksamer Stoffe in der 78.
Proteolytische Enzyme, Wirkung von Fluoriden auf 7.

Renin
Darstellung, Eigenschaften 87.
Standardisierung, Wirkungen 88.
Respiration s. Atmung.

Samenblasen, Vorkommen kreislaufwirksamer Stoffe in 78.
Santenoises Vagotonin 92.
Schilddrüse
Beziehungen zwischen Fluor und 58.
Überfunktion, therapeutische Anwendung von Fluorverbindungen bei 62.
Wirkung chronischer experimenteller Fluorvergiftung auf 38.
Schleimhaut, Wirkung von Fluorverbindungen auf die 18.
Siliciumtetrafluorid 3.
örtliche Wirkung 20.
Silicofluoride 4.
Skorbut, Beziehungen zwischen Fluorvergiftung und 59.
Sopor bei akuter Fluorvergiftung 24.
Speichel
Vorkommen kreislaufwirksamer Stoffe im 77.

Speichel
Vorkommen von Fluor in 14.
Speicheldrüsen
Funktion bei akuter Fluorvergiftung 25.
Wirkung, akute, von Fluor auf 32.
— von Adenosin auf 71.
Sperma, Vorkommen kreislaufwirksamer Stoffe im 78.
Stoffwechsel
Calcium und Phosphorstoffwechsel, Wirkung chronischer experimenteller Fluorvergiftung auf 47.
Grundumsatz, Wirkung akute, von Fluorid auf 34.
Mineralstoffwechsel, Wirkung, akute, von Fluorid auf 33.
N-Stoffwechsel, Wirkung, akute, von Fluorid auf 32.
Wirkung von Fluor auf 58.
— von Fluortyrosin auf 54.
— von Kallikrein auf 84.
Zuckerstoffwechsel, Wirkung, akute, von Fluorid auf 33.
—, Wirkung chronischer experimenteller Fluorvergiftung auf 48.
Sympathin 90.
Syn-Adenylsäure 64.

Temperatur s. Körpertemperatur.
Thrombin, shockerzeugende Wirkung von 77.
Thymonucleinsäure 65.
Wirkung auf Herz und Coronargefäße 69.
Thymus
anatomische Veränderungen nach akuter Fluorvergiftung 26.
Vorkommen blutdrucksteigernder Substanzen nach Collip in 89.
Totenstarre, Eintritt der, bei akuter Fluorvergiftung 25.
Trachea-Muskulatur, Wirkung von Adenosin auf 71.
Tränendrüsen
aktue Wirkung von Fluor auf 32.
Funktion bei akuter Fluorvergiftung 25.
Triphospho-Pyridinnucleotid, Vorkommen in Erythrocyten 74.

Tuberkulose der Lungen, therapeutische Anwendung von Fluorverbindungen bei 61.
Tyramin, Vorkommen im Blut 75.

Urease, Wirkung von Fluoriden auf 7.
Uridylsäure 65.
Uterus
 Wirkung der Euler-Gaddum-Substanz P auf 91.
 — der Stoffe der Adenosingruppe auf 70.
 — von Collips unspezifischen blutdrucksteigernden Substanzen auf 90.
 — von Kallikrein auf 84.
 — von Prostaglandin auf 79.

Vagotonin 92.
Vasomotorenzentrum
 akute Wirkung von Fluorid auf 31.
 Lähmung bei akuter Fluorvergiftung 24.
Vergiftung
 s. a. Fluorvergiftung.
 Fluorvergiftung, akute 84.
 —, chronische experimentelle 34.
 —, chronische spontane 48.

Vergiftung
 Fluorvergiftung, Mechanismus der Fluorwirkung 54.
Vergiftungen
 durch gasförmige Fluorverbindungen 19.
 durch organische Fluorverbindungen 52.
Verkalkungsprozeß, Wirkung von Fluor auf den 57.
Vesiglandin, Darstellung, Eigenschaften, Wirkung auf Kreislauf 79.
Vitamin C, Beziehung zwischen chronischer Fluorvergiftung und 59.

Wachstum
 Notwendigkeit des Fluors für das 16.
 Wirkung chronischer experimenteller Fluorvergiftung auf das 35.
Wärmehaushalt, Wirkung von Adenosin auf 71.
Wasser, Fluorgehalt 1.
Wasserhaushalt, Wirkung von Renin auf 89.
Weber-Nanninga-Majors blutdrucksenkende Substanz 91.

Xanthin, Wirkung auf Uterus 71.

Zähne
 Ablagerung von Fluor in den 21.
 Fluorgehalt 2.
 gesprenkelte, bei chronischer spontaner Fluorvergiftung 48.
 Vorkommen von Fluor in 13.
Zahngewebe
 Wirkung, akute, von Fluorid auf 34.
 — chronischer experimenteller Fluorvergiftung auf 40.
 — — spontaner Fluorvergiftung auf 48, 51.
 — von α-Fluornaphthalin auf 53.
Zahnleiden, therapeutische Anwendung von Fluorverbindungen bei 61.
Zahnveränderungen, degenerative, bei Fluorvergiftung 54.
Zentralnervensystem, akute Wirkung von Fluorid auf 32.
Zuckerstoffwechsel
 Wirkung, akute, von Fluorid auf 33.
 — chronischer experimenteller Fluorverbindung auf 48.

Verlag von Julius Springer / Berlin

Handbuch der experimentellen Pharmakologie.
Herausgegeben von **A. Heffter †**. Fortgeführt von Professor **W. Heubner**, Berlin.

Hauptwerk. I. Band: Mit 127 Textabbildungen und 2 farbigen Tafeln. III, 1296 Seiten. 1923. RM 75.60

Kohlenoxyd. Kohlensäure. Stickstoffoxydul. Narkotica der aliphatischen Reihe. Ammoniak und Ammoniumsalze. Ammoniakderivate. Aliphatische Amine und Amide. Aminosäuren. Quartäre Ammoniumverbindungen und Körper mit verwandter Wirkung. Muscaringruppe. Guanidingruppe. Cyanwasserstoff. Nitrilglucoside; Nitrile; Rhodanwasserstoff; Isocyanide. Nitritgruppe. Toxische Säuren der aliphatischen Reihe. Aromatische Kohlenwasserstoffe. Aromatische Monamine. Diamine der Benzolreihe. Pyrazolonabkömmlinge. Camphergruppe. Organische Farbstoffe.

II. Band, 1. Hälfte: Mit 98 Textabbildungen. 598 Seiten. 1920. Unveränderter Neudruck 1930. RM 52.20

Pyridin; Chinolin; Chinin; Chininderivate. Cocaingruppe; Yohimbin. Curare und Curarealkaloide. Veratrin und Protoveratrin. Aconitingruppe. Pelletierin. Strychningruppe. Santonin. Pikrotoxin und verwandte Körper. Apomorphin; Apocodein; Ipecacuanha. Alkaloide. Colchicingruppe. Purinderivate.

II. Band, 2. Hälfte: Mit 184 zum Teil farbigen Textabbildungen. 1376 Seiten. 1924. RM 78.30

Atropingruppe. Nicotin; Coniin; Piperidin; Lupetidin; Cytisin; Lobelin; Spartein; Gelsemin. Quebrachoalkaloide. Pilocarpin; Physostigmin; Arecolin. Papaveraceenalkaloide. Kakteenalkaloide. Cannabis (Haschisch). Hydrastisalkaloide. Adrenalin und adrenalinverwandte Substanzen. Solanin. Mutterkorn. Digitalisgruppe. Phlorhizin. Saponingruppe. Gerbstoffe. Filixgruppe. Bittermittel; Cotoin. Aristolochin. Anthrachinonderivate; Chrysarobin; Phenolphthalein. Koloquinten (Colocynthin). Elaterin; Podophyllin; Podophyllotoxin; Convolvulin; Jalapin (Scammonin); Gummigutti; Cambogiasäure; Euphorbium; Lärchenschwamm; Agaricinsäure. Pilzgifte. Ricin; Abrin; Crotin. Tierische Gifte. Bakterientoxine.

III. Band, 1. Teil: Mit 62 Abbildungen. VIII, 619 Seiten. 1927. RM 51.30

Die osmotischen Wirkungen. Schwer resorbierbare Stoffe. Zuckerarten und Verwandtes. Wasserstoff- und Hydroxylionen. Alkali- und Erdalkalimetalle. Fluor; Chlor; Brom; Jod. Chlorsäure und verwandte Säuren. Schweflige Säure. Schwefel. Schwefelwasserstoff; Sulfide; Selen; Tellur. Borsäure. Arsen und seine Verbindungen. Antimon und seine Verbindungen. Phosphor und Phosphorverbindungen.

III. Band, 2. Teil: Mit 66 Abbildungen. VIII, 882 Seiten. 1934. RM 96.—

Allgemeines zur Pharmakologie der Metalle. Eisen. Mangan. Kobalt. Nickel.

III. Band, 3. Teil: Mit 87 zum Teil farbigen Abbildungen. X, 686 Seiten. 1934. RM 78.—

Chrom. Metalle der Erdsäuren: Vanadium, Niobium und Tantal. Titanium. Zirkonium. Zinn. Blei. Cadmium. Zink. Kupfer. Silber. Gold. Platin und die Metalle der Platingruppe (Palladium, Iridium, Rhodium, Osmium, Ruthenium). Thallium. Indium, Gallium.

III. Band, 4. Teil: Mit 14 Abbildungen. VI, 542 Seiten. 1935. RM 64.—

Seltene Erdmetalle. Molybdän und Wolfram. Wismut.

III. Band, 5. (Schluß-) Teil. *In Vorbereitung*

Quecksilber, Aluminium, Beryllium, Uran. **Namen- und Sachverzeichnis für das gesamte Handbuch.**

Verlag von Julius Springer / Berlin

Handbuch der experimentellen Pharmakologie. Ergänzungswerk. Herausgegeben von W. Heubner, Professor der Pharmakologie an der Universität Berlin, und J. Schüller, Professor der Pharmakologie an der Universität Köln.

Erster Band. Mit 37 Abbildungen. VI, 265 Seiten. 1935. RM 32.—

Wesen und Sinn der experimentellen Pharmakologie. Von Geh. Rat Professor Dr. H. H. Meyer-Wien. — Digitaliskörper und verwandte herzwirksame Glykoside (Digitaloide). Von Professor Dr. L. Lendle-Leipzig. — Namen- und Sachverzeichnis.

Zweiter Band. **Narkotica der Fettreihe.** Von Professor Dr. M. Kochmann-Halle. Mit 29 Abbildungen. III, 283 Seiten. 1936. RM 36.—

Dritter Band. Mit 27 Abbildungen. V, 276 Seiten. 1937. RM 36.—

Die Atropingruppe. Von Professor Dr. W. F. von Oettingen-Wilmington, Del. USA. — Saccharin. Von Professor Dr. H. Staub-Basel. — Wirkstoffe des Hinterlappens der Hypophyse. Von Dr. O. Schaumann-Frankfurt a. M.-Höchst. — Wirkstoffe der Nebenschilddrüsen. Von Professor Dr. Fr. Holtz-Berlin. — Arsen und seine Verbindungen. Von Professor Dr. E. Keeser-Hamburg. — Antimon und seine Verbindungen. Von Dozent Dr. H.-A. Oelkers-Hamburg. — Namen- und Sachverzeichnis.

Vierter Band. **General Pharmacology.** By A. J. Clark-Edinburgh. With 79 Figures. VI, 228 pages. 1937. RM 24.—

Fünfter Band. Mit 24 Abbildungen. V, 307 Seiten. 1937. RM 39.60

Chaulmoograöl und Verwandtes. Von Professor Dr. H. Schloßberger, Berlin. — Pyridin-β-carbonsäurediäthylamid (Coramin). Von Professor Dr. F. Hildebrandt, Gießen. — Pentamethylentetrazol (Cardiazol). Von Professor Dr. F. Hildebrandt, Gießen. — The Harmine Group of Alkaloids. By Professor Dr. J. A. Gunn, Oxford. — Insulin. By Professor Dr. E. M. K. Geiling, Chicago, Dr. H. Jensen-Baltimore, and Dr. G. E. Farrar jr., Philadelphia. — Namenverzeichnis. — Sachverzeichnis.

Sechster Band. Mit 54 Abbildungen. V, 245 Seiten. 1938. RM 30.—

Tierische Gifte. Von O. Gessner. The Alkaloids of Ergot. By G. Barger.

Allgemeine Pharmakologie. Ein Grundriß für Ärzte und Studierende. Von Dr. med. habil. **Friedrich Axmacher,** Dozent für Pharmakologie an der Medizinischen Akademie Düsseldorf. Mit 32 Abbildungen. VII, 189 Seiten. 1938.
RM 9.60; gebunden RM 10.80

Grundlagen der allgemeinen und speziellen Arzneiverordnung. Von Paul Trendelenburg †, ehemals Professor der Pharmakologie an der Universität Berlin. Vierte, zum Teil neu bearbeitete Auflage. Herausgegeben von Otto Krayer, Professor der Pharmakologie an der Amerikanischen Universität Beirut (Libanon). VI, 322 Seiten. 1938. RM 16.20; gebunden RM 17.50

Die Arzneikombinationen. Von Professor Dr. **Emil Bürgi,** Direktor des Pharmakologischen Instituts der Universität Bern. Mit 28 Abbildungen. IV, 169 Seiten. 1938. RM 12.—

Biologische Auswertungsmethoden. Von J. H. Burn, Professor der Pharmakologie am College of the Pharmaceutical Society, Universität London. Deutsche Übersetzung von Dr. Edith Bülbring, Assistentin am Pharmakologischen Laboratorium, College of the Pharmaceutical Society London. Mit 64 Abbildungen. X, 224 Seiten. 1937. RM 12.60; gebunden RM 13.80

Zu beziehen durch jede Buchhandlung

MIX
Papier aus verantwortungsvollen Quellen
Paper from responsible sources
FSC® C105338

If you have any concerns about our products,
you can contact us on
ProductSafety@springernature.com

In case Publisher is established outside the EU,
the EU authorized representative is:
**Springer Nature Customer Service Center GmbH
Europaplatz 3, 69115 Heidelberg, Germany**

Printed by Libri Plureos GmbH
in Hamburg, Germany